TRAKTOREN

MODELLE AUS DER GANZEN WELT

TRAKTOREN

MODELLE AUS DER GANZEN WELT

MICHAEL WILLIAMS

Parragon

Bath • New York • Cologne • Melbourne • Delhi
Hong Kong • Shenzhen • Singapore • Amsterdam

Entwurf und Realisation: Amber Books Ltd, London
Projektmanager: Michael Spilling
Layout: Zoe Mellors
Bildrecherche: Natasha Jones

Copyright © Parragon Books Ltd

Parragon Books Ltd
Chartist House
15-17 Trim Street
Bath BA1 1HA, UK
www.parragon.com

Produktion und Satz: THEMA media GmbH, München
Fachübersetzung: Gudrun Jensen, Tom Kraft, Andreas Wallus
Redaktion: THEMA media GmbH, München, Felix Hilschmann, Roland Müller-Waldeck, Dr. Heinz Vestner
Koordination: trans texas publishing, Köln

Abbildungsnachweis:

Sämtliche Abbildungen wurden von Michael Williams zur Verfügung gestellt. Zusätzliche Abbildungen lieferten:
Peter Adams: 30, 71o, 74, 122, 124, 131, 255m, 275, 286 (beide);
Amber Books Ltd: 3, 8, 9, 10o, 36 (beide), 38o, 39, 56o, 57, 67, 83l, 92 (groß), 93, 96 (beide), 99o, 106o, 115, 127 (beide), 133, 134o, 136o, 163 (groß), 180 (beide), 188 (groß), 199 (beide), 211 (groß);
Cheffins: 219;
Corbis: Vorsatz;
Elkhorn Valley Museum: 52;
Andrew Morland: 26, 31 (beide), 32, 33 (beide), 44o, 48, 49, 50, 53, 64 (beide), 68 (beide), 69, 70, 79, 80, 81, 83 (groß), 84 (beide), 87, 97, 99 (groß), 106 (groß), 112, 113;
David Williams: 7, 13, 22 (beide), 25, 28b, 29, 34 (beide), 35, 45 (beide), 46 (beide), 47, 51o, 60 (beide), 61, 65 (beide), 73 (beide), 94 (beide), 95, 104, 108o, 110 (beide), 111, 118, 123, 125, 128, 134 (groß), 136 (groß), 137, 139l, 141, 143, 145, 147, 148, 150, 151, 161, 162, 163o, 164 (beide), 165, 166 (beide), 169 (beide), 171 (groß), 174, 175 (beide), 176 (beide), 183 (beide), 184 (beide), 185, 186, 187 (groß), 190, 192-193, 193, 195o, 196 (beide), 204 (beide), 205 (beide), 208o, 211o, 212 (beide), 213, 217r, 223 (beide), 227o, 228, 234 (beide), 235, 239 (beide), 251 (beide), 256, 263.

ISBN 978-1-4748-0178-2
Printed in China

INHALT

JOHN DEERE
435
DIESEL

Traktorkraft

Die Entwicklung von Traktoren hatte eine enorme Bedeutung für die Leistungsfähigkeit der Landwirtschaft. In Ländern mit mechanisierter Landwirtschaft konnte dadurch eine relativ geringe Anzahl von Arbeitern fortan genügend Lebensmittel für den gesamtgesellschaftlichen Bedarf produzieren.

Oben: *Riesentraktoren wie dieser Steiger Panther verfügen über eine sehr hohe Leistung. Man verwendet sie, um auf großen Anbauflächen dementsprechend größere Geräte zu ziehen und anzutreiben.*

Links: *Dieser John Deere 435 ist ein Beispiel für den Umstieg der Traktorindustrie von Ottomotoren auf Dieselmotoren in den 1950er-und 1960er-Jahren.*

Die Umstellung hatte große Auswirkungen. Ehe die ersten Traktoren aufkamen, hing die Nahrungsmittelproduktion noch weit gehend von der Zugkraft von Tieren ab sowie von einem relativ geringen Einsatz von Dampfmaschinen.
Damals waren über 50 Prozent der Arbeitsbevölkerung in Nordamerika und in einem großen Teil Europas in der Landwirtschaft beschäftigt. Seither ist die Produktivität so angestiegen, dass ein Bevölkerungsanteil von zwei bis drei Prozent genügend Nahrungsmittel für sich selbst und die restlichen, nicht in der Landwirtschaft tätigen, 97 Prozent produziert.

Produktivität

Natürlich waren die Traktoren nicht der einzige Grund für diese Produktivitätssteigerung. Wir haben heute ergiebigere Anbausorten und Vieharten, effektivere tiermedizinische Produkte, Pflanzenschutzmittel und mehr Düngemittel. Aber die Mechanisierung und der Einsatz von Traktorleistung haben einen maßgeblichen Beitrag zu der erhöhten Produktivität in der Landwirtschaft geleistet.

Ein weiterer Hinweis für den Einfluss von Traktorenleistung auf die Nahrungsmittelproduktion ist die in offiziellen Statistiken festgestellte Veränderung in der Zugtier-Population. Die Angaben zur Anzahl von Pferden auf amerikanischen Farmen erreichten 1919 einen Höhepunkt mit über 20 Millionen, und es gab mehr als fünf Millionen Maultiere. Seitdem ist die Zahl der Arbeitstiere stetig gesunken, während die Zahl der Traktoren immer weiter steigt. Ein ähnliches Muster zeichnet sich in Großbritannien ab. Die vier dominierenden Kaltblut-Rassen sind als Arbeitstiere von den Farmen verschwunden und werden nur noch von Liebhabern gehalten.

Konstruktionsentwicklung

Als vor über 110 Jahren die ersten Traktoren erschienen, waren sie hauptsächlich zum Antreiben von Dreschmaschinen bestimmt. In diesem Buch werden die Konstruktionsverbesserungen gezeigt, die seither stattgefunden haben, um die hochproduktiven modernen Traktoren herzustellen, die heute Gespanne und Dampfmotoren ersetzt haben.

Ein Teil dieser Fortschritte wurde in großen Schritten gemacht. Wichtige Etappen auf diesem Weg waren Henry Fords preiswerter, weil massenproduzierter Fordson, der erste dieselbetriebene Benz-Traktor, der International Harvester Farmall Row-Crop-Traktor, die ersten Gummireifen am Allis-Chalmers Modell U, die ersten Gummiprofile des Caterpillar Challenger, der Deutz Intrac, die Mercedes Benz MC-Trac-Systemtraktoren, der Vierradantrieb und schließlich das Ferguson-System.

Zu Konstruktionsverbesserungen kam es aber auch in kleineren Schritten, wie etwa in Form benutzerfreundlicher Getriebe, besserem Zugriff für die Motorwartung, verbesserter Manövrierbarkeit und besseren Instrumenten. Es gab allerdings ebenso viele Ideen, die einfach nicht genügend Käufer fanden, wie zum Beispiel unterschiedliche Traktoren mit Drei-, Sechs- oder Achtradantrieb sowie der County Sea Horse Amphibientraktor, der den Ärmelkanal überquerte.

In den 1950er-Jahren waren einige Traktoren mit Hydrostatikgetriebe ausgerüstet. Diese Entwicklung hat aber bis heute nicht jene Popularität erreicht, die manche Leute erwartet hatten. Hydrostatikantriebe haben einige wichtige Vorteile, darunter eine unbegrenzt variable Geschwindigkeitsanpassung ohne Benutzung des Kupplungspedals oder eine Änderung der Umdrehungszahl pro Minute. Ohne Gangschaltung ist ein Traktor mit Hydrostatikantrieb ideal für unerfahrene Fahrer. Der Hauptnachteil eines Hydroantriebs besteht jedoch darin, dass der Leistungsverlust deutlich größer ist als bei den meisten mechanischen Getrieben. In vielen Situationen sollten die Vorteile diesen einzigen Nachteil überwiegen. Trotzdem zwangen die enttäuschenden Verkaufszahlen International Harvester dazu, die ehrgeizige Hydro-Traktorreihe aufzugeben.

Eine weitere, mittlerweile längst etablierte Neuentwicklung war der Transporttraktor. Er wurde entwickelt, um eine schnellere Beförderung mit Anhängern zu bieten. Diese Entwicklung begann mit dem Mercedes-Benz Unimog in Deutschland – wobei dies eigentlich eher ein Lastwagen als ein Traktor war. In Großbritannien wurden Transporttraktoren mit einer landwirtschaftlicheren Ausrichtung von Trantor gebaut. Der Fastrac von JCB entspricht sogar noch mehr einem zweifach verwendbaren

Unten: *Rumely OilPull-Traktoren machten sich einen guten Ruf als widerstandsfähige Schwergewichte. Der Versuch, in den 1920er-Jahren eine leichtere Modellreihe zu entwickeln, war wenig erfolgreich.*

Oben: *Goold Shapley and Muir in Kanada war einer der vielen Traktorhersteller, die es nicht schafften, die von harter Konkurrenz geprägte Ära in den frühen 1920er-Jahren zu überstehen.*

Traktor. Er war für Arbeiten bei niedriger Geschwindigkeit, wie etwa das Pflügen, genauso geeignet, wie für eine Straßengeschwindigkeit von 50 km/h.

Die Traktoren wurden anfangs mit Ottomotoren ausgestattet, während Dieselmotoren erst ab 1950 immer dominanter wurden. Dieselantrieb ist heute Standard für landwirtschaftliche Traktoren, und Experimente mit alternativen Aggregaten wie High-Tech-Dampfmaschinen, Brennstoffzellen und Gasturbinen haben bisher noch keine Auswirkung auf die Beliebtheit von Dieselmotoren gehabt.

Sicherheit

Obwohl die Technik ständig weiterentwickelt wurde und den Einsatz von Traktoren auf dem Feld und auf der Straße maßgeblich beeinflusste, bemühten sich die Hersteller bis vor kurzem wenig um die Verbesserung von Fahrerkomfort und -sicherheit.

In den ersten 30 Jahren der Entwicklung arbeiteten die Fahrer auf den meisten Traktoren in unmittelbarer Nähe von offenen Zahnrädern, Kettenantrieben und anderen beweglichen Teilen – ein Umstand, der heute jeden modernen Sicherheitsprüfer in Angst und Schrecken versetzen würde.

Es dauerte erschreckend lange, bis Sicherheitsfahrerkabinen eingebaut wurden, um den Fahrer vor dem Tod oder vor Verletzungen zu schützen, wenn das Fahrzeug umkippte. Sogar moderne Traktoren können umkippen, wenn an steilen Hängen oder zu nahe an einem Entwässerungsgraben gearbeitet wird. Dieses Problem war bei den frühen Traktoren wegen des höher gelegenen Schwerpunktes sogar noch schwer wiegender. Ein spezielles Problem des Fordson Model F war die Angewohnheit, sich nach hinten überzulehnen. Dies war bedingt durch die falsche Positionierung der Anhängerkupplung. In seinem Buch „Henry Ford and Grass Roots America" zitiert Reynold M. Wick zeitgenössische Zeitungsartikel, aus denen hervorgeht, dass bis 1922 auf amerikanischen Farmen 136 Fahrer bei Unfällen mit Model-F-Traktoren ums Leben kamen.

Viele der Traktorhersteller bauten schließlich zur Verbesserung der Sicherheit Führerhäuser ein – aber nicht, weil sie alarmiert durch die Statistiken zur Einsicht gelangten, dass irgendeine Form des Schutzes nötig war, sondern nur weil sie durch Gesetze dazu gezwungen wurden. Der Fahrkomfort hatte ebenfalls niedrige Priorität. Mehr als 60 Jahre hat es gedauert, bis an Bequemlichkeit mehr geboten wurde als ein einfacher Metallsitz auf einem gefederten Stahlsockel. Einige der frühen Traktoren hatten nicht einmal einen Fahrersitz. Führerhäuser, die vor den Wettereinflüssen schützten, blieben bis 1950 eine Seltenheit, und es dauerte weitere 30 Jahre, bis ordentliche Führerhaus- und Achsenfederungssysteme zur Minderung des Ruckelns und der Vibration bei der Arbeit in unebenem Gelände hergestellt wurden. Warum Traktorfahrer so lange auf komfortablere Arbeitsbedingungen warten mussten, obwohl bereits die ersten Lastwagen mit Führerhäusern und Achsenfederungen ausgestattet waren, bleibt ein Rätsel. Eine Erklärung mag sein, dass die Kunden zögerten, mehr für einen Traktor mit gehobenerem Fahrkomfort auszugeben. Ironischerweise ergibt sich aber nachweislich eine höhere Arbeitsleistung, wenn der Traktor komfortabler ist, da der Fahrer dann einen höheren Gang wählen oder schneller fahren kann.

Oben: *Dieses Schnittbild zeigt das Getriebe, das die Motorkraft des großen Steiger STX440 von Case I. H. überträgt.*

Nachdem die ersten Schritte zur Verbesserung der Arbeitsbedingungen von Traktorfahrern lange auf sich warten ließen, hat sich die Situation in den letzten 25 Jahren drastisch geändert. Erfreulicherweise ist die Forderung nach mehr Fahrkomfort und Sicherheit schnell an die Spitze der Konstruktionsprioritäten geklettert. Traktorverkäufer bestätigen, dass die Kundschaft inzwischen ein weit höheres Niveau an Komfort verlangt, und dass ein geräumiges, gut ausgestattetes Führerhaus mit einem luxuriösen Sitz ein Schlüsselfaktor im Verkaufswettbewerb ist.

Automatisierte Traktoren

Heute, da führende Traktorhersteller wirklich hohen Fahrkomfort bieten, steht der nächste Entwicklungsschritt an, und zwar den Fahrer ganz abzuschaffen und automatisierte Traktoren für die Routinearbeiten in den Betrieben zu benutzen. Diese Idee ist nicht neu: Bereits 1958 führte ein Ingenieurteam der Universität Reading in England einen Traktor mit einem Überwachungssystem vor, das automatisch Sig-

Unten: *Die FC-Traktorreihe von County, mit der Ladefläche hinter dem vorn aufgesetzten Führerhaus, war eine der innovativen Konstruktionen der 1960er-Jahre.*

nalen aus einem unterirdischen Kabel folgte. Dieses System wurde als so erfolgreich bewertet, dass für kommerzielle Zwecke eine verbesserte Version entwickelt wurde. Mindestens zwei dieser Maschinen wurden an Besitzer großer Obstplantagen verkauft, die die unterirdischen Kabel in ihren Plantagen nutzten, um einen führerlosen Traktor zum Rasenmähen zwischen den Bäumen entlangzulotsen.

Es gab jedoch unausweichlich Probleme mit dem unterirdischen Kabelleitsystem und den unterschiedlichen Fernsteuerungssystemen, die von mehreren Firmen vorgeführt wurden, unter anderem Ferguson in den USA und Ford in Großbritannien. Die neuesten Systeme könnten sich als zuverlässiger herausstellen, da sie eine sehr fortgeschrittene Elektronik, computerunterstützte Steuerungssysteme und Signale von dem Satellitennetzwerk des GPS (Global Positioning System) benutzen, mit dem der Standort eines Traktors mit einer Genauigkeit von weniger als einem Meter festgestellt werden kann.

Viel von der Technologie, die benötigt wird, um einen führerlosen Traktor herzustellen, gehört bei zahlreichen Traktoren bereits heute zur Standardausrüstung. Dazu gehören das integrierte elektronische Steuerungssystem für Motor, Getriebe und Heckkoppelgetriebe vieler Modelle der mittleren und hohen PS-Klasse. Das bedeutet, dass statt eines Fahrers zur Koordination der optimalen Einstellungen der Hauptkomponenten ein Computer diese Aufgaben übernehmen kann und die Ergebnisse wahrscheinlich präziser sind als die eines erfahrenen Fahrers. Dazu gehört auch eine Steuerung, die zwecks Lenkung mit GPS verbunden wird, sowie ein störungsfreier Mechanismus, der den Traktor stoppt, wenn etwas im Weg ist. Fortschritte wie dieser könnten den Arbeitsplatz des Fahrers in Gefahr bringen.

Mehrere elektronisch gesteuerte automatisierte Traktoren sind bereits vorgestellt worden, aber sie können noch keinen Fahrer ersetzen. Sie erleichtern jedoch die Aufgabe des Fahrers und machen seine Arbeit produktiver, da sie einige der Routineaufgaben des Traktorbetriebes übernehmen. Wie lange es noch dauert, bis selbstgesteuerte Traktoren die Fahrer ersetzen werden, ist unklar. Zweifellos hängt das davon ab, wie hoch die Qualität der Arbeit dieser Geräte ist und wie zuverlässig sie arbeiten. Sicher ist, dass die nächsten zehn bis 20 Jahre der Traktorentwicklung mindestens ebenso interessant sein werden wie die vergangenen Jahrzehnte.

Unten: *Valmets Traktor mit Sechsradantrieb (eingeführt 1975) konnte mit unterschiedlichen Spurweiten ausgerüstet werden, um das Risiko der Erdverdichtung zu minimieren und die Bodenhaftung zu verbessern.*

CASE
CASE

Kapitel 1

Die Anfänge

Die ersten Traktoren wurden in den 1880er-Jahren entwickelt, als Millionen Morgen Ackerland im Mittleren Westen Amerikas kultiviert wurden und die Ackerbauindustrie stark expandierte. Damals wurden die meisten Anbaugeräte noch von Pferden oder Maultieren gezogen. Die ersten Traktoren wurden konstruiert, um Dampfmaschinen als Antrieb für Dreschmaschinen zu ersetzen.

Oben: *Traktoren wie dieser seltene, in Großbritannien gebaute Crossley waren auf Vielseitigkeit angelegt und konnten allgemeines landwirtschaftliches Gerät ebenso nutzen wie – über einen Riemen angetriebene – größere stationäre Landmaschinen.*

Links: *Dreiradkonstruktionen waren für viele Hersteller in den ersten Jahren der Traktorentwicklung attraktiv, zum Beispiel für Case mit seinem unverwechselbaren 10-20-Modell. Diese Idee wurde später für Reihenanbau-Traktoren übernommen.*

Die ersten amerikanischen Traktoren waren groß, schwer und dafür konstruiert, ortsfeste Landmaschinen anzutreiben. Der britische Ansatz war anders: Die Konstrukteure entwickelten kleinere, leichtere Traktoren, die Pferde ersetzen sollten, die bis dahin Geräte wie Grubber und Heuerntemaschinen auf kleinen Feldern zogen. Klassisches Beispiel dafür ist der kleine Ivel-Traktor.

Die Dampfkraft hatte zunächst die meisten Vorteile. In den 1890er-Jahren, als die ersten Traktoren auf den Feldern zur Anwendung kamen, wurden Dampfmaschinen schon seit mehr als 100 Jahren eingesetzt und arbeiteten sehr zuverlässig. Die neuen Benzintraktoren waren hingegen das genaue Gegenteil: Die Motoren waren primitiv, nicht effizient, launisch, und ihr Mangel an Zuverlässigkeit blieb weitere 20 Jahre lang ein ernstes Problem.

Dies war ein Grund, warum Landwirte auf beiden Seiten des Atlantiks lange zögerten, von Zugtieren und Dampfkraft auf Traktoren umzusteigen. Die Auswirkungen des Ersten Weltkriegs jedoch brachten dauerhafte Veränderungen in der Landwirtschaft mit sich: Viele Männer verließen mit Pferden die Höfe, um auf den Schlachtfeldern in Europa zu kämpfen. Landwirte mussten deshalb häufig Traktoren einsetzen, um ihre Produktion aufrechtzuerhalten. Der Arbeitskräftemangel in der Nachkriegszeit bewirkte, dass der Traktor blieb.

FROELICH

🛠 **1892 Froelich, Iowa, USA**

FROELICH

Die Geschichte der Traktoren begann 1889, als ein Amerikaner namens John Charter einen Benzinmotor benutzte, der auf Fahrgestell und Getriebe einer Dampfmaschine montiert war, um eine Dreschmaschine anzutreiben.

Oben: *Diese Nachbildung des Original-Froelich-Traktors wurde von John Deere and Co. gebaut, um in einem Film über die Firmengeschichte gezeigt zu werden.*

Im Jahr 1892 tauchten etliche experimentelle Traktoren auf, die wie der Charter zum Dreschen benutzt wurden. Einer davon wurde von John Froelich aus Froelich in Iowa gebaut. Der Konstrukteur betrieb Dampfdreschmaschinen in North und South Dakota und beschloss, eine mit Benzin betriebene Zugmaschine zu bauen, um damit eine seiner Dampfmaschinen zu ersetzen.

Frühe Konstruktion

Das Fahrgestell wurde von einem Dorfschmied gebaut und auf Dampftraktorenräder montiert. Froelich kaufte einen Van-Duzen-Motor, dessen Leistungsfähigkeit typisch für die Benzinmotoren der 1890er-Jahre war. Mit einem enormen Zylinder, der einen Hubraum von 35,5 Liter hatte, produzierte er allerdings nur 20 PS (14,8 kW).

Wahrscheinlich besaß dieser Traktor als erster einen Rückwärtsgang, der die Arbeit des Fahrers erleichterte, wenn er in die richtige Position für die Drescharbeit manövrieren musste. Sonst gab es wenig Zugeständnisse an Komfort und Sicherheit des Fahrers. Er stand ganz weit vorne, und der einzige Sitzplatz war auf dem Benzintank. Die Fahrposition war in nächster Nähe der riesigen Schwungräder der Maschine, und auch das Getriebe war offen und leicht erreichbar. Einziger Luxus war der große Trinkwasserbehälter für den durstigen Fahrer.

Waterloo Gasoline Traction Engine Co.

Der benzinbetriebene Traktor arbeitete zuverlässig, und der Erfolg ermutigte John Froelich und einige Geschäftsleute, eine Firma zu gründen, die mehr Maschinen desselben Typs bauen sollte. Die Firma mit Sitz in Waterloo, Iowa, wurde Waterloo Gasoline Traction Engine Co. genannt. Ihre ersten zwei Traktoren aus dem Jahr 1893 stellten die Kunden nicht zufrieden und wurden zurückgegeben.

Nach diesem Rückschlag wurde die Firma 1895 neu organisiert. Sie baute nicht mehr Traktoren, sondern konzentrierte sich auf die Motorenproduktion, und der Name wurde in Waterloo Gasoline Engine Co. abgeändert. John Froelich verließ das Unternehmen 1895. Als die Firma später wieder begann, Traktoren zu produzieren, war sie so erfolgreich, dass John Deere and Co. sie übernahm, um in den Markt einzusteigen. Damit wurde der Froelich Urahn der John-Deere-Traktoren.

Technische Daten

Hersteller: John Froelich
Standort: Froelich, Iowa, USA
Modell: nicht bekannt
Typ: Dreschmaschine mit Eigenantrieb
Antrieb: Einzylindermotor
Leistung: 20 PS (14,8 kW)
Getriebe: frei liegendes Getriebe
Gewicht: nicht bekannt
Produktionsbeginn: 1892

Links: *Die Sicherheit für den Maschinenführer stand ganz unten auf der Prioritätenliste, als der Froelich-Traktor mit frei liegenden Schwungrädern und einem offenen Getriebe gebaut wurde.*

CASE

🛠 **1892 Racine, Wisconsin, USA**

CASE-EXPERIMENTAL-TRAKTOR

In den frühen 1890er-Jahren war die J. I. Case Threshing Machine Co. einer der führenden Hersteller von landwirtschaftlichen Dampfmaschinen und auf dem besten Wege, der größte der Welt zu werden.

Technische Daten

Hersteller: J. I. Case Threshing Machine Co.
Standort: Racine, Wisconsin, USA
Modell: Experimental-Traktor
Typ: Dreschmaschine mit Eigenantrieb
Antrieb: Patterson-Einzylindermotor
Leistung: 20 PS (14,8 kW)
Getriebe: nicht bekannt
Gewicht: nicht bekannt
Produktionsbeginn: 1892

Oben: *Auf diesem Foto von 1890 scheint das Dach dieses Prototyps eines Case-Traktors zwar dem Motor etwas Schutz zu bieten, der Fahrer blieb jedoch dem Regen ausgesetzt.*

Die meisten der Dampfmaschinenhersteller stellten sich nicht früh genug der Herausforderung durch den neuen Verbrennungsmotor. Case jedoch baute 1892 einen experimentellen Traktor, um ihn dann mit einer Dampfmaschine zu vergleichen.

„Ausbalancierter" Motor

Einige der von den Traktor-Pionieren verwendeten Benzinmotoren hatten einen einzigen liegenden Zylinder, der eine Schaukelbewegung hervorrief, wenn der große Kolben sich hin- und herbewegte. Case wählte den Motor von William Patterson, der mit zwei gegenüberliegenden Kolben in einem Zylinder runder lief und reibungsloser funktionierte. Der Motor war auf Fahrgestell und Getriebe eines Case-Traktors montiert und hatte eine Überdachung, die den Motor schützte.

Primitive Zündungs- und Treibstoffsysteme für die frühen Benzinmotoren minderten jedoch die Zuverlässigkeit der Maschinen. Der Patterson bildete da keine Ausnahme. Dampfmaschinen mit viel mehr Entwicklungsjahren arbeiteten zuverlässiger. Case stellte deshalb die Arbeit mit dem Patterson-Motor ein.

HART-PARR

1903 Charles City, Iowa, USA

HART-PARR 18-30

Die Partnerschaft zwischen Charles Hart und Charles Parr begann an der Universität von Wisconsin, wo beide gemeinsam Maschinenbau studierten. Nach dem Studienabschluss 1896 gründeten sie eine Firma, um Maschinen nach ihren Ideen aus der Studienzeit zu bauen. Einer ihrer Einfälle war es, Öl statt Wasser im Kühlsystem zu verwenden – wohl um Frostschäden vorzubeugen.

Rechts: *Dieser Hart-Parr 18-30 von 1903 war eines der Schwergewichte aus den frühen Jahren der Traktorkonstruktion und steht heute im Smithsonian Institute.*

Technische Daten

Hersteller: Hart-Parr Co.
Standort: Charles City, Iowa, USA
Modell: 18-30
Typ: Dreschmaschine mit Eigenantrieb
Antrieb: ölgekühlter Zweizylindermotor
Leistung: 20 PS (14,8 kW)
Getriebe: Einganggetriebe
Gewicht: 7119 kg
Produktionsbeginn: 1903

Die Traktorproduktion begann, als Hart-Parr auf ein größeres Firmengelände in Charles City, Iowa, umzog. Traktor Nr. 1 wurde 1902 fertig gestellt. Das dritte Modell war der 1903 gebaute 18-30, angetrieben von einem Zweizylinder-Kerosin- oder Paraffin-Verbrennungsmotor mit Ölkühlung.

Kühlturm

Ein auffälliges Merkmal des 18-30 und vieler anderer Hart-Parr-Modelle der nächsten 15 Jahre war der große rechteckige Turm vorne am Traktor. Er war Teil des Kühlsystems, das Abgase vom Motor des Traktors nutzte, um einen Luftstrom nach oben im Turm zu erzeugen, damit das Öl im Motor besser gekühlt werden konnte.

Wie die Modellnummer andeutet, produzierten die 25,4-cm-Zylinderbohrung und der 33,02-cm-Zylinderhub 30 PS (22,2 kW) am Riemenrad mit verfügbaren 18 PS an der Deichsel. Der 18-30 wog sieben Tonnen, was im Vergleich zu den 27,4 Tonnen des Hart-Parr 60-100 von 1911 ein Leichtgewicht darstellt.

IVEL
1902 Biggleswade, Bedfordshire, England

IVEL

Dan Albones Hauptinteresse war wie bei Harry Ferguson und Henry Ford der Maschinenbau. Er verließ seinen Heimatort und gründete eine Werkstatt, wo er Fahrräder und Achsen für Eisenbahnwaggons und Autos herstellte.

Albones Firma befand sich in Biggleswade in der englischen Grafschaft Bedfordshire. Dort begann er, mit Traktoren zu experimentieren, und 1902 stellte er seinen ersten Prototyp vor. Es war ein dreirädriges Fahrzeug mit einen Zweizylindermotor auf einem Stahlrahmen. Der große Kühlwassertank war auf dem Heck über den Antriebsrädern montiert, um die Bodenhaftung zu verbessern.

Die Leistung der Motoren konnte von 8 PS (6,03 kW) bei früheren Versionen 1913 auf 24 PS (17,7 kW) gesteigert werden. Während amerikanische Hersteller schwere Maschinen produzierten, um Dreschmaschinen anzutreiben und die Prärien zu pflügen, erkannte Albone, dass kleine leichte Traktoren Pferde ersetzen konnten, wenn sie Mähmaschinen oder Bindemäher zogen.

Oben: *Es wurden unterschiedliche Motoren verwendet, um den Ivel-Traktor anzutreiben. Die verschiedenen Leistungen reichten von 8 PS (6,03 kW) bis 24 PS (17,7 kW).*

Traktoren blieben ein Novum in Großbritannien, und die Verkaufszahlen waren enttäuschend. Aber der Ivel erzielte bis 1906 beeindruckende Exporterfolge in 18 Länder. Ein modifizierter Ivel wurde für einen Obstanbaubetrieb in Tasmanien gebaut – möglicherweise der erste Obstplantagen-Traktor. Albone konstruierte auch eine schmale Version für ein französisches Weingut. Ivels gewannen Gold- und Silbermedaillen bei Ausstellungen in der ganzen Welt – bis 1906 insgesamt 24 Stück.

Traktorvarianten

Albone zeigte eine bemerkenswerte Erfindungsgabe bei der Entwicklung von anderen Anwendungen für seine Traktoren. Ein Ivel wurde sogar als Feuerwehrwagen ausgerüstet, inklusive Wasserpumpe und Mannschaft. Ein weiterer Traktor, gepanzert und mit Hecktüren, die sich weit öffnen ließen, wurde als Sanitätsfahrzeug für das Schlachtfeld umgebaut. Den Militärs wurde gezeigt, wie das Riemenrad die Wasserreinigung antrieb, und es gab eine Ausrüstung zur Eisherstellung für die Erste-Hilfe-Station. Der Traktor konnte auch Medizinvorräte über unebenes Gelände transportieren.

Mit diesem Traktor konnten außerdem Sanitäter, geschützt durch die Panzerung, Verwundete bergen. Dennoch zeigten die Militärs wenig Interesse an der Idee, die zehn Jahre später tausende auf europäischen Kriegsschauplätzen hätte retten können.

Wäre er weiterentwickelt worden, hätte der Ivel eine internationale Erfolgsgeschichte werden können. Doch Albone starb 1906 mit 46 Jahren. Der Ivel, einst als „die erfolgreichste Landmaschine, die bisher auf dem Markt war“, gerühmt, geriet in Vergessenheit.

Technische Daten

Hersteller: Ivel Agricultural Motors
Standort: Biggleswade, Bedfordshire, England
Modell: Version 1904
Typ: Allzweck
Antrieb: Zweizylinder-Boxermotor
Leistung: 18 PS (13,32 kW)
Getriebe: Einganggetriebe (Standard); Zweiganggetriebe (optional)
Gewicht: 1525 kg
Produktionsbeginn: 1902

Links: *Obwohl der Ivel eine beeindruckende Zahl von Gold- und Silbermedaillen gewann und Kunden aus 18 verschiedenen Ländern anzog, erzielte er in Großbritannien nur enttäuschende Verkaufszahlen.*

RANSOMES
1903 Ipswich, Suffolk, England

RANSOMES

Die Familie Ransomes begann 1789 mit der Produktion landwirtschaftlicher Geräte in Ipswich, Grafschaft Suffolk. In der zweiten Hälfte des 19. Jahrhunderts war sie ein führender Hersteller landwirtschaftlicher Dampfmaschinen.

Unten: *Schon der erste Ransomes-Traktor war mit Vierradbremsung ausgestattet, die über Hand- und Fußsteuerung bedient werden konnte.*

Im Jahr 1903 stellte Ransomes Sims & Jefferies, wie die Firma damals hieß, ihren ersten Traktor vor. Der Antrieb, der für dieses Modell gewählt wurde, war ein 20 PS (14,8 kW) starker Vierzylinder-Benzinmotor von Sims, einem führenden Hersteller von Automotoren.

Der Traktor war ausgerüstet mit einem damals ungewöhnlich wirkenden Getriebe, das drei Vorwärtsgänge und drei Rückwärtsgänge hatte. Es betrieb auch das Riemenrad, das einstellbar war auf die Drehzahlwerte 220, 450 oder 1000 U/min.

Die Bremseinrichtung war ebenfalls ungewöhnlich: Ein Fußpedal trennte die Kupplung und setzte gleichzeitig eine Getriebebremse am Radantrieb an. Ein Handhebel betätigte schließlich die Bremsen an allen vier Rädern.

Dies war wahrscheinlich das erste Beispiel für eine funktionierende Vierradbremsung zu einer Zeit, als viele Traktorhersteller Bremsen noch für unnötig hielten. Die Arbeitsrate mit einem Drei-Furchen-Pflug wurde auf 0,2 Hektar pro Stunde geschätzt, wobei 4,5 Liter Benzin verbraucht wurden.

Der Traktor wurde zwar 1903 und 1904 auf Landwirtschaftsausstellungen vorgeführt, doch er verkaufte sich nicht, weshalb das Projekt wieder aufgegeben wurde.

Technische Daten

Hersteller: Ransomes Sims & Jefferies

Standort: Ipswich, Suffolk, England

Modell: 20 PS

Typ: Allzweck

Antrieb: Sims-Vierzylindermotor

Leistung: 20 PS (14,8 kW)

Getriebe: Getriebe mit drei Vorwärts- und drei Rückwärtsgängen

Gewicht: 2136 kg

Produktionsbeginn: 1903

FORD

1906/07 **Detroit, Michigan, USA**

FORD-EXPERIMENTAL-TRAKTOR

Unten: *Henry Fords erster Experimental-Traktor wurde aus Ford-Autoteilen zusammengebaut, um die Produktionskosten zu senken.*

Henry Fords Kindheit auf der Familienfarm in Michigan weckte bei ihm wenig Lust, mit Pferden zu arbeiten, dafür aber ein lebenslanges Interesse an der Traktorkraft, um die Produktivität in der Landwirtschaft zu steigern.

Technische Daten

Hersteller: Ford Motor Co.
Standort: Detroit, Michigan, USA
Modell: Experimental-Traktor
Typ: Allzweck
Antrieb: Ford-Vierzylindermotor
Leistung: 24 PS (17,7 kW)
Getriebe: nicht bekannt
Gewicht: 681 kg
Produktionsbeginn: 1906/07

An Ford erinnert man sich hauptsächlich wegen seines immensen Beitrags zur Automobilindustrie. Doch er revolutionierte auch die Traktorkonstruktion und -produktion durch seine enormen Geldquellen und seine Erfahrung in der Massenproduktion. So konnte er für viele Landwirte Traktoren erstmals erschwinglich machen.

Fords Traktor

Fords Entwicklung von Traktoren begann 1906 mit einem Experimental-Modell, das Joseph Galamb baute, einer von Fords bewährtesten Ingenieuren. Er verwendete hauptsächlich vorhandene Teile, unter anderem den 24 PS (17,7 kW) starken Motor und das Getriebe des Ford Personenkraftwagens Model B sowie Steuerrad und die Vorderachse eines Model-K-Wagens. Die Vorderräder stammten wohl auch von einem Model K, aber die Hinterräder wahrscheinlich von einem Binder.

Die Vorderachse war mit einer Blattfederung versehen. Jedoch nur, weil sie Teil der Model-K-Konstruktion war. Traktorfahrer mussten weitere 90 Jahre warten, bis Achsenfederungssysteme für mehr Fahrkomfort sorgten.

MARSHALL

1908 **Gainsborough, Lincolnshire, England**

MARSHALL 60 HP

Nach einer langen und ehrenvollen Geschichte als Dampfmaschinenhersteller machte die Marshall Company aus Gainsborough in der englischen Grafschaft Lincolnshire 1907 ihren ersten Schritt in der Traktorindustrie, als sie ihr 30-PS-Modell vorstellte, das von einem Paraffinmotor angetrieben wurde.

Oben: *Dieser Marshall-Traktor wurde ursprünglich nach Australien exportiert, machte jedoch kürzlich die Rückreise nach Großbritannien, wo er vollständig restauriert wurde.*

Oben links: *Marshall war einer von mehreren britischen Dampfmaschinenherstellern, die große und schwere Traktoren für den Export in die britischen Kolonien bauten.*

Technische Daten

Hersteller: Marshall Sons & Co.
Standort: Gainsborough, Lincolnshire, England
Modell: 60 HP
Typ: Allzweck
Antrieb: Marshall-Zweizylindermotor
Leistung: 60 PS (44,4 kW)
Getriebe: Dreiganggetriebe
Gewicht: 9988 kg
Produktionsbeginn: 1908

Das neue Modell wog fünf Tonnen und war hauptsächlich für den Export konstruiert. Marshalls Zielgruppe waren große Farmen z. B. in Kanada und Australien, wo Dampfmaschinen schon etabliert waren und im Ruf standen, über lange Zeit zuverlässig zu arbeiten.

Ein weiteres Modell folgte 1908. Es hatte einen heckmontierten Vierzylindermotor, der aus einem Paar Zweizylindermotoren mit 30 PS (22,2 kW) bestand, nebeneinander montiert erbrachten sie eine Leistung von 60 PS (44,4 kW). Zylinderbohrung und -hub maßen beide 17,8 cm, und die Nenndrehzahl lag bei 800 U/min.

Erfolge und Enttäuschungen

Der kanadische Markt wurde von amerikanischen Dampfmaschinen und Traktoren dominiert. Marshall wurde ein starker Konkurrent, als er 1909 seine 30 und 60 PS starken Traktoren sowie eine Dampfzugmaschine zu einem landwirtschaftlichen Motorenwettbewerb in Winnipeg in Manitoba schickte.

Das Ergebnis war enttäuschend, da der 30-PS-Traktor nur den dritten von drei möglichen Plätzen belegte. Der 60-PS-Motor kam auf den zweiten Platz von fünf möglichen Plätzen. Im gleichen Jahr gewann er die Goldmedaille beim renommierten Brandon Fair in Manitoba.

SAUNDERSON
ca. 1910 Elstow, Bedford, England

SAUNDERSON UNIVERSAL MODEL G

Unten: *Es gab vor dem Kühler des Saunderson Universal genug Platz für eine Holzkiste mit Werkzeug, Ersatz-Zündkerzen und andere, für den Fahrer wichtige Dinge.*

Großbritanniens Bedarf an Traktorkraft für die Nahrungsmittelproduktion im Ersten Weltkrieg betraf auch die Königsfamilie. Als König George V. einen Traktor brauchte, um mehr Land auf dem königlichen Besitz in Sandringham, Norfolk, pflügen zu lassen, kaufte er ein Saunderson Model G.

Technische Daten

Hersteller: Saunderson
Standort: Elstow, Bedford, England
Modell: Universal G
Typ: Allzweck
Antrieb: Zweizylindermotor
Leistung: 20 PS (14,8 kW)
Getriebe: Dreiganggetriebe
Gewicht: nicht bekannt
Produktionsbeginn: ca. 1910

Bestellt wurde er 1916, und es dauerte zwei Tage, den Traktor die 129 km von der Fabrik bis Sandringham zu fahren. Die Firma wurde durch diese Bestellung und die nachfolgenden Berichte über den Erfolg des Traktors auf dem königlichen Gelände schnell bekannt. Weitere Publicity gab es durch die Farm der Familie Saunderson, möglicherweise die erste im ganzen Land, die ausschließlich mit Traktoren arbeitete. Ein weiterer Erfolg des Model G war ein Lizenzvertrag mit einer französischen Firma, die den Traktor nachbaute.

Die Saundersons

H. P. Saunderson war ein Bäckersohn, der ab 1900 mit dem Traktorenbau begann. Das Model G war ab 1910 erhältlich und wurde von einem stehenden Zweizylindermotor angetrieben, der zunächst 20 PS (14,8 kW) leistete, später 25 PS (18,5 kW). Nach dem Krieg hatte die Firma finanzielle Probleme und wurde 1924 von der Firma Crossley Engineering in Manchester aufgekauft. Sie versuchte, die Traktoren als Lastenschlepper zu vermarkten. Doch nach zwei Jahren endete die Produktion.

CASE

1912 **Racine, Wisconsin, USA**

CASE 20-40

Während die J. I. Case Threshing Machine Co. landwirtschaftliche Dampfmaschinen entwickelte, die sich auf dem Weltmarkt bestens verkauften, beobachtete die Firma die Entwicklung des Traktormarktes. 1911 beschloss sie, Traktoren zu bauen und neben ihren Dampfzugmaschinen zu verkaufen.

Im Rückblick war die Entscheidung und auch das Timing richtig. Die Nachfrage nach Traktoren stieg in Nordamerika stark an, und bis zur massenhaften Verbreitung im Ersten Weltkrieg dauerte es nur noch einige Jahre. Der andere Faktor, der zu der Entscheidung beitrug, war die stetige Verbesserung der Motorverlässlichkeit in den 20 Jahren, seitdem die Ingenieure von Case 1892 ihren ersten Experimental-Traktor gebaut hatten.

Das erste Produktionsmodell (1911) war der Case 30-60, dem 1912 das Modell 20-40 folgte. Beide Modelle waren grobschlächtig gebaut und hatten einige Elemente der Dampfzugmaschinen von Case. Der 20-40 war sicher das beliebtere der beiden Modelle, und auch der

Ganz oben: *Der Zweizylindermotor von Case wurde manuell gestartet. Dies geschah mit einem Verlängerungshebel, der dazu in die Fassung des Anlassers gesteckt wurde.*
Oben: *Der Case 20-40 war einer der beliebtesten großen nordamerikanischen Traktoren im Ersten Weltkrieg.*

wohl populärste amerikanische Schwergewicht-Traktor, sodass die Produktion bis 1920 weiterlief.

Motoren von Case

Case hatte die Motoren für die ersten 20-40-Traktoren noch gekauft, doch innerhalb weniger Monate war ein eigener Motor entwickelt. Dies war der Antrieb, der für die restliche Produktionsreihe verwendet wurde. Beide waren Zweizylinder-Boxermotoren, da diese Bauweise die Balance verbesserte und die Vibrationen verringerte. Sie wurden von Hand durch Ankurbeln gestartet, und zwar mit einem Holzstab, der zu diesem Zweck in einen Ratschen gesteckt wurde.

Ein Zweiganggetriebe ermöglichte Fahrgeschwindigkeiten von 3,2 und 4,8 km/h, während die Nenndrehzahl bei 475 U/min lag. Das Kühlsystem befand sich in dem rechteckigen Turm über der Frontachse. Die Abgase aus dem Motor wurden dazu benutzt, die Luftbewegung durch den Kühler zu erhöhen und so die Hitze effizienter abzuführen. Eine Wasserpumpe und ein Ventilator wurden später hinzugefügt, um die Motorkühlung zu verbessern.

Eine Bestätigung für die gelungene Konstruktion des 20-40 gab es bei den Tests in Winnipeg, Kanada, als der Traktor im Jahr 1913 mit einer Goldmedaille ausgezeichnet wurde.

Technische Daten

Hersteller: J. I. Case Threshing Machine Co.
Standort: Racine, Wisconsin, USA
Modell: 20-40
Typ: Allzweck
Antrieb: quer eingebauter Case-Zweizylinder-Boxermotor
Leistung: 40 PS (29,6 kW)
Getriebe: Zweiganggetriebe
Gewicht: 6256 kg
Produktionsbeginn: 1912

Links: *Der dicke Stahlträger-Rahmen mit dem niedertourigen Boxermotor waren klassische Konstruktionselemente, als der große Case 1912 vorgestellt wurde.*

HART-PARR

1912 Charles City, Iowa, USA

HART-PARR 40

1912 hatte Hart-Parr seine Führungsposition in den nordamerikanischen Verkaufsstatistiken an International Harvester verloren, war aber immer noch einer der bedeutendsten Hersteller mit einer großen Anzahl von Modellen.

Technische Daten

Hersteller: Hart-Parr Co.
Standort: Charles City, Iowa, USA
Modell: 40
Typ: Allzweck
Antrieb: Zweizylindermotor mit Ölkühlung
Leistung: 40 PS (29,6 kW)
Getriebe: Zweiganggetriebe
Gewicht: nicht bekannt
Produktionsbeginn: 1912

Oben: *Hart-Parr hatte bereits eine Reihe schwerer Modelle mit dem auffälligen Kühlturm gebaut, doch das Ungewöhnliche am Modell 40 war die Dreiradkonstruktion.*

Hart-Parr hatte sich einen guten Ruf als Hersteller großer Traktoren erworben, und sein neues Modell 40 mit der Nennleistung 20-30 führte die Schwergewichts-Tradition fort. Das Modell hatte die für Hart-Parr übliche ölgekühlte Konstruktion mit einem großen, rechteckigen Kühlturm vorn auf dem Traktor. Das Wellblechdach über Motor und Fahrersitz war ebenso typisch für Hart-Parr.

Dreiradkonstruktion

Die Dreiradausführung mit dem einzelnen Vorderrad war untypisch. Die meisten Vorgängermodelle von Hart-Parr basierten auf der traditionellen Vierradkonstruktion. Die erste Ausnahme war der 1909 vorgestellte dreirädrige 15-30-Traktor. Eine Dreirad-Ausführung kann zwar nützlich sein, vor allem beim Reihenanbau, doch die Vorteile des einzelnen Vorderrads an einem schweren Traktor wie dem 40-60 wurden durch die Nachteile aufgewogen. Hart-Parr behielt den Zweizylinder-Kerosinmotor mit Zweiganggetriebe für den 40 bei. Die Kraftübertragung fand durch Kettenrad und Ritzel auf die Hinterachse statt. Die Höchstgeschwindigkeit lag bei 6,4 km/h.

MUNKTELLS

1913 Eskilstuna, Schweden

MUNKTELLS

Unten: *Die Traktorproduktion in Schweden machte einen beeindruckenden Anfang mit diesem Munktells-Modell, das von einem 14,4-Liter-Motor angetrieben wurde.*

Die Traktorproduktion in Schweden begann 1913 mit den ersten Munktells-Modellen. Die Firma in Eskilstuna hatte seit 1853 Dampfmaschinen gebaut, und ihr erster Traktor sollte eine hohe Leistung erbringen, um Dampfmaschinen für Arbeiten wie das Dreschen auf großen Höfen ersetzen zu können.

Technische Daten

Hersteller: Munktells
Standort: Eskilstuna, Schweden
Modell: 30 PS
Typ: selbstfahrende Dreschmaschine
Antrieb: Zweizylinder-Halbdieselmotor
Leistung: 40 PS (29,6 kW) maximal
Getriebe: Dreiganggetriebe
Gewicht: 8136 kg
Produktionsbeginn: 1913

Das Bruttogewicht des Traktors mit vollem Benzin- und Wassertank betrug 8,1 Tonnen. Getragen wurde es von Antriebsrädern mit fast 1,9 m im Durchmesser. Der Motor war ein Halbdiesel, der verschiedene Kraftstoffe verbrennen konnte. Die zwei Zylinder hatten einen Hubraum von 14,4 Liter.

Der erste schwedische Traktor

Der Traktor hatte eine Nennleistung von 30 PS (22,2 kW), aber die Hersteller behaupteten, dass derselbe Motor eine Höchstleistung von 40 PS (29,6 kW) erreiche. Die Höchstgeschwindigkeit im Vorwärtsgang waren gemächliche 4,4 km/h, wenn das Dreiganggetriebe im höchsten Gang lief.

Munktells baute 1913 bis 1915 etwa 30 Traktoren. Die meisten wurden an große landwirtschaftliche Betriebe in Schweden verkauft, es gab aber auch Exporte bis nach Russland und Argentinien. Munktells fusionierte später mit dem PKW- und LKW-Hersteller Volvo, und alle nach 1950 gebauten Traktoren wurden unter dem Namen Volvo BM verkauft. Volvos Traktorbetrieb wurde später mit der Firma Valmet in Finnland zusammengelegt, wo sich die Traktorproduktion konzentrierte. Heute ist die Firma unter dem Namen Valtra bekannt.

WALSH AND CLARK

1913 Leeds, Yorkshire, England

WALSH AND CLARK VICTORIA

Dampfseilpflüge wurden in Großbritannien entwickelt und verbreiteten sich schnell in andere europäische Länder. Der Dampftraktor steht dabei an einer Seite des Feldes und betreibt eine Seilwinde, die das Pfluggerät an einem Stahlseil über das Feld hin- und herzieht. Der Hauptvorteil liegt darin, dass das Gewicht des Dampftraktors nicht die Krume beschädigt.

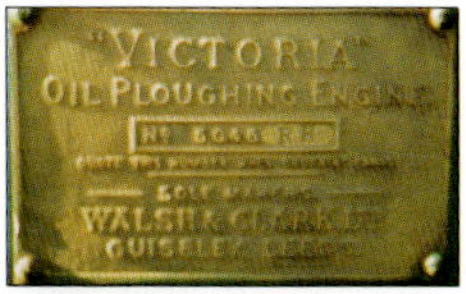

Oben: *Die Pflügmaschine Victoria sieht aus wie eine Dampfzugmaschine mit der Seilwinde unter dem großen, kesselförmigen Kraftstofftank.*

Es war absehbar, dass irgendwann die Dampfseilzugmaschine durch einen Traktor ersetzt werden würde. Die erste Firma, die diesen Schritt wagte, war Walsh and Clark aus Guisely in Leeds. Sie bauten die ersten Maschinen der Victoria-Reihe 1913 und gewannen damit 1915 eine Silbermedaille bei der Royal Show. 1918 folgte eine verbesserte Version.

Aussehen

Die Maschinen von Walsh and Clark täuschen das Auge, denn sie waren so konstruiert, dass sie aussahen wie eine herkömmliche Dampfmaschine, komplett mit Kessel und Schornstein. Die Kesselwände waren 6 mm dick und bildeten den Treibstofftank. Sie hatten Platz für genug Paraffin, um damit vier Tage lang zu arbeiten, und bildeten auch den Hauptrahmen des Traktors. Der Schornstein leitete die Auspuffgase aus dem Motor, sodass zugleich ein Luftzug durch den Kühler strömte. Die Seilwinde war wie bei einem Dampfseilpflug unter dem Kessel aufgehängt, und der Antrieb dafür war oben auf dem Kessel montiert. Walsh und Clark wählten einen Benzin-/Paraffinmotor mit zwei liegenden Zylindern. Zylinderbohrung und -hub betrugen 17,8 und 20,3 cm, die Nenndrehzahl lag bei 600 U/min.

Seilpflügen

Beim Seilpflügen arbeiteten zwei Maschinen an gegenüberliegenden Seiten des Feldes. Mit ihren Winden zogen sie einen Pflug oder einen Kultivator zwischen sich hin und her. Eine Maschine hatte eine rechtsgängige Winde, die andere war linksgängig. Die Victoria-Maschinen von 1918 hielten einen Zug von 1587 kg am Seil aus. Ein Maschinenpaar mit einem Zweiwegepflug für zehn Furchen konnte bis zu vier Hektar am Tag pflügen. Allerdings eigneten sich nicht alle Felder für das Seilpflügen, weil sie oft nicht rechteckig, oder zu uneben waren.

Die meisten Seilpfluganlagen wurden von Auftragsarbeitern betrieben. Einige von ihnen stellten von Dampf- auf Victoria-Maschinen um, weil es viel einfacher war, Paraffin anstatt Wasser und Kohle zum Feld zu transportieren. Victorias konnten außerdem auch an Orten arbeiten, wo die Wasserqualität für Dampfmaschinen ungeeignet war.

Die Produktion von Victoria-Maschinen wurde in den frühen 1920er-Jahren eingestellt, als die effizientere Traktorkraft das Seilpflügen ablöste.

Technische Daten

Hersteller: Walsh and Clark
Standort: Leeds, Yorkshire, England
Modell: Victoria (frühe Version)
Typ: Seilpflügtraktor
Antrieb: liegender Zweizylindermotor
Leistung: 22 PS (16,3 kW)
Getriebe: Dreiganggetriebe
Gewicht: 5588 kg
Produktionsbeginn: 1913

Unten: *Der liegende Zweizylindermotor, der die Seilwinde der Victoria-Pflügmaschine antrieb, war oben auf dem Kraftstofftank montiert.*

INTERNATIONAL HARVESTER
1913 Chicago, Illinois, USA

I.H. MOGUL 12-25

Die International Harvester Company hatte in ihren ersten Jahren als Hersteller von Traktoren einen bis dahin geradezu einzigartigen Geschäftserfolg. Die Traktorproduktion begann im Jahr 1905, und schon fünf Jahre später, im Jahr 1910, hatte sich I.H. zum größten Traktorhersteller der Welt entwickelt – mit einem vergleichsweise großen Marktanteil von einem Drittel in den Vereinigten Staaten von Amerika.

Technische Daten

Hersteller: International Harvester Co.
Standort: Chicago, Illinois, USA
Modell: Mogul 12-25
Typ: Allzwecktraktor
Antrieb: Zweizylinder-Boxermotor von I.H.
Leistung: 25 PS (18,5 kW)
Getriebe: Zweiganggetriebe
Gewicht: 4475 kg
Produktionsbeginn: 1913

Oben: *International Harvester schloss den Zahnradantrieb an dem Mogul-12-25-Traktor ganz ein, um ihn vor Beschädigungen durch Staub, Schlamm und Steine zu schützen.*

Der Erfolg beruhte auf großen Traktoren, aber eine Änderung der Geschäftspolitik sorgte für eine Anzahl kleinerer Modelle wie 1913 den 12-25. „Klein" ist natürlich ein relativer Begriff, und der 12-25 wog mit voller Ausrüstung fast 4,6 Tonnen. Die I.H.-Reklame für Großbritannien beschreibt ihn als leichten Traktor, für die Werbung in Amerika galt er als mittelschwerer Traktor.

Fortschrittliche Konstruktionen

Einige der Konstruktionsmerkmale waren im Vergleich zu früheren I.H.-Modellen bedeutend fortschrittlicher. So etwa ein Kettenrad- und Ritzel-Hinterradantrieb, der zum Schutz vor Schmutz und Steinen gekapselt war. Der 12-25 war auch der erste Traktor mit Kühler und Ventilator statt des Verdampfungskühlers. Auch die Automobilartige Lenkung bedeutete gegenüber dem früheren, kettengetriebenen Lenksystem einen Fortschritt. Das Modell 12-25 wurde von einem Zweizylinder-Boxermotor angetrieben. Ein Magnetzünder sorgte für den Zündfunken, die Schmierung basierte auf einem automatischen Drucköler. Die Höchstgeschwindigkeit betrug 6,4 km/h.

AVERY
1913 Peoria, Illinois, USA

AVERY 40-80

Oben: *Avery-Traktoren waren auf dem Markt für schwere Traktoren beliebt. So war auch der 40-80 mit seinen 10,1 Tonnen eines der klassischen Schwergewichte.*

Nach 1910 florierte der amerikanische und kanadische Markt für schwere Traktoren einige Jahre, weil für den Weizenanbau mehr Land gepflügt wurde. 1913 konstruierte Avery den 40-80, um in diesem Sektor zu konkurrieren.

Rechts: *Averys Antrieb für den 40-80 war ein Vierzylinder-Boxermotor, eine beliebte Konstruktion, die für weniger Vibration sorgte.*

Technische Daten

Hersteller: Avery Co.	
Standort: Peoria, Illinois, USA	
Modell: 40-80	
Typ: Allzweck	
Antrieb: Vierzylinder-Boxermotor	
Leistung: 80 PS (59 kW)	
Getriebe: Zweiganggetriebe mit Gleitrahmen	
Gewicht: 10,1 Tonnen	
Produktionsbeginn: 1913	

Er wog 10,1 Tonnen, und wie die meisten seiner Konkurrenten war er grobschlächtig gebaut und hatte viele bewährte Konstruktionsmerkmale. Der Antrieb war ein Vierzylinder-Boxermotor, damals eine beliebte Konstruktion, weil die Vibrationen der Zylinder sich gegenseitig aufhoben.

Die Nenndrehzahl von 500 U/min war typisch für schwere Traktoren, genauso wie das Kühlsystem, bei dem der Abgasstrom die Luft durch den Kühler bewegte.

Viele der Konkurrenzmodelle des Modells 40-80 hatten auch noch die Ketten-Lenkung, ein Merkmal, das der Konstruktion von Dampfschleppern entlehnt war. Auch der Kettenrad-und-Ritzel-Hinterradantrieb stammten aus dem Dampfzeitalter.

Schaltmechanismus

Der Schaltmechanismus des Avery war ungewöhnlicher. Er bestand aus einem Gleitrahmen, der es dem Fahrer erlaubte, die Ritzel auf der Antriebswelle manuell zu verschieben, wenn er einen der zwei Vorwärtsgänge einlegen wollte. Er war schwierig zu bedienen, und einen Gang glatt einzulegen, war nicht möglich.

HART-PARR
🛠 **1915 Charles City, Iowa, USA**

HART-PARR LITTLE DEVIL

Selbst Firmen, die als Traktorpioniere mitgeholfen hatten, die schweren Traktoren zu entwickeln, interessierten sich ab 1913 mehr und mehr für kleinere und leichtere Modelle.

Hart-Parrs erster Traktor für den Massenmarkt wurde 1914 angekündigt und Little Devil genannt. Es war ein dreirädriges Modell mit zwei Rädern zum Lenken, während sich ein großes Rad hinten in der Mitte befand und für den Antrieb sorgte. Der Fahrersitz rechts vom Hinterrad gewährte gute Sicht nach vorne und rechts, doch die Sicht nach links war beeinträchtigt.

Konstruktionsmerkmale

Der völlig geschlossenene Motor und der Zahnrad-Achsantrieb waren beim Little Devil besonders gelungen. Der Motor war ein Zweizylinder-Zweitaktmotor, der eine Leistung von 22 PS (16,3 kW) bei einer Nenndrehzahl von 600 U/min zur Verfügung stellte. Zur technischen Ausstattung gehörten außerdem ein Getriebe mit zwei Vorwärtsgängen, aber kein Rückwärtsgang. Damit der Little Devil rückwärts fuhr, verlangsamte der Fahrer den Motor auf eine extrem niedrige Drehzahl, bis der Motor fast anhielt, und betätigte dann den Zündverzögerungshebel, damit es zu einer Fehlzündung kam. Mit etwas Glück brachte dies den Motor dazu, die Laufrichtung zu ändern, und der Traktor fuhr rückwärts, obwohl ein Vorwärtsgang eingelegt war.

Oben: *Der Little Devil war Hart-Parrs Versuch, der Nachfrage nach kleineren Traktoren nachzukommen.*

Technische Daten

Hersteller: Hart-Parr Co.
Standort: Charles City, Iowa, USA
Modell: Little Devil
Typ: Allzweck
Antrieb: Zweitakt-Zweizylindermotor
Leistung: 22 PS (16,3 kW)
Getriebe: Zweiganggetriebe
Gewicht: nicht bekannt
Produktionsbeginn: 1915

SAWYER-MASSEY

1913 **Hamilton, Ontario, Kanada**

SAWYER-MASSEY 20-40

Massey-Harris wuchs rasch und wurde schnell einer der führenden Hersteller von Landwirtschaftsmaschinen, spezialisierte sich in diesem Bereich weiter, ignorierte die Dampfkraft und verzögerte so den Eintritt in den Traktormarkt.

Rechts: *Als die Firma Sawyer-Massey ihr Programm erweiterte und in den Traktormarkt eintrat, hatte die Familie Massey ihren Mehrheitsanteil bereits verkauft.*

Oben: *Sawyer-Massey wählte einen Vierzylindermotor für den 20-40, wobei das Gewicht zum Verbessern der Traktion weit hinten am Fahrgestell lag.*

Technische Daten

Hersteller: Sawyer-Massey Co.	
Standort: Hamilton, Ontario, Kanada	
Modell: 20-40	
Typ: Allzweck	
Antrieb: Vierzylindermotor	
Leistung: 40 PS (29,6 kW)	
Getriebe: nicht bekannt	
Gewicht: nicht bekannt	
Produktionsbeginn: 1913	

Als die Firmen Massey und Harris 1891 fusionierten, war die Familie Massey Hauptaktionär und kaufte im Folgejahr einen Anteil von 40 Prozent an der L. D. Sawyer Co. in Hamilton, Kanada, einem führenden Dampfmaschinenhersteller. Nach dieser großen Investition durch die Masseys änderte die Firma ihren Namen in Sawyer-Massey, und die Produktion wurde ausgebaut.

Sawyer-Massey

Die Produktion von Traktoren begann 1910, aber kurz darauf verkaufte die Familie Massey ihren Anteil an der Firma. Sawyer-Massey entwickelte fortan eine Traktorreihe und begann mit dem Modell 22-45, das 1911 am Landwirtschaftswettbewerb in Winnipeg teilnahm. Alle Modelle wurden mit Vierzylindermotoren von Sawyer-Massey mit einzelnen, vertikalen Zylindern ausgestattet. Der Motor lag über der Hinterachse, was die Traktion verbesserte. Das Kühlsystem und etwas Leerraum lag vor dem Motor. Diese Anordnung erlaubte es Sawyer-Massey, zu behaupten, dass 75 Prozent des Gewichts über den Hinterrädern liege.

Der 20-40 war eines der am meisten verkauften Modelle und wurde bis in die frühen 1920er-Jahre produziert.

MOLINE

1914 **Moline, Illinois, USA**

MOLINE-UNIVERSAL-MOTORPFLUG

Der Motorpflug wurde entworfen, um Pferde und Maultiere als Zugtiere für Bodenbearbeitungsmaschinen zu ersetzen. Zwischen 1915 und 1920 wurden sehr viele Motorpflüge in Nordamerika verkauft. In einigen europäischen Ländern waren sie – wenn auch in kleinerem Umfang – ebenfalls gefragt.

Obwohl sie langsam waren, einen schwachen Antrieb hatten und im Ruf standen, unhandlich und wenig stabil zu sein, waren Motorpflüge eine relativ günstige Alternative zum herkömmlichen Traktor. Sie boten vielen tausend kleinen Landwirten ihre erste realistische Gelegenheit, von Tier- auf Motorkraft umzusteigen. Motorpflüge wurden damals von einigen der großen Traktorfirmen in den USA gebaut. Allerdings schossen im Verkaufsboom während des Ersten Weltkriegs viele kleine Hersteller von Motorpflügen geradezu wie Pilze aus dem Boden.

Der erfolgreichste und wohl am besten konstruierte amerikanische Motorpflug war der Moline-Universal-Motorpflug. Die erste Version wurde 1914 von der Universal Tractor Manufacturing Co. in Columbus, Ohio, gebaut.

Oben: *Motorpflüge erfreuten sich im Ersten Weltkrieg großer Beliebtheit, und der Moline Universal war eines der führenden Modelle.*

Diese Konstruktion wurde jedoch im folgenden Jahr von der Moline Plow Co. aus Moline in Illinois gekauft, und Moline führte etliche Verbesserungen ein. Der Antrieb für den ursprünglichen Universal war ein Zweizylindermotor der Firma Reliable und blieb auch nach der Übernahme durch Moline Teil des Modells. Moline führte zudem eine weitere Version mit der Bezeichnung Model D ein, die mit einem Vierzylindermotor lief. Die Produktion von Model D begann mit einem eingekauften Motor, der aber 1917 durch einen selbst entwickelten Motor ersetzt wurde.

Weiterentwicklungen

Der Moline-Motor hatte eine Zylinderbohrung von 8,9 cm und einen Zylinderhub von 12,7 cm. Die Konstrukteure fügten außerdem einige Elemente aus der Autoproduktion ein, zum Beispiel einen elektrischen Drehzahlregler. Ab 1918 wurde der Traktor mit einem elektrischen Starter ausgestattet, und auch Scheinwerfer wurden mitgeliefert. Außerdem gab es beim Model D erstmals eine schwere Betonscheibe an jedem Rad, um damit mehr Gewicht für eine verbesserte Stabilität während der Fahrt zu schaffen.

Die Nachfrage nach Motorpflügen sank 1919 stark ab, und die Produktion des Moline Universal wurde in den frühen 1920er-Jahren eingestellt. 1929 war die Moline Plow Co., damals Moline Implement Co., eine von drei Firmen, die zur Minneapolis-Moline Power Implement Co. fusionierten.

Technische Daten

Hersteller: Moline Plow Co.	**Leistung:** 18 PS (13,32 kW)
Standort: Moline, Illinois, USA	**Getriebe:** nicht bekannt
Modell: D	**Gewicht:** 1630 kg
Typ: Motorpflug	**Produktionsbeginn:** 1914
Antrieb: Vierzylindermotor von Moline	

Links: *Der Moline Universal wurde mit verschiedenen Motoren angeboten, 1918 war er der erste Traktor mit einem elektrischen Anlasser.*

INTERNATIONAL HARVESTER

1914 Chicago, Illinois, USA

I.H. 8-16 MOGUL

Wie die meisten ihrer Konkurrenten in Nordamerika konzentrierte sich die Firma International Harvester in ihren Anfangsjahren auf dem Traktormarkt darauf, vergleichsweise schwere Modelle anzubieten. 1914 kündigte die Firma erstmals ein neues Modell an, das kleiner und leichter war.

Oben: *Der 8-16 Mogul von International Harvester war einer der besten Kleintraktoren seiner Zeit, trotz einiger altmodischer Details, wie etwa einem trichterförmigen Kühlsystem.*

Das 1914 vorgestellte Modell war der 8-16 Mogul aus der I.H.-Fabrik in Chicago. 1915 folgte ein weiterer, relativ leichter Traktor aus der Titan-Reihe, hergestellt in Milwaukee, Wisconsin. Die zwei neuen Modelle bedeuteten eine wichtige Entwicklung für I.H., denn sie brachten den Traktoren der Firma einen viel größeren Kundenkreis. Der Traktor aus der Mogul-Reihe mit seiner Leistung von 8 PS (6,03 kW) an der Deichsel und 16 PS (11,8 kW) an der Riemenscheibe war das kleinste Modell der I.H.-Produktpalette. Es war gut konstruiert und stand im Ruf, über lange Zeit hinweg zuverlässig zu arbeiten.

Schlichte Konstruktion

Ein Teil des Erfolgs basierte auf einer ausgesprochen einfachen, schmucklosen Konstruktion, bei der nicht viel falsch laufen konnte. Der Motor war ein großer Zweizylinder mit einer Zylinderbohrung von 20,3 cm und einem Zylinderhub von 30,5 cm. Seine Nenndrehzahl lag bei gemächlichen 400 U/min. Selbst für die Maßstäbe von 1914 war das trichterförmige Kühlsystem mit dem großen rechteckigen Tank, der über der Hinterachse platziert war, nicht gerade eine High-Tech-Ausstattung. Wenn es Probleme gab, war es allerdings leicht zu reparieren.

Der Achsantrieb bestand aus einem massiven Kettenantrieb, der die Kraft für ein Planetengetriebe mit zwei Gängen lieferte, das eine Spitzengeschwindigkeit von 3,2 km/h ermöglichte. Auch die Steuerung war unkompliziert und bestand aus einer langen Stange, die das Lenkrad mit einem Schneckengetriebe über den Vorderrädern verband.

Gewichtsverteilung

Trotz seiner geringen Größe und seiner bescheidenen Leistung hatte der 8-16 wegen seiner robusten Konstruktion ein Gewicht von 2279 kg. Das meiste Gewicht von Motor und Kühlsystem lag über der Hinterachse. Die Gewichtsverteilung war ein Grund dafür, dass der kleinste Traktor der Mogul-Reihe sich einen so guten Ruf als Pflügtraktor machte. Einige wurden nach England exportiert, um bei der Pflügkampagne im Krieg zu helfen.

Die Produktion wurde 1917 eingestellt, aber bis dahin hatte der 8-16 schon Verstärkung durch den technisch ähnlichen, aber leistungsstärkeren 10-20 Mogul bekommen.

Technische Daten

Hersteller: International Harvester Co.
Standort: Chicago, Illinois, USA
Modell: 8-16 Mogul
Typ: Allzweck
Antrieb: Zweizylindermotor
Leistung: 16 PS (11,8 kW)
Getriebe: Zweiganggetriebe
Gewicht: 2279 kg
Produktionsbeginn: 1914

Unten: *Einige 8-16 Mogul wurden nach England exportiert, um dort bei der Pflügaktion im Krieg zu helfen. Ihre Zuverlässigkeit und robuste Bauweise machten sie beliebt.*

INTERNATIONAL HARVESTER

1915 Milwaukee, Wisconsin, USA

I.H. TITAN 10-20

In den ersten 50 Jahren der Traktorgeschichte war International Harvester der weltweit erfolgreichste Hersteller, und das Modell 10-20 Titan gehörte zu den wichtigsten Traktoren der Firma.

Die Produktion begann 1915, und als der letzte 10-20 vom Band in Milwaukee, Wisconsin, rollte, waren annähernd 80 000 Stück davon gebaut worden.

Zuverlässigkeit

Obwohl sie ganz unterschiedlich aussahen, hatten die Modelle Titan und Mogul einige Merkmale gemeinsam. Beide waren äußerst robust, und zu einer Zeit, als andere Hersteller mit neuen Ideen experimentierten, wählten die Konstrukteure von International Harvester einen traditionelleren Ansatz, der auf einem Stahlgestell und einem schweren, langsam auf Touren kommenden Zweizylindermotor basierte. Im Ergebnis erwarb sich der Traktor den

Oben: *Der 10-20 Titan war ein weiterer Leichttraktor, der dazu beitrug, International Harvester zu einer der führenden Traktorfirmen zu machen, bevor der Fordson auf den Markt kam.*

Ruf, für die Standards von 1915 sehr zuverlässig zu sein, was International Harvester zu einer führenden Position auf dem Markt für kleine bis mittelschwere Traktoren verhalf.

Die Zylinder des Motors im 10-20 waren horizontal eingebaut, mit der Kurbelwelle vorne und dem Zylinderkopf in Richtung Fahrer. Die Zylinderbohrung betrug 16,5 cm, der Hub 20,3 cm. Bei 500 U/min stand eine Leistung von 20 PS (14,8 kW) zur Verfügung. Der Treibstoff war Kerosin, aber ein Einspritzsystem fügte Wasser zu, um die Temperatur zu steuern und Frühzündungen vorzubeugen. Das Zündungssystem basierte auf einem Hochspannungszündmagneten mit einem Impulsstarter.

Kühlsystem

Der zylinderförmige Tank fasste 117 Liter, befand sich über der Vorderachse und fungierte als Kühlsystem. Es passte zu der einfachen Konstruktion des 10-20 und verließ sich auf den Wärmeunterschied und einen Dampfimpuls, um Wasser zum und vom Motor zirkulieren zu lassen. Deshalb verzichtete man auf Pumpen und Kühlventilatoren. Dieses System war zwar altmodisch, aber es funktionierte gut und trug zur Zuverlässigkeit des 10-20 bei.

Ein Zweiganggetriebe bot eine Spitzengeschwindigkeit von 4,5 km/h im Vorwärts- und Rückwärtsgang. Das Gewicht des 10-20 betrug 2372 kg, er war das leichteste Modell der ganzen Titan-Reihe. Die Gesamthöhe lag bei nur 1,70 m, im Vergleich zu den 2,79 m und mehr der anderen Traktoren der Titan-Reihe.

Während der Produktionszeit des 10-20 gab es nur wenige Änderungen, wie z.B. 1919 größere Schutzbleche für die Hinterräder.

Technische Daten

Hersteller: International Harvester Co.

Standort: Milwaukee, Wisconsin, USA

Modell: 10-20 Titan

Typ: Allzweck

Antrieb: liegender Zweizylindermotor

Leistung: 20 PS (14,8 kW)

Getriebe: Zweiganggetriebe

Gewicht: 2372 kg

Produktionsbeginn: 1915

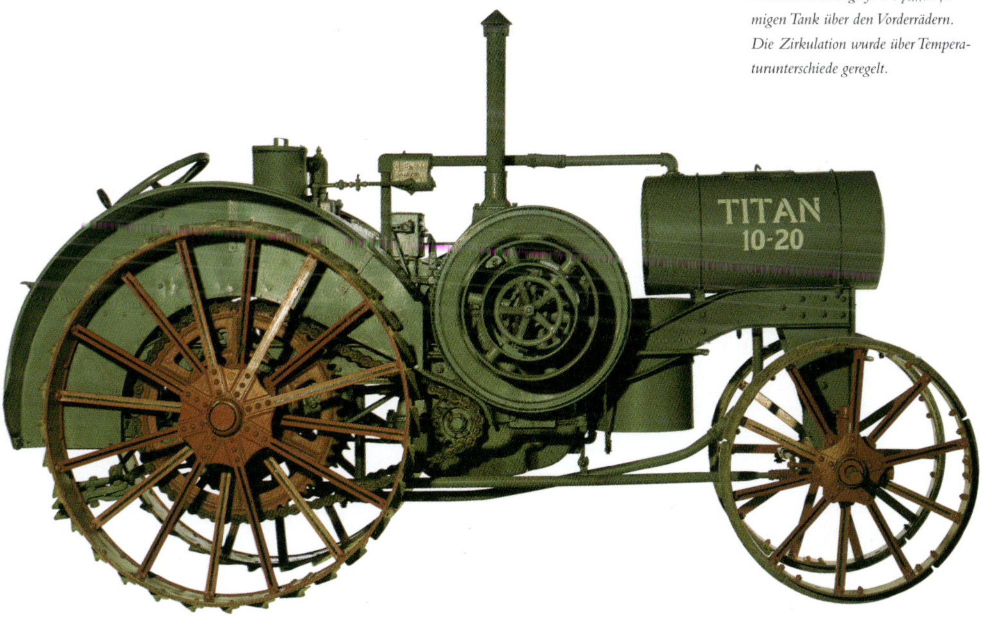

Unten: *Die Motorkühlung für den 10-20 Titan basierte auf einem Wasservorrat in dem großen zylinderförmigen Tank über den Vorderrädern. Die Zirkulation wurde über Temperaturunterschiede geregelt.*

CASE

1915 **Racine, Wisconsin, USA**

CASE 10-20

Traktoren mit drei Rädern erfreuten sich im Ersten Weltkrieg auf amerikanischen Farmen einiger Beliebtheit. Zu dieser Zeit wurde auch der erste dreirädrige Case gebaut.

Im Jahr 1915 wurde das Modell 10-20 angekündigt. Ein ungewöhnliches Merkmal der Konstruktion war, dass die Räder alle unterschiedliche Größen hatten. Das Vorderrad war das kleinste, das linke Hinterrad war normal groß, aber das rechte Hinterrad, das die gesamte Zugkraft übertrug, war viel größer.

Es ist nicht ganz klar, was die unterschiedlich großen Räder für einen Nutzen haben sollten, aber einige der Nachteile sind offensichtlich. Das kleine Vorderrad, das auf der rechten Seite in einer Linie mit dem größten Hinterrad stand, konnte vom Fahrer nicht gesehen werden. Deshalb konnte er auch nicht erkennen, wohin das Rad zeigte, ehe er den Gang einlegte. Aus diesem Grund war ein kleiner roter Pfeil über dem Vorderrad angebracht, um dessen Richtung anzuzeigen.

Oben: *Weil der Fahrer des Case 10-20 keine freie Sicht auf das Vorderrad hatte, war ein Pfeil über dem Rad montiert, der anzeigte, in welche Richtung es ausgerichtet war.*

Das extra große Hinterrad sollte vermutlich für möglichst wenig Erdverdichtung sorgen, wenn über bestelltes Land gefahren wurde. Dieses Konstruktionsmerkmal muss aber auch Probleme beim Pflügen verursacht haben, da es breiter war als der Boden der Furche.

Obwohl das linke Hinterrad normalerweise keine Motorkraft übertrug, konnte es für Zweiradantrieb an die Achse angeschlossen werden. Beim Abbiegen muss dabei die Belastung für das Getriebe ungewöhnlich hoch gewesen sein.

Motor

Case wählte einen vertikalen Vierzylindermotor für den 10-20, der somit der erste Traktor aus der Case-Produktion wurde, der nicht die traditionelle Zweizylinderausführung hatte. Die Zylinderbohrung betrug 10,8 cm, der Zylinderhub lag bei 15,2 cm und die Nenndrehzahl bei 900 U/min. Der Motor war quer über dem Hauptgestell montiert, was offenbar als Erfolg beim 10-20 gewertet wurde, da alle neuen Modelle von Case in den nächsten zwölf Jahren die gleiche Konstruktion aufwiesen. Der 10-20 wog insgesamt 2306 kg, und das Getriebe hatte nur einen Vorwärtsgang mit einer Geschwindigkeit von 3,2 km/h.

Der 10-20 blieb bis 1920 im Angebot der Firma Case. In diesem Jahr wurde er auch in Nebraska getestet und erbrachte eine maximale Leistung von 23 PS (17,02 kW) bei einer Nenndrehzahl von 980 U/min.

Technische Daten

Hersteller: J. I. Case Threshing Machine Co.
Standort: Racine, Wisconsin, USA
Modell: 10-20
Typ: Allzweck
Antrieb: vertikaler Vierzylindermotor
Leistung: 23 PS (17,02 kW)
Getriebe: Einganggetriebe
Gewicht: 2306 kg
Produktionsbeginn: 1915

Unten: *Eine Nahaufnahme vom Hauptantriebsrad hinten am 10-20 zeigt die frei liegenden Zahnräder für den Achsantrieb.*

Kapitel 2

Die Auswirkungen des Fordson

Die wichtigste Entwicklung in der Geschichte der Traktoren in den letzten Jahren des Ersten Weltkriegs war die Einführung des Fordson F. Er war der erfolgreichste je gebaute Traktor und brachte erstmals die Vorteile einer erschwinglichen Mechanisierung zu tausenden kleineren Farmen. Er hatte auch enorme Auswirkungen auf die Traktorindustrie, weil er viele Konkurrenten vom Markt verdrängte und Konstruktion und Entwicklung von Traktoren in den 1920er-Jahren stark beeinflusste.

Oben: *Bremsen rangierten ganz weit unten auf der Liste der Prioritäten der meisten Traktorkonstrukteure, doch die Ingenieure von Lanz hatten diese Bremse aus Holzklötzen an ihrem ersten Bulldog-Traktor.*

Links: *Das Ende des Krieges brachte 1918 wichtige neue Firmen auf den europäischen Traktormarkt, so auch Renault mit seinem auf einem Panzer basierenden Raupenschlepper.*

Henry Fords Model F war zu dieser Zeit nicht die einzige bedeutende Entwicklung. Case produzierte ebenfalls eine Reihe quer montierter Modelle, die auf einem Entwurf mit quer eingebautem Motor beruhten. Sie gehören sicher zu den klassischen Konstruktionen der frühen 1920er-Jahre. Auch die Konstrukteure bei International Harvester stellten eine Reihe höchst erfolgreicher Traktormodelle her, so etwa den 8-16 Junior und die Modelle 10-20 und 15-30.

I. H. nahm sich sogar die Zeit, mit dampfbetriebenen Traktoren zu experimentieren. In Großbritannien produzierte die Firma Garrett ihren ersten Suffolk-Punch-Dampftraktor. Dies war jedoch die letzte Phase in der Geschichte der landwirtschaftlich genutzten Dampfkraft. Als bevorzugter Antrieb setzte sich der Dieselmotor durch.

Die meisten Traktormotoren aus dieser Zeit hatten eine Funkenzündung mit Benzin oder Paraffin als Brennstoff. Der erste Lanz Bulldog, der 1921 erschien, hatte jedoch einen Halbdieselmotor. Lanz Bulldog blieb während der fogenden 30 Jahre Deutschlands wichtigste Traktorreihe und trug später erheblich zur Verbreitung des Halbdiesels in Europa bei.

ALLIS-CHALMERS

1915 Milwaukee, Wisconsin, USA

ALLIS-CHALMERS 6-12

Obwohl die Phase der Motorpflüge in den Vereinigten Staaten nicht lange andauerte, waren die Verkaufszahlen so gut, dass dutzende kleinerer Firmen ebenso nachzogen wie einige große Namen. So zum Beispiel Allis-Chalmers.

Oben: *Der Allis-Chalmers 6-12 war ein typischer amerikanischer Motorpflug. Bei ihm trieb der Motor die beiden großen Vorderräder an.*

Oben links: *Allis-Chalmers wagte sich mit dem Modell 6-12 in den Motorpflugmarkt, doch die Verkaufszahlen waren so enttäuschend, dass die Firma die Preise stark reduzieren musste, um das Lager von nicht verkauften Maschinen zu räumen.*

Technische Daten

Hersteller: Allis-Chalmers Co.	
Standort: Milwaukee, Wisconsin, USA	
Modell: 6-12	
Typ: Motorpflug	
Antrieb: vertikaler Vierzylindermotor von Le Roi	
Leistung: 12 PS (9 kW)	
Getriebe: Einganggetriebe	
Gewicht: 1135 kg	
Produktionsbeginn: 1915	

Das Allzweckmodell Allis-Chalmers 6-12 gab es ab 1915 mit der typischen Motorpflugkonstruktion, bei der das Gewicht des Motors über den Antriebsrädern platziert war. Reichlich Platz an der Unterseite ließ Raum für Geräte, die mittig montiert werden konnten. Der Fahrer saß hinten und bediente Motor und Steuerung mit verlängerten Hebeln.

Ein Vierzylindermotor von Le Roi leistete 12 PS (9 kW) bei 1000 U/min, und bei einem Test 1920 in Nebraska erreichte er eines der besten Ergebnisse für geringen Kraftstoffverbrauch. Trotzdem war die Nachfrage nach dem 6-12 enttäuschend, wahrscheinlich wegen des Preises. Allis-Chalmers bot den 6-12 1919 für $ 850 an, als das Model F von Fordson $ 750 kostete. Der Fordson war jedoch ein richtiger Traktor mit mehr Leistung und höherem Arbeitspotenzial als ein Motorpflug und gewann dadurch auch die Kunden.

Am Ende

Allis-Chalmers stellte 1922 die Produktion des 6-12 ein, weil bis dahin nur 500 Stück verkauft waren. Zu diesem Zeitpunkt standen noch 200 unverkaufte 6-12-Motorpflüge in der Fabrik. Sie wurden schließlich 1923 zum Schleuderpreis verkauft. Die Firma Allis-Chalmers war immer noch hoch angesehen und der 6-12 wahrscheinlich gut konstruiert. Motorpflüge kamen allerdings gerade aus der Mode, weil die normalen Traktoren den Markt eroberten.

INTERSTATE

ca. 1916 Waterloo, Iowa, USA

INTERSTATE PLOW MAN 15-30

Die im Ersten Weltkrieg stark ansteigende Nachfrage nach Traktorkraft in den Vereinigten Staaten und Kanada lockte eine große Anzahl neuer Firmen an, aber viele davon verschwanden nach nur wenigen Jahren wieder vom Markt.

Rechts: *Trotz des Motors von Buda und der robusten Konstruktion verschwanden der Interstate Plow Man und der kleinere Plow Boy schnell wieder vom Markt.*

Oben: *Harte Konkurrenz und Henry Fords Preissenkungen für seinen Fordson Model F machten den kleineren Firmen wie Interstate das Leben schwer.*

Technische Daten

Hersteller: Interstate Tractor Co.	
Standort: Waterloo, Iowa, USA	
Modell: Plow Man 15-30	
Typ: Allzweck	
Antrieb: Vierzylindermotor von Buda	
Leistung: 30 PS (22,2 kW)	
Getriebe: nicht bekannt	
Gewicht: nicht bekannt	
Produktionsbeginn: ca. 1916	

Die Misserfolgsquote unter den Neuen auf dem Markt war hoch – so auch bei der Interstate Tractor Co. in Waterloo, Iowa. Dort befand sie sich in unmittelbarer Nachbarschaft zur Konkurrenz, der Firma Waterloo Boy. Viele der Flops – wohl die meisten – basierten auf schlecht konstruierten Produkten, die keine Kunden anlockten. Bei der Interstate Tractor Co. schien das Problem jedoch von Anfang an die schlechte Finanzlage gewesen zu sein.

Robuste Konstruktion

Ihr größtes Modell, der Plow Man 15-30, scheint ebenso gut konstruiert gewesen zu sein wie einige seiner beliebteren Rivalen. Er war so robust gebaut, dass mindestens ein überlebendes Exemplar noch fast genauso gut läuft, wie vor 80 Jahren. Der Plow Man wurde von einem Buda-Motor angetrieben, den auch andere Hersteller im Ersten Weltkrieg verwendeten, weil er als besonders zuverlässig galt.

Die Interstate Tractor Co. wurde 1915 gegründet, und die zwei wichtigsten Modelle waren der 10-20 Plow Boy und der Plow Man. Trotz der Vorzüge des Plow Man zog sich die Interstate Tractor Co. schon 1919 wegen finanzieller Schwierigkeiten wieder aus dem Traktorgeschäft zurück.

CLAYTON

⚒ **1916 Lincoln, Lincolnshire, England**

CLAYTON

Für einen kurzen Zeitraum während und direkt nach dem Ersten Weltkrieg zeigten englische Farmer verstärktes Interesse an Raupenschleppern. Man nimmt an, dass dies bis zu einem gewissen Grad an dem enormen Erfolg der Raupenpanzer lag, die so gut mit den schwierigsten Bedingungen auf dem Schlachtfeld fertig wurden.

Oben: *Dies ist einer von mehreren Clayton-Raupenschleppern, die die britische Regierung für die Pflügaktion im Ersten Weltkrieg bestellte.*

Einige Firmen mit Sitz in Großbritannien stiegen in den Raupenschlepper-Markt ein, um mit Caterpillar, Cletrac und anderen Importen aus Nordamerika zu konkurrieren. Der erfolgreichste englische Raupenschlepper war der Clayton, den die Firma Clayton and Shuttleworth in Lincoln herstellte. Es gab ihn etwa ab 1916, und die Produktion wurde stark von der britischen Regierung unterstützt, die zahlreiche Traktoren für die Pflügaktion in den Kriegsjahren bestellte.

Kriegsdienst

Der Clayton auf dem Foto oben stammt aus dem Jahr 1918 und trägt auf dem Messingschild mit der Seriennummer ein Emblem des

Kriegsministeriums. Vermutlich handelt es sich um einen der originalen Regierungstraktoren.

Der Clayton war einfach konstruiert. Der Kraftstofftank war auffällig über dem Motorraum angebracht. Er hatte ein Steuerrad statt der sonst üblichen Hebel, und der Lenkmechanismus bestand aus zwei völlig frei liegenden kegelförmigen Kupplungen. An jeder Seite steuerte eine den Antrieb der jeweiligen Raupenkette. Wenn scharfe Kurven gefahren werden mussten, konnte der Fahrer mit dem Fuß bedienbare Bremsen einsetzen, um die kurveninnere Raupe zu blockieren und so den Wendekreis zu verkleinern, bis dessen Durchmesser nur noch geringfügig größer war als die Länge des Traktors.

Motorleistung

Die meisten Traktoren von Clayton waren mit einem Vierzylindermotor von Dorman ausgestattet, der so angepasst war, dass er mit Paraffin betrieben werden konnte. Die Leistung des Dorman-Motors betrug 35 PS (26 kW), aber gegen Produktionsende stieg sie auf 40 PS (29,8 kW). Ein Zweiganggetriebe sorgte für eine Höchstgeschwindigkeit von 6,6 km/h, im Rückwärtsgang lag sie bei 4,8 km/h.

Clayton baute weiter Raupenschlepper, bis die Produktion Mitte der 1920er-Jahre zeitweise ausgesetzt wurde. 1928 wurde die Produktion wieder aufgenommen, doch auch dies war nur eine kurzlebige Angelegenheit, denn Clayton and Shuttleworth wurde 1930 von der Firma Marshall in Gainsborough gekauft.

Entwicklung

Die gesamte Traktorentwicklung bei Marshall in den frühen 1930er-Jahren konzentrierte sich auf ihren Einzylinder-Diesel, weshalb die Produktion des Clayton Raupenschleppers 1931 eingestellt wurde. Rückblickend hätte Marshall gut daran getan, mehr Mittel in die Weiterentwicklung des Clayton zu investieren. Er war damals eine etablierte Konstruktion mit gutem Ruf, wenn auch einige Neuerungen nötig waren. Eine Kombination des neuen Motors von Marshall mit dem Clayton hätte sicher eine faszinierende Baureihe hervorgebracht.

Technische Daten

Hersteller: Clayton and Shuttleworth
Standort: Lincoln, Lincolnshire, England
Modell: Clayton
Typ: Raupenschlepper
Antrieb: Vierzylindermotor von Dorman
Leistung: 35 PS (26 kW)
Getriebe: Zweiganggetriebe
Gewicht: nicht bekannt
Produktionsbeginn: ca. 1916

Links: *Fahrkomfort und -sicherheit standen weit unten auf der Liste der Prioritäten, als der Clayton entworfen wurde: Die Stahlketten und die Riemenscheibe sind nur Zentimeter von den Füßen des Fahrers entfernt.*

EMERSON-BRANTINGHAM

1916 Rockford, Illinois, USA

EMERSON-BRANTINGHAM 12-20

Emerson-Brantingham hatte vor, eine der führenden Traktorfirmen zu werden, als sie 1912 eine große Übernahmeaktion startete. Die Liste der aufgekauften Firmen enthält die Gas Traction Co., die die „Big 4"-Reihe schwerer Traktoren gebaut hatte, sowie die Firma Rockford und jene Firma, die Dampfmaschinen und große Traktoren unter dem Markennamen Reeves anbot.

Technische Daten

Hersteller: Emerson-Brantingham Implement Co.	
Standort: Rockford, Illinois, USA	
Modell: 12-20	
Typ: Allzweck	
Antrieb: Vierzylindermotor	
Leistung: 20 PS (14,8 kW)	
Getriebe: Zweiganggetriebe	
Gewicht: 1816 kg	
Produktionsbeginn: 1916	

Oben: *An der Vierrad-Konstruktion erkennt man, dass dies die spätere Model-Q-Version des Emerson-Brantingham 12-20 ist, und nicht das Model L.*

Der größte Erfolg der Firma wurde nicht durch eine Übernahme erzielt, sondern durch eine eigene Konstruktion von Emerson-Brantingham. Sie wurde aus einem 12-20 Model L entwickelt, einem dreirädrigen Modell mit einem einzelnen Antriebsrad hinten. Es gehörte ab 1916 zur Produktpalette von E-B, verschwand aber schon 1917 wieder, als es durch das 12-20 Model Q ersetzt wurde.

Radkonstruktion

Der Unterschied zwischen der Model-L-Version und dem späteren Model Q war der Umstieg von drei auf vier Räder. Änderungen, die nicht von außen sichtbar waren, beinhalteten eine größere Zylinderbohrung beim Model Q, doch das beeinflusste die Leistung des 12-20 nicht. Die spätere Version hatte einen Motor mit Zylindermaßen von 12 mal 12,7 cm und eine Drehzahl von 900 U/min.

Im obigen Bild liegt der Auspuff unter dem Motorraum des Traktors. Dadurch konnte er auf unwegsamem Gelände mit Sicherheit leicht beschädigt werden.

Das 12-20 Model Q gab es bis 1928, als die Firma von J. I. Case aufgekauft wurde.

SAWYER-MASSEY

1917 **Hamilton, Ontario, Kanada**

SAWYER-MASSEY 11-22

Nachdem die ersten Traktoren von Sawyer-Massey für das Marktsegment der mittelschweren bis schweren Geräte gedacht waren, baute man später auch kleinere Modelle, um sich den aktuellen Kaufgewohnheiten anzupassen. Das sprichwörtliche Leichtgewicht der Modellpalette war der 11-22. Er wurde etwa 1917 angekündigt und war bis in die frühen 1920er-Jahre erhältlich, als Sawyer-Massey sich vom Markt zurückzog.

Unten: *Obwohl er kleiner und leichter als seine Vorgängermodelle war, erhielt der 11-22 die gleiche Konstruktion – mit heckmontiertem Motor und frontmontiertem Kühlsystem.*

Rechts: *Sawyer-Massey verwendete einen vertikalen Vierzylindermotor als Antrieb für das neue Einstiegsmodell, den 11-22.*

Technische Daten

Hersteller: Sawyer-Massey	
Standort: Hamilton, Ontario, Kanada	
Modell: 11-22	
Typ: Allzweck	
Antrieb: Vierzylindermotor	
Leistung: 22 PS (16,3 kW)	
Getriebe: nicht bekannt	
Gewicht: nicht bekannt	
Produktionsbeginn: 1917	

Eines der typischen Konstruktionsmerkmale von Sawyer-Massey – der Heckmotor – fand sich sowohl in den großen Traktoren des Herstellers als auch in den kleinen.

Motor

Der Motor war ein vertikaler Vierzylindermotor, der weit hinten am Fahrgestell montiert war. Dadurch befand sich der Großteil des Gewichts über den Antriebsrädern.

Tatsächlich warb Sawyer-Massey beim Verkauf mit einer Gewichtsverteilung von 75 Prozent zu 25 Prozent, wobei die 75 Prozent des Gewichts über den Antriebsrädern die Bodenhaftung für Arbeiten wie das Pflügen verbesserte. Der intensive Wettbewerb und die Preissenkungen, die den Traktormarkt in den frühen 1920er-Jahren trafen, wirkten sich auf kleinere Modelle wie den 11-22 eher aus als auf die Schwergewichte.

Der Traktormarkt verlor jedoch für Sawyer-Massey bald seine Anziehungskraft. Die Firma stellte die Produktion von Landwirtschaftsgeräten auf Straßenbau- und Baumaschinen um.

HAPPY FARMER

1916 Minneapolis, Minnesota, USA

HAPPY FARMER

Ab 1914 boomte der amerikanische Markt für Traktoren, und viele neue Firmen stiegen in das Geschäft ein. Einige verschwanden jedoch genauso schnell wieder vom Markt, wie zum Beispiel Happy Farmer.

Oben: *Die Firma Happy Farmer war ein kurzlebiges Unternehmen.*

Die Happy Farmer Tractor Co. in Minneapolis, Minnesota, wurde 1915 gegründet und begann den Verkauf des 8-16 im Jahr darauf. Da sie keine eigene Herstellung hatte, kaufte Happy Farmer ihre Traktoren von zwei Firmen in La Crosse, Wisconsin. Eine davon, die La Crosse Tractor Co., hatte enge finanzielle und andere Verbindungen zu Happy Farmer.

Motor

Der 8-16 hatte einen horizontalen Zweizylindermotor mit 750 U/min und ein Getriebe mit jeweils einem Vorwärts- und Rückwärtsgang. Das Kühlsystem war ein Lamellenkühler, der zur Seite gedreht war, um die Sicht des Fahrers nicht zu versperren. Ein Stahlrohr bildete das schlichte und preiswerte Fahrgestell.

Ein neues Modell

Ende 1916 war die Firma Happy Farmer verschwunden. La Crosse übernahm die Produktion und behielt den Namen „Happy Farmer“ bis in die frühen 1920er-Jahre bei. Ein neues Modell, das auf der Konstruktion des 8-16 basierte, erschien 1920 als Model F. Es hatte 24 PS (17,8 kW) und drei Räder. Model G war die vierrädrige Version. Im Jahr 1922 wurde dann die Produktion eingestellt.

Technische Daten

Hersteller: Happy Farmer Tractor Co.

Standort: Minneapolis, Minnesota, USA

Modell: 8-16

Typ: Allzweck

Antrieb: liegender Zweizylindermotor

Leistung: 16 PS (11,8 kW)

Getriebe: Einganggetriebe

Gewicht: nicht bekannt

Produktionsbeginn: 1916

WALLIS

1916 **Racine, Wisconsin, USA**

WALLIS CUB JUNIOR

In den frühen Jahren der Traktorentwicklung war die Standardkonstruktion ein Stahlträgergerippe, auf das der Motor und andere größere Teile montiert wurden. Diese Konstruktionsweise sorgte für einige Probleme, und es war der Cub Junior von Wallis, der 1913 die erste praktische Alternative bot.

Oben. Der Cub Junior wurde durch die wannenförmige Stahlplatte unter Motor und Getriebe berühmt.

Technische Daten

Hersteller: Wallis Tractor Co.
Standort: Racine, Wisconsin, USA
Modell: Cub Junior
Typ: Allzweck
Antrieb: Vierzylindermotor von Wallis
Leistung: 25 PS (18,5 kW)
Getriebe: Zweiganggetriebe
Gewicht: nicht bekannt
Produktionsbeginn: 1916

Um die Stahlträgerkonstruktion des Chassis zu ersetzen, entwickelte die Firma Wallis einen wannenförmigen Unterbau aus gewalztem Stahl, wodurch der Traktor ein enorm starkes „Rückgrat“ erhielt. Ein weiterer Vorteil dieser Konstruktion war der Schutz von Motor und Getriebe vor Unebenheiten des Bodens sowie Schmutz und Wasser.

Motor und Getriebe

Die wannenförmige Stahlplatte des Wallis Cub Junior trug Motor und Getriebe und war ein wichtiger Schritt nach vorn für die Traktorentwicklung. Als die Firma den Cub Junior 1916 vorstellte, verbesserte sie noch die Konstruktion, indem sie die Stahlplatte bis unter den Achsantrieb verlängerte.

Beliebtes Fahrzeug

Der Cub Junior wurde von einem Vierzylindermotor angetrieben und leistete 25 PS (18,5 kW). Seine Manövrierfähigkeit wurde durch das einzelne Vorderrad unterstützt, das oben das auffällige Emblem des Wallis-Bären trug, um dem Fahrer die Lenkrichtung anzuzeigen. Wenn eingekuppelt wurde, während das Vorderrad im 90-Grad-Winkel stand, konnte der Lenkmechanismus beschädigt werden.

SQUARE TURN

🛠 **1917 Norfolk, Nebraska, USA**

SQUARE TURN

Der Square Turn war eines der seltsamen und wunderbaren Modelle, die während des Ersten Weltkriegs auf den US-Markt kamen. Viele dieser Produkte gingen ohne ausreichende Tests in Serie. Es gab oft zu wenig oder keine Ersatzteile, sowie schlechten Service. Da die Kunden meist Erstkunden waren, die bisher mit Pferden oder Maultieren gearbeitet hatten, waren sie leichte Beute für die realitätsfernen Versprechen gewandter Verkäufer.

Links: *Diese Rückansicht einer der wenigen überlebenden Square-Turn-Traktoren zeigt die Hebel, die von Hand bedient wurden, um die in der Mitte unter dem Hauptgerüst des Traktors montierten Geräte zu heben oder zu senken.*

Ein Ergebnis dieser Situation war das Testprogramm in Nebraska, das – zum Schutz der Traktorkäufer – eine unabhängige Quelle für Leistungsdaten war und auch dabei half, sicherzustellen, dass die Hersteller nach dem Verkauf ausreichend Kundendienst boten.

Die Geschichte des Square-Turn-Traktors begann 1915 in Nebraska, vier Jahre bevor das Testprogramm gesetzlich vorgeschrieben wurde. Man kann heute nicht sagen, ob er besser oder schlechter als die meisten seiner Rivalen war. Jedenfalls hatte er eine bewegte Geschichte, da die Firma in drei Jahren bereits dreimal die Besitzer gewechselt hatte.

Unkonventionelles Design

Es war auch ein unkonventioneller Traktor. Die großen Antriebsräder saßen vorn, während das einzelne lenkbare Rad sich hinten befand. Die Konstruktion sah auch genügend freien Raum unter dem Fahrzeug vor, um in der Mitte des Fahrwerks Geräte zu montieren, die durch Bedienhebel angehoben oder abgesenkt werden konnten.

Der Motor war ein Vierzylinder von Waukesha mit einer Leistung von 30 PS (22,2 kW), wurde aber später durch einen Vierzylindermotor von Climax ersetzt, der die Leistung auf 35 PS (25,9 kW) steigerte.

Lenkung

Das Lenksystem des Square Turn war höchst unkonventionell, was ihm seinen Namen gab. Besondere Hebel ließen eines der beiden Vorderräder rückwärts drehen, während das andere weiter vorwärts fuhr, und das einzelne Hinterrad konnte um einen Lenkeinschlagswinkel von 90 Grad gedreht werden, sodass sich der Traktor um seine eigene Achse drehen konnte. Aber die Fähigkeit, sich auf der Stelle um sich selbst zu drehen, war für einen Traktor bei der Feldarbeit nur von begrenztem Nutzen.

Einige Landwirte müssen dennoch vom Square Turn beeindruckt gewesen sein, denn er war sehr erfolgreich und blieb länger als mancher Rivale auf dem Markt. Die Produktion wurde 1923 eingestellt, und die Firma zog sich 1925 aus dem Traktorgeschäft zurück.

Technische Daten

Hersteller: Square Turn Tractor Co.	**Getriebe:** nicht bekannt
Standort: Norfolk, Nebraska, USA	**Gewicht:** 3360 kg
Modell: 18-30	**Produktionsbeginn:** 1917
Typ: Reihenkultur-Traktor	
Antrieb: Vierzylindermotor von Waukesha	
Leistung: 30 PS (22,2 kW)	

Unten: *Unter dem Square Turn war genug Platz, um in der Mitte montierte Geräte zu tragen. Das Lenksystem bot gute Manövrierbarkeit.*

WATERLOO BOY

1917 Waterloo, Iowa, USA

WATERLOO BOY MODEL N

Die Waterloo Gasoline Engine Co. wurde 1895 gegründet, um von den Fehlern der Serienversion des John-Froelich-Traktors von 1892 zu profitieren. Das Motorgeschäft war ein Erfolg, und 1912 konzentrierte sich die Firma wieder auf die Traktorproduktion, um einen zusätzlichen Absatzmarkt für ihre Motoren zu erschließen.

Für ihren Traktor aus dem Jahr 1912 hatte die Firma einen Vierzylindermotor verbaut, doch er wurde durch einen liegenden Zweizylindermotor ersetzt, als 1914 die Modelle Waterloo Boy L und R aufkamen. Der Zweizylindermotor war zuverlässiger und billiger zu produzieren. Er wurde der Urahn einer der bekanntesten Baureihen von Traktormotoren in den Vereinigten Staaten.

Der Motor für Model R hatte eine Zylinderbohrung von 13,9 cm und einen Zylinderhub von 17,7 cm. 1915 wurde die Bohrung um 1,3 cm und im Jahr 1917 um noch einnmal 1,3 cm vergrößert, als das neue Model N auf

Oben: *Der liegende Zweizylindermotor der späteren Versionen des Waterloo Boy wurde für die John-Deere-Traktoren übernommen.*

den Markt kam. Model N war anstelle des Einganggetriebes der früheren Version mit einem Zweiganggetriebe ausgestattet. Eine weitere Verbesserung waren die Kugellager, die die bis dahin verwendeten Gleitlager ersetzten.

Ferguson und Deere & Co.

Sowohl Model R als auch Model N waren erfolgreich und hatten einen unerwarteten Einfluss auf die Entwicklung der Traktorindustrie. Die Traktoren der Reihe Waterloo Boy wurden während der Kriegsjahre nach Großbritannien exportiert, wo sie als „Overtime“ bekannt wurden. Der Großhändler für das heutige Nordirland war ein Werkstattbesitzer namens Harry Ferguson. Er überwachte persönlich die Vorführungen des Overtime, was möglicherweise zu jenen Ideen führte, die später sein Ferguson-System für Befestigung und Steuerung von Geräten hervorbrachten.

Waterloo-Boy-Traktoren weckten auch das Interesse von Deere & Co. Zu dieser Zeit war Deere ein höchst erfolgreicher Maschinenhersteller mit dem Plan, Einzug in den schnell expandierenden Traktormarkt zu halten. Den Versuchen, einen Traktor neu zu entwickeln, war jedoch wenig Erfolg beschieden. Eine bereits bestehende Traktorfirma mit einem etablierten Produkt zu kaufen, war ein schnellerer Weg in den Markt. Die Übernahme wurde 1918 perfekt, als John Deere 2,35 Millionen Dollar für die gesamte Firma Waterloo zahlte. Model N blieb mit kleinen Änderungen bis 1923 in Produktion.

Technische Daten

Hersteller: Waterloo Gasoline Engine Co.
Standort: Waterloo, Iowa, USA
Modell: Model N
Typ: Allzweck
Antrieb: liegender Zweizylindermotor
Leistung: 25 PS (18,5 kW)
Getriebe: Zweiganggetriebe
Gewicht: 2807 kg
Produktionsbeginn: 1917

Links: *Die Hinterräder des Model N waren ungeschützt gegen Staub und Schlamm. Dennoch erwarb sich der Traktor einen guten Ruf in Bezug auf Zuverlässigkeit.*

Links: *Die Waterloo-Boy-Plakette auf dem Treibstofftank wurde von den Traktoren entfernt, die nach Großbritannien exportiert wurden, wo sie unter dem Namen Overtime verkauft wurden.*

FORDSON

1917 Dearborn, Michigan, USA

FORDSON MODEL F

Obwohl Henry Fords erster Traktor schon 1906 oder 1907 fertig gestellt war, blieb das Projekt einige Jahre lang weniger vorrangig, weil sich Ford mehr um den Erfolg seiner Automobile kümmerte.

Dennoch gab es ab und zu Experimental-Modelle von Ford, ein Zeichen dafür, dass er seine Idee vom massenproduzierten Traktor für kleine Farmen nicht aufgegeben hatte. Dann kam der Erste Weltkrieg und machte die Entwicklungsarbeit noch dringlicher.

Eigene Traktorfirma

1915 gründete Henry Ford endlich eine eigene Firma in Dearborn, Michigan, um das Traktorprojekt zu realisieren. Die Firma hieß Henry Ford & Son und beschäftigte einige von Fords begabtesten Konstrukteuren. 1916 gab Ford grünes Licht für die Produktion von 50 Prototypen zu Testzwecken. Zwei davon wurden nach Großbritannien verschifft, um zu prüfen, ob sie für die Pflügaktion in der Kriegszeit geeignet waren.

Die Traktoren kamen im Januar 1917 an, und den Fachleuten, die die Testreihen durchführ-

Oben: *Der Fordson Model F war der Traktor mit dem größten Verkaufserfolg aller Zeiten. Das war sicher auch Henry Fords Preissenkungsaktion zu verdanken, mit der er viele Konkurrenten aus dem Markt drängte.*

ten, gefielen ihre Leistungsfähigkeit und das geringe Gewicht. Auch die Tatsache, dass dies die ersten Traktoren waren, die speziell für die Massenproduktion konstruiert wurden, um Produktionskosten zu sparen, interessierte die britische Regierung. Sie bestellte bei Henry Ford 6000 Traktoren, die so schnell wie möglich geliefert werden sollten.

Obwohl Henry Ford eigentlich erst noch weiterentwickeln wollte, kam er der britischen Bitte nach und begann mit den Vorbereitungen für die Produktion. Der Traktor war der Fordson Model F, und die Produktion erreichte Ende des Jahres 254 Stück und bis Mitte der 1920er-Jahre eine Spitzenleistung von mehr als 100 000 pro Jahr. Mehr als 700 000 Fordsons wurden in Dearborn gebaut, bis die Produktion 1928 nach Irland verlegt wurde.

Konstruktionsmerkmale

Das fortschrittlichste Konstruktionsmerkmal des Fordson F war, dass Motor und Differenzial einen gekapselten, starren Block bildeten, wodurch ein Rahmen überflüssig wurde. Die Leistung lieferte ein Vierzylindermotor mit einem Wasserbad-Luftfilter. Ein Schneckengetriebe lieferte den Antrieb, an den frühen Versionen gab es allerdings keine Bremse.

Die enormen Produktionszahlen wurden noch gesteigert durch Großbestellungen der neuen kommunistischen Regierung in Russland. Weil sie dringend die Mechanisierung der Landwirtschaftsbetriebe vorantreiben mussten, um die Lebensmittelproduktion anzukurbeln, importierten die Russen mehr als 26 000 Fordsons und bauten selber eine nicht bekannte Anzahl in Lizenz. Auch Henry Fords Preissenkungsaktion steigerte die Verkäufe des Fordson F. Der Listenpreis für einen Fordson betrug 1918 in Amerika $ 750, wurde jedoch gesenkt, bis er 1922 bei $ 395 lag.

Technische Daten

Hersteller: Henry Ford & Son	**Getriebe:** Dreiganggetriebe
Standort: Dearborn, Michigan, USA	**Gewicht:** 1230 kg
Modell: F	**Produktionsbeginn:** 1917
Typ: Allzweck	
Antrieb: Vierzylindermotor	
Leistung: 18 PS (13,3 kW)	

Unten: *Diese Seitenansicht zeigt, wie beim Fordson F Motor, Getriebe und Hinterachse eine starre, Schmutz abweisende Konstruktion bildeten.*

GARRETT

🛠 **1917 Leiston, Suffolk, England**

GARRETT SUFFOLK PUNCH

Die Firma Garrett begann 1782 in Leiston, Grafschaft Suffolk, von Pferden gezogene Geräte zu bauen. Als sie ihre Hundertjahrfeier beging, verwendete sie die damals neueste Technologie und baute landwirtschaftliche Dampfmaschinen.

Garrett wurde einer der größten Hersteller von Dampfmaschinen in Großbritannien und betrieb ein erfolgreiches Exportgeschäft. Als Traktoren für die nächste motorgestützte landwirtschaftliche Revolution sorgten, reagierte er auf ungewöhnliche Art.

Viele der alteingesessenen Dampfmaschinenhersteller versuchten zunächst, die Bedrohung durch die neuen Konkurrenten zu ignorieren, doch manche versuchten einen fortschrittlicheren Ansatz und stellten auf die Produktion von Traktoren um. Garrett beschloss, den traditionellen Dampfschlepper umzukonstruieren und daraus einen neuen, dampfbetriebenen Traktor zu machen. Er wurde nach den bekannten Kaltblutpferden „Suffolk Punch" genannt – wohl nicht der passendste Name für einen Traktor, der für die Zukunft gedacht war.

Oben: *Der Dampftraktor Suffolk Punch war der ehrgeizige Versuch Garretts, den Dampfschlepper zu modernisieren, doch er konnte mit der preisgünstigeren Traktorkraft nicht konkurrieren.*

Konstruktionsmerkmale

Der Fahrer war von seiner üblichen Plattform am Heck auf einen Fahrersitz vorn umgezogen, was die Sicht nach vorn verbesserte. Der Kessel wurde nach hinten versetzt, sodass sein Gewicht über den Antriebsrädern lag, um die Bodenhaftung zu unterstützen. Dies verminderte das Gewicht über den steuerbaren Vorderrädern, und die traditionelle, mit Ketten betriebene Lenkung konnte durch einen präziseren, benutzerfreundlicheren Lenkmechanismus ersetzt werden. Es gab außerdem ein Federungssystem über der Hinterachse des Traktors.

Das Konstruktionsteam versetzte nicht nur den Kessel ans Heck, sondern positionierte außerdem einen zusätzlichen Wassertank über der Hinterachse, um mehr Gewicht auf die Antriebsräder zu bringen. Grund dafür war, dass der Traktor dafür konstruiert war, Pflüge und andere Geräte auf dem Feld zu ziehen, statt Antrieb für eine Dreschmaschine oder einen Seilpflug zu sein. Es war ein großer Schritt nach vorn, denn dampfbetriebene direkte Zugkraft für Kultivatoren war in Großbritannien sehr ungewöhnlich, weil die Erde dort oft schwer ist und durch einen schweren Dampfschlepper leicht beschädigt werden kann.

Motor

Der Suffolk Punch hatte einen Verbundmotor mit Doppelkurbel, der mit Kohle betrieben wurde und 40 PS (29,6 kW) leistete. Die ersten Probepflügungen 1917 verliefen ermutigend. Aber dieser Optimismus schlug bald in Sorge um, als Statistiken über Leistungsfähigkeit und Kosten des neuen Fordson-Traktors bekannt wurden. Obwohl die Pflügleistung des Suffolk Punch höher war, lag der wirtschaftliche Vorteil aufseiten des Fordson. Garrett baute nur acht Suffolk-Punch-Traktoren.

Technische Daten

Hersteller: Richard Garrett & Sons
Standort: Leiston, Suffolk, England
Modell: Suffolk Punch
Typ: Dampfschlepper
Antrieb: Dampfmaschinenverbundmotor mit Doppelkurbel
Leistung: 40 PS (29,6 kW)
Getriebe: nicht bekannt
Gewicht: nicht bekannt
Produktionsbeginn: 1917

Unten: *Garrett konstruierte den traditionellen Dampfschlepper um und platzierte den Fahrer vorn und den Kessel ans Heck des Suffolk Punch.*

INTERNATIONAL HARVESTER

1917 Chicago, Illinois, USA

INTERNATIONAL HARVESTER 8-16

International Harvesters Engagement bei leichtgewichtigen Traktoren wurde 1917 durch die Einführung des Modells 8-16 (Model Junior) noch verstärkt. Der 8-16 wurde zwar in Chicago gebaut, der Heimat der I.H.-Mogul-Reihe, doch die Firma hatte bereits entschieden, die Namen Mogul und Titan auslaufen zu lassen. Der 8-16 wurde einfach als International Harvester verkauft.

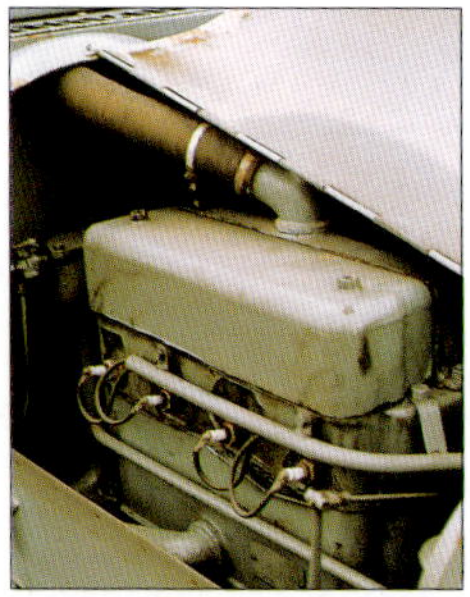

Der 8-16 kam zu einer Zeit, als die Konstruktion von Traktoren rasche Fortschritte machte, und hatte schon einige moderne Merkmale. Eines davon war die nach vorn abgeflachte Kühlerhaube, die für eine gute Sicht vom Fahrersitz aus nach vorn sorgte, sodass exakter gesteuert werden konnte. Um diese abgeflachte Kühlerhaube zu bauen, verlegten die Konstrukteure den Kühler von seinem angestammten Platz an der Frontseite des Traktors hinter den Motor. Eine Anordnung, die auch bei den Traktoren von Renault ver-

Ganz oben: *International Harvester verwendete einen damals modernen Vierzylindermotor für den 8-16.*
Oben: *Um die nach vorn abgeflachte Kühlerhaube zu konstruieren, wurde der Kühler hinter den Motor verlegt.*

wendet wurde. Weitere 70 Jahre sollten noch vergehen, bis die abgeflachte Kühlerhaube von den restlichen Herstellern der Traktorindustrie übernommen wurde.

I. H. verwendete für den 8-16 einen Vierzylindermotor, was einen Fortschritt gegenüber den Zweizylindermotoren des früher gebauten Modells 8-16 Mogul und des zur gleichen Zeit erhältlichen 10-20 Titan bedeutete. Die Maße für Zylinderbohrung und Zylinderhub betrugen 10,1 und 12,7 cm, der Motor hatte eine Drehzahl von 1000 U/min.

Ein weiteres Merkmal des 8-16 war die Zapfwelle. Diese war zwar keine Erfindung von I. H., denn der Scott-Traktor aus Schottland hatte bereits 1904 ein ähnliches Gerät. Es war jedoch International Harvester mit dem Model 8-16, die die Zapfwelle als ständige Ergänzung etablierten, was für mehr Vielseitigkeit und Effizienz der Traktoren sorgte.

Verkaufserfolg

Größe und Gewicht sowie die Zapfwelle des 8-16 machten ihn zu einem der vielseitigsten und modernsten Traktoren. Sein Verkaufserfolg erstreckte sich bis nach Großbritannien, wohin einige der Traktoren exportiert wurden, um die Pflügaktion in der Kriegszeit zu unterstützen. Obwohl die Konstruktion des 8-16 einige moderne Merkmale besaß, war das frei liegende Getriebe mit Kette und Kettenrad ohne Schutz vor Schmutz und Schlamm bereits 1917 überholt. 1922, als die Produktion eingestellt wurde, war es definitiv veraltet.

Technische Daten

Hersteller: International Harvester
Standort: Chicago, Illinois, USA
Modell: 8-16
Typ: Allzweck
Antrieb: Vierzylindermotor
Leistung: 16 PS (12 kW)
Getriebe: Dreiganggetriebe
Gewicht: 1662 kg
Produktionsbeginn: 1917

Links: *Ein Metallsitz, montiert auf einer Stahlfeder, war 1920 der übliche Fahrkomfort für Traktorfahrer.*

HUBER

1917 Marion, Ohio, USA

HUBER LIGHT FOUR

Die Firma Huber in Marion, Bundesstaat Ohio, gehörte zu den Pionieren des Traktorbaus, denn sie begann schon 1898 mit der Produktion. Ihr erster Erfolg stellte sich jedoch erst 1917 ein, als sie das Modell Light Four vorstellte.

Unten: *Huber gehörte nie zu den großen Traktormarken in den USA, aber ihr Modell Light Four blieb mehr als zehn Jahre in Produktion.*

Der Light Four hatte einen Waukesha-Vierzylindermotor. Er war quer auf dem Rahmen montiert, mittig zwischen Vorder- und Hinterachse. Das Kühlsystem bestand aus einem vorn rechts montierten Kühler mit riemengetriebenen Ventilator. Bohrung und Hub lagen bei 10,1 mal 14,6 cm, die Motorleistung betrug 25 PS (18,5 kW) bei 1000 U/min an der Riemenscheibe und 12 PS (8,9 kW) an der Deichsel.

Getriebe

Obwohl sie eine moderne Motorkonstruktion gewählt hatte, verließ sich die Firma Huber auf ein etwas veraltetes Getriebe, um die Leistung auf die Räder des Light Four zu übertragen. Es gab nur zwei Vorwärtsgänge mit Gleitschaltsystem, und der Achsantrieb für die Hinterräder bestand aus einem völlig frei liegenden Zahnkranz, eine Konstruktion, die bereits für schnellen Verschleiß bekannt war. Trotz seines Namens war der Light Four mit seinem Gewicht von 2497 kg nicht wirklich leicht.

Die Produktion des Light Four wurde erst 1928 eingestellt, weil sich der Traktor einen Namen als robustes Fahrzeug gemacht hatte. Die Firma Huber blieb bis in die frühen 1940er- Jahre im Traktorgeschäft.

Technische Daten

Hersteller: Huber Manufacturing Co.
Standort: Marion, Ohio, USA
Modell: Light Four
Typ: Allzweck
Antrieb: Vierzylindermotor
Leistung: 25 PS (18,5 kW)
Getriebe: Zweiganggetriebe
Gewicht: 2497 kg
Produktionsbeginn: 1917

SAMSON

1918 **Stockton, Kalifornien, USA**

SAMSON MODEL M

Obwohl der Traktor Samson Sieve Grip aus Stockton im Bundesstaat Kalifornien auf lokaler Ebene einigen Erfolg hatte, gehörte er auf nationaler Ebene nie zu den ganz Großen. Trotzdem wurde er überraschend ausgewählt, als General Motors auf die Schnelle den Traktormarkt erobern wollte.

Rechts: *General Motors stieg ins Traktorgeschäft ein, um für sich einen Teil des Marktes zu beanspruchen, in dem bisher der Erzrivale Ford mit seinem Model F so erfolgreich war.*

Technische Daten

Hersteller: General Motors
Standort: Stockton, Kalifornien, USA
Modell: M
Typ: Allzweck
Antrieb: Vierzylindermotor
Leistung: 19 PS (14,06 kW) maximal
Getriebe: Zweiganggetriebe
Gewicht: 1497 kg
Produktionsbeginn: 1918

Warum genau General Motors 1917 das dringende Bedürfnis verspürte, Traktoren zu bauen, ist unklar. Eine Theorie besagt, dass die Entscheidung durch die Einführung des Fordson zustande kam. General Motors und Ford waren 1917 bereits alte Rivalen in der Automobilindustrie, und die Nachricht, dass Ford einen Traktor bauen wollte, hat wohl GM davon überzeugt, das Gleiche zu tun.

Preiskrieg

Das Angebot von General Motors, die Firma Samson zu kaufen, wurde angenommen, und der kleine Sieve Grip blieb in Produktion, bis 1918 ein neues Modell mit dem Namen Samson Model M herauskam. Es war eine direkte Konkurrenz für den Fordson, und als in Nebraska beide Fahrzeuge getestet wurden, schlug der Samson den Fordson um Längen. Im Kampf um die Verkaufszahlen schien Preis jedoch wichtiger zu sein als Leistung. Ford war sogar bereit, Geld zu verlieren, indem er weitere Preissenkungen für seine Traktoren veranlasste. Von General Motors aber wurde erwartet, mit dem Samson schnellen Profit zu machen. Bis 1923 drängten die enttäuschenden Verkäufe General Motors aus dem Traktorgeschäft. Im gleichen Jahr verkaufte Ford 100000 Fordsons.

GRAY

1918 **Minneapolis, Minnesota, USA**

GRAY 18-36

Die Firma Gray Tractor Co. wurde 1914 in Minnesota gegründet. Ihre Traktoren basierten auf Experimental-Modellen eines Obstanbauers. Einige der Konstruktionsmerkmale, die für die Arbeit in Obstplantagen eingeführt wurden, verwendete man weiterhin bei den späteren Allzweckmodellen.

Oben: *Der Gray 18-36 hatte mit dem quer eingebauten Waukesha-Motor und dem Zahnradachsantrieb ein unkonventionelles Design.*

Oben links: *Die walzenartigen Hinterräder des Drum-Drive und das Dach über Motor und Hinterrädern waren besondere Merkmale des Traktors von Gray.*

Technische Daten

Hersteller: Gray Tractor Co.
Standort: Minneapolis, Minnesota, USA
Modell: 18-36
Typ: Allzweck
Antrieb: Vierzylindermotor von Waukesha
Leistung: 36 PS (26,6 kW)
Getriebe: Zweiganggetriebe
Gewicht: 2951 kg
Produktionsbeginn: 1918

Ein Hauptmerkmal der Gray-Traktoren war die geringe Höhe, die von dem ursprünglichen Einsatz auf Obstplantagen herrührte. Sie hatten außerdem zwei große Hinterräder, die nahe beieinander standen und wie eine Walze arbeiteten. Sie wurden bekannt als „Gray-Drum-Drive“. Die Idee, ein Dach zu montieren, um Motor und Hinterräder abzudecken, aber nicht den Fahrer, wurde auch von den Experimental-Modellen übernommen.

Konstruktionsmerkmale

Das erfolgreichste Modell aus der Gray-Reihe war der 18-36. Die Produktion begann 1918 mit einem Vierzylindermotor von Waukesha, die Zylinder wurden paarweise vertikal angeordnet. Der Motor war quer über dem Gestell eingebaut, und es gab einen eingeschlossenen Zahnradantrieb für die Hinterräder.

Angeblich lag der Vorteil des Drum-Drive in der besseren Bodenhaftung, sodass die Räder weniger wegrutschten, ein wichtiges Verkaufsargument für Traktoren.

Leider bestätigte sich diese Behauptung eher nicht, als der Gray 18-36 in Nebraska getestet wurde: Die Daten im Deichselzugtest ergaben, dass die Bodenhaftung des Traktors unter dem Durchschnitt lag.

AVERY

1919 **Peoria, Illinois, USA**

AVERY 12-20

Die meisten Traktoren der Avery-Reihe folgten einem bestimmten Muster, das mit dem großen, runden Kühlturm vorn anfing und den in der Mitte montierten Motor und das Führerhaus einschloss. Das Modell, das den „Avery Look" einführte, war der 20-35, der 1912 gebaut wurde. Der 12-20 war eines der Modelle, die den gleichen Stil bis in die frühen 1920er-Jahre fortführten.

Rechts: *Der zylindrische Kühlturm vorn auf dem Fahrgestell war eines der typischen Merkmale der Avery-Traktoren – wie bei diesem 12-20.*

Oben: *Avery bot den 12-20 ab 1919 an, bis die Firma in finanzielle Schwierigkeiten geriet und deshalb im Jahr 1924 die Traktorproduktion einstellte.*

Technische Daten

Hersteller:	Avery Co.
Standort:	Peoria, Illinois, USA
Modell:	12-20
Typ:	Allzweck
Antrieb:	Vierzylinder-Boxermotor
Leistung:	24 PS (18 kW) maximal
Getriebe:	Zweiganggetriebe
Gewicht:	2497 kg
Produktionsbeginn:	ca. 1919

Avery führte von 1916 bis 1920 einige neue Modelle ein, darunter auch den ab 1919 erhältlichen 12-20. Dieses Modell erbte sowohl den leicht wiedererkennbaren Stil als auch die eher schwere Konstruktion, die Avery noch zu einer Zeit ausprobierte, als kleinere und leichtere Modelle schon einen bemerkenswert großen Marktanteil gewannen. 1920 wog die 12-20-Version 2497 kg und war viel schwerer als die meisten Rivalen im Marktsegment der Traktoren mit 20 PS (14,8 kW).

Motor

Der Entwurf mit liegendem Motor war ein weiteres traditionelles Merkmal der Avery-Traktoren, das auch der 12-20 beibehielt. Die vier Zylinder waren gegenüberliegend angeordnet, damit der Traktor ruhiger lief, und die Maße für Zylinderbohrung und Zylinderhub waren 11,2 mal 15,2 cm.

Die Drehzahl betrug 800 U/min, und das Testergebnis in Nebraska lag mit 24,26 PS (18 kW) sogar über den Werksangaben. Die maximale Kraft an der Deichsel lag mit 17,58 PS (13,1 kW) im Test ebenfalls über der Werksangabe von 12 PS (8,9 kW).

Die frühen 1920er-Jahre brachten zwar modernere Designs in die Avery-Reihe, doch die Firma war bereits in finanziellen Schwierigkeiten und stellte die Traktorproduktion 1924 ein.

MASSEY-HARRIS

ca. 1919 Weston, Ontario, Kanada

MASSEY-HARRIS NO. 3

Als die Firma Massey-Harris einen Vertrag unterschrieb, um den Parrett-Traktor in ihrer Fabrik bei Toronto zu bauen, war dies bereits ihr zweiter Versuch, in den lukrativen und expandierenden Traktormarkt einzusteigen.

Ein früherer Vertrag, nach dem Massey-Harris den Big-Bull-Traktor in Kanada verkaufen sollte, endete, als der amerikanische Hersteller die Traktoren wegen Produktionsproblemen nicht lieferte. Beim nächsten Versuch beschloss Massey-Harris, sowohl Produktion als auch Verkauf selbst zu steuern. Die Konstruktion übernahm Parrett in Chicago.

Der Vertrag wurde 1918 unterzeichnet, worauf im folgenden Jahr die Produktion begann. Die Traktoren trugen den Namen Massey-Harris und wurden in Kanada über das weit verzweigte Massey-Harris-Vertriebsnetz verkauft.

Große Räder

Ein herausragendes Merkmal des Parrett waren die Vorderräder mit ihrem Durchmesser von 1,20 m. Die Brüder Parrett hatten viele Argumente dafür, dass große Räder besser seien als kleine, obwohl sie eher zerbrechlich wirkten. Räder mit großem Umfang führen leichter über Hindernisse und verteilen das Gewicht des Traktors auf eine größere Fläche, wodurch die Erdverdichtung vermindert wird, behaupteten sie – und: Radlager halten auch länger. Das liegt zum Teil daran, dass ein großes Rad langsamer rotiert, wenn der Traktor sich bewegt, als

Ganz oben: *Auf der geräumigen Plattform lagen alle Schalter in Reichweite des Fahrers. Das Lenkrad war durch eine Zahnradvorrichtung mit dem Vorderteil verbunden.*

Oben: *Die Vorderräder mit großem Durchmesser wurden von Massey-Harris aus den Originalentwürfen der Parretts für den neuen Traktor übernommen und waren ein wichtiger Verkaufsfaktor.*

ein kleines Rad. Die Radlager sind auch weiter von der Erde entfernt und somit besser vor den schädlichen Einwirkungen durch Staub und Schlamm geschützt.

Die Verkäufe der von Massey-Harris gebauten Parrett-Traktoren begannen viel versprechend. Es ist jedoch nicht klar, ob die kanadischen Farmer durch die Verkaufstaktik mit den großen Rädern beeindruckt waren oder durch den vertrauten Namen Massey-Harris.

Versionen

Massey-Harris bot drei Versionen des Parrett-Traktors an. No. 1 und 2 waren weit gehend ähnlich. Sie hatten eine Leistung von 12 PS (8,9 kW) an der Deichsel und 25 PS (18,6 kW) an der Riemenscheibe. Der Kühler zeigte bei beiden zur Seite. Beide hatten ein Zweiganggetriebe, das Geschwindigkeiten von 3,8 und 6,4 km/h zuließ. Dies wurde jedoch als zu schnell empfunden, sodass die Höchstgeschwindigkeiten bei der Einführung von No. 3 auf 2,8 und 3,8 km/h reduziert wurden.

Weitere Änderungen am Massey-Harris No. 3 waren die Vergrößerung der Zylinderbohrung und des Zylinderhubs auf jeweils 11,4 cm und 16,5 cm, um die Leistung auf 15-28 zu erhöhen. Außerdem wurde der Kühler um 90 Grad gedreht, sodass er eine nach vorn gerichtete Position bekam. Währenddessen sorgten jedoch die nachlassende Nachfrage nach Traktoren sowie Henry Fords Preispolitik für Probleme in der Branche. Die Firma Parrett hörte 1922 auf, Traktoren zu bauen, und Massey-Harris stellte im Jahr darauf die Traktorproduktion ein.

Technische Daten

Hersteller: Massey-Harris	**Getriebe:** Zweiganggetriebe
Standort: Weston, Ontario, Kanada	**Gewicht:** nicht bekannt
Modell: No. 3	**Produktionsbeginn:** ca. 1919
Typ: Allzwecktraktor	
Antrieb: Vierzylindermotor	
Leistung: 28 PS (20,72 kW)	

Links: *Eines der Unterscheidungsmerkmale des No. 3 war der nach vorn gerichtete Kühler statt der zur Seite zeigenden Position der Kühler an den Modellen No. 1 und 2.*

TWIN CITY

🛠 **1919 Minneapolis, Minnesota, USA**

TWIN CITY 16-30

Twin City war der Hauptmarkenname der Traktoren von Minneapolis Steel and Machinery Co. (MSM), die ihren Sitz in Minneapolis, Minnesota, hatte. Die Produktion begann um 1910, und die Twin-City-Traktoren hatten sich schon bald im Marktsektor für schwere Traktoren gut etabliert.

Oben: *Ein Motor mit doppelter, oben liegender Nockenwelle und vier Ventilen pro Zylinder sorgte dafür, dass der 16-30 das Image eines Sportwagens bekam.*

Technische Daten

Hersteller: Minneapolis Steel and Machinery Co.

Standort: Minneapolis, Minnesota, USA

Modell: 16-30

Typ: Allzweck

Antrieb: Vierzylindermotor mit vier Ventilen pro Zylinder

Leistung: 30 PS (22,2 kW)

Getriebe: nicht bekannt

Gewicht: 2680 kg

Produktionsbeginn: 1919

Oben links: *In den frühen 1920er-Jahren waren amerikanische Farmer nicht bereit, einen Höchstpreis für einen Traktor mit so exklusiven Merkmalen zu zahlen.*

Obwohl weiterhin schwere Traktoren gebaut wurden, war der Firma klar, dass kleinere, leichtere Modelle zunehmend an Popularität gewannen – ein Grund, diese zur Twin-City-Reihe hinzuzufügen. Eines dieser kleineren Modelle war der 16-30, der 1919 eingeführt wurde. Es war angeblich das Marketingteam von MSM, das die Idee hatte, dem 16-30 ein edleres Image zu verleihen und technische Merkmale aus der Autoindustrie zu übernehmen. Der Motor war ein Vierzylindermotor mit exklusiven technischen Daten, zu denen eine doppelte, oben liegende Nockenwelle und vier Ventile pro Zylinder gehörten. Sogar das Styling erinnerte an einen Sportwagen, wie die Werbung betonte: Er war insgesamt niedrig gebaut und besaß einen vollständig geschlossenen Motorraum, in den auch Getriebe und Achsantrieb integriert waren, sowie einen Kühler mit Lamellen, wie ihn damals nur PKWs hatten.

Leider wurde von landwirtschaftlichen Traktoren aber in erster Linie Leistung und nicht Ästhetik erwartet. Da die Landwirtschaftsindustrie immer größere finanzielle Probleme hatte, gab es nicht genug Landwirte, die bereit waren, einen Höchstpreis für die besonderen Features und Finessen des 16-30 zu zahlen.

Die Verkaufszahlen dieses Traktormodells waren deshalb trotz seiner Features enttäuschend, und die Produktion wurde infolgedessen 1920 eingestellt.

CASE CROSSMOUNT

1919 Racine, Wisconsin, USA

CASE 22-40 CROSSMOUNT

Das Experimentieren mit unterschiedlichen Ideen war von 1915 bis in die frühen 1920er-Jahre ein wichtiges Element der amerikanischen Traktorindustrie. Einige Firmen beschlossen, die Motoren ihrer Traktormodelle quer zum Rahmen gedreht einzubauen.

Rechts: *Durch das auffällige Styling und den quer eingebauten Motor etablierte sich die Reihe der Case-Crossmount-Traktoren neben den Klassikern der frühen 1920er-Jahre.*

Technische Daten

Hersteller: J. I. Case Threshing Machine Co.
Standort: Racine, Wisconsin, USA
Modell: 22-40
Typ: Allzweck
Antrieb: Vierzylindermotor
Leistung: 40 PS (29,6 kW)
Getriebe: Zweiganggetriebe
Gewicht: 4512 kg
Produktionsbeginn: 1919

Die Idee an sich war nicht neu, aber die Firma, die sich am wirkungsvollsten für die Konstruktion mit quer eingebautem Motor einsetzte, war die J. I. Case Threshing Machine Co. Die meisten neuen Modelle, die sie zwischen 1916 und 1926 einführte, folgten diesem Schema und hatten einen quer montierten Motor. Diese Modelle bildeten eine besonders erfolgreiche Traktorreihe, die als Case Crossmount bekannt wurde.

Verlässlichkeit

Obwohl die Vorteile eines quer eingebauten Motors nicht auf der Hand liegen, waren die Case-Crossmount-Modelle beliebt und hatten den Ruf, über lange Zeit zuverlässig zu laufen. Ein ungewöhnliches und auffälliges Merkmal einiger der kleineren Crossmount-Traktoren war der Rahmen aus Gusseisen. Er wurde jedoch durch einen Stahlrahmen ersetzt, als 1919 das Modell 22-40 auf den Markt kam. Der Erfolg der Crossmount-Reihe trug wesentlich dazu bei, Case in einem zunehmend umkämpften Markt zu etablieren.

Der Crossmount 22-40 hatte einen Benzin/Paraffin-Vierzylindermotor, die Zylinder waren paarweise angeordnet. Zylinderbohrung und Zylinderhub betrugen 13,9 und 17,1 cm, die Drehzahl lag bei 850 U/min. Die Antriebskraft übertrug ein Zweiganggetriebe.

AVERY

1919 **Peoria, Illinois, USA**

AVERY MODEL C

Sechszylindermotoren waren bis zu den 1930er-Jahren auf dem Traktormarkt eine Seltenheit. Selbst bei modernen Traktoren sind sie in der Leistungsklasse unter 100 PS (74 kW) ungewöhnlich. Die Firma Avery beschloss jedoch schon 1919, einen Sechszylindermotor für ihren neu entwickelten Traktor Model C zu verwenden.

Technische Daten

Hersteller: Avery Co.
Standort: Peoria, Illinois, USA
Modell: C
Typ: Allzweck
Antrieb: Sechszylindermotor
Leistung: 14 PS (10,4 kW)
Getriebe: Dreiganggetriebe
Gewicht: 1436 kg
Produktionsbeginn: 1919

Oben: *Die Firma Avery brach mit den Traditionen, als sie den neuen Reihenkultur-Traktor Model C mit einem Sechszylindermotor auf den Markt brachte.*

Der Motor war ein Entwurf von Avery mit vertikalen Zylindern. Er hatte eine Zylinderbohrung von 7,6 cm und einen Zylinderhub von 10,1 cm. Die Nenndrehzahl betrug 1250 U/min – zu einer Zeit, als die meisten Traktormotoren nur 1000 U/min erreichten.

Es war wahrscheinlich eine gute Konstruktion, doch erstaunlich ist, dass Avery einen relativ teuren Motor wählte, um einen kleinen Traktor mit einer Leistung von nur 14 PS (10,4 kW) an der Riemenscheibe und bescheidenen 8,6 PS an der Deichsel anzutreiben.

Getriebe

Ein kleiner Traktor und ein komplizierter und teurer Motor ergaben eine merkwürdige Mischung, besonders zu einer Zeit, als der Preiskampf zunehmend härter wurde. Auch das Getriebe sorgte für Überraschungen: Es hatte drei Vorwärtsgänge, war völlig gekapselt, doch der Achsantrieb hatte frei liegende Zahnkränze ohne Schutz vor Schmutz und Steinen. Avery geriet Mitte der 1920er-Jahre in finanzielle Probleme, und das Modell wurde aus der Produktion genommen.

FIAT

1919 Turin, Italien

FIAT 702

Als 1918 der Erste Weltkrieg endete, benötigte man dringend Traktoren, um die Lebensmittelproduktion zu steigern. In ganz Europa sorgte dies dafür, dass eine ganze Reihe neuer Firmen in den Traktormarkt drängten.

Oben: *Fiat war einer der großen europäischen Auto- und Lastwagenhersteller, der nach dem Ende des Ersten Weltkriegs beschloss, auch Traktoren herzustellen.*

Rechts: *Fahrer des 702 genossen den Luxus einer quer eingebauten Blattfederung über der Vorderachse, ein Element, das vermutlich der Konstruktion der Fiat-PKW und -Lastwagen entlehnt war.*

Technische Daten

Hersteller: Fiat	
Standort: Turin, Italien	
Modell: 702	
Typ: Allzweck	
Antrieb: Vierzylindermotor	
Leistung: 25 PS (18,5 kW)	
Getriebe: Dreiganggetriebe	
Gewicht: 2600 kg	
Produktionsbeginn: 1919	

Fiat war eine der ersten großen Firmen, die in Europa mit der Traktorherstellung begannen. Sie baute seit 1899 Autos und Lastwagen, doch in die Traktorproduktion stieg sie erst 20 Jahre später mit dem Modell 702 ein. Es war standardmäßig als Ackerversion erhältlich, aber es gab auch eine industrielle Version mit Vollgummireifen.

Konstruktionsmerkmale

Fiat wählte für den 702 einen Vierzylindermotor, der mit Benzin oder Paraffin lief. Er brachte eine Leistung von bis zu 25 PS (18,5 kW) und hatte ein Dreiganggetriebe, das auch drei Gänge an der Riemenscheibe bot. Diese war am Heck montiert, nahe beim Fahrersitz, der versetzt war, damit der Fahrer eine bessere Sicht nach vorn hatte. Ungewöhnlich war die quer eingebaute Blattfederung über der Vorderachse, die für eine gleichmäßigere Fahrt sorgte. Sie war das Ergebnis von Fiats Erfahrung in der Konstruktion anderer Fahrzeuge. Federungssysteme für besseren Fahrkomfort gehörten in Autos und Lastwagen bereits fast 100 Jahre lang zur Standardausrüstung, bis sie auch für Traktoren allgemein üblich wurden.

Der 702 wurde 1921 durch den 703 mit verbessertem Getriebe ersetzt. Den Besitzern eines 702 wurde ein Paket angeboten, mit dem sie ihn auf den neuesten Stand bringen konnten.

RENAULT

1919 **Billancourt, Frankreich**

RENAULT GP

Zu den europäischen Firmen, die in der Nachkriegszeit den Traktormarkt betraten, gehörten Citroën, Peugeot und Renault, die drei großen Firmen der französischen Motorindustrie. Renault hatte anfangs Vorteile, denn man konnte teilweise die Konstruktion eines kleinen Panzers übernehmen, der im Ersten Weltkrieg für die französische Armee entwickelt wurde.

Unten: *Die Konstruktion des GP-Raupenschleppers basierte auf der eines Leichtpanzers, den Renault im Krieg für die französische Armee gebaut hatte.*

Der neue Raupenschlepper kam 1919 heraus und erhielt den Modellnamen GP. Angetrieben wurde er von einem Vierzylinder-Benzinmotor mit einer Leistung von 30 PS (22,3 kW). Das Dreiganggetriebe hatte eine Kegelkupplung. Ein auffälliges Konstruktionsmerkmal, das noch von dem Panzer stammte, war die gewölbte Motorhaube, die für eine bessere Sicht nach vorn sorgte. Möglich wurde dies durch die Platzierung des Kühlers zwischen Motor und Fahrer, während der Treibstofftank über dem Kühler montiert war. Ein weiteres Merkmal, ebenfalls noch vom Panzer stammend, war die Pinne, die den Antrieb der Ketten und damit die Fahrtrichtung steuerte. Bei der Einführung einer verbesserten Version des GP 1920, bekannt unter dem Namen H1, wurde die Pinne beibehalten und zwei fahrradähnliche Lenkstangen hinzugefügt.

Prognosen für die Zukunft

Der GP war kein Verkaufsschlager. Er hatte jedoch genug Erfolg, um Renault zu ermutigen, neue Raupenschlepper und Modelle mit Rädern zu entwickeln, die auf der gleichen Konstruktion basierten.

Technische Daten

Hersteller:	Renault
Standort:	Billancourt, Frankreich
Modell:	GP
Typ:	Raupenschlepper
Antrieb:	Vierzylindermotor
Leistung:	30 PS (22,3 kW)
Getriebe:	Dreiganggetriebe
Gewicht:	nicht bekannt
Produktionsbeginn:	1919

AUSTIN
1919 **Birmingham, England**

AUSTIN

Austin war einer von Großbritanniens führenden Autoherstellern. Wie andere europäische Auto- und Lastwagenhersteller zu dieser Zeit (z. B. Benz, Citroën und Renault), begann Austin 1919 mit dem Bau von Traktoren.

Oben: *Austin konstruierte den neuen Traktor so, dass er mit dem 26-PS-Motor (19,3 kW) bestückt werden konnte, der gerade für die Automobilproduktion entwickelt worden war.*

Rechts: *Die Nachfrage nach dem Traktor von Austin war in Frankreich sehr viel größer als in Großbritannien. Darum wurde die Produktion schließlich von Großbritannien nach Frankreich verlegt.*

Technische Daten

Hersteller: Austin Motor Co.	
Standort: Birmingham, England	
Modell: Tractor	
Typ: Allzweck	
Antrieb: Vierzylindermotor	
Leistung: 23,7 PS (17,5 kW)	
Getriebe: Zweiganggetriebe	
Gewicht: 1422 kg	
Produktionsbeginn: 1919	

Einer der Anreize dafür war die Gelegenheit, im Grunde den gleichen Motor für den Traktor und den neuen Austin zu verwenden. So wurde die Produktion durch die größere Stückzahl profitabler. Der Vierzylindermotor war als reiner Benzinmotor für Traktor und Auto erhältlich. Es gab auch eine Benzin-Paraffin-Version nur für den Traktor. Die Höchstleistung lag bei 26 PS (19,3 kW) für die Benzinversion und bei 23,7 PS (17,5 kW) für die Paraffinversion.

Exportverkäufe

Der Traktor wurde in der Austin-Autofabrik in Birmingham gebaut und war in Frankreich erfolgreicher als in seiner britischen Heimat. Bei seinem ersten Auftritt in Frankreich 1919 erreichte er im internationalen Vergleich glänzende Ergebnisse und eine Menge Publicity. Dieser Erfolg brachte die Firma dazu, 1920 in Frankreich eine Traktorfabrik zu bauen, wo Motoren aus Birmingham verwendet wurden. Als die Produktion 1925 in Birmingham eingestellt wurde, importierte man Traktoren für den britischen Markt aus Frankreich. Zu dieser Zeit wurde die französische Version verbessert, indem ein Dreigang- statt des Zweiganggetriebes eingebaut wurde. Dem Versuch, den in Frankreich gebauten verbesserten Austin 1930 in Großbritannien wieder einzuführen, scheiterte, und die französische Fabrik stellte im Jahr 1932 die Produktion ein.

GLASGOW

1919 Cardonald, Glasgow, Schottland

GLASGOW

Die Traktorproduktion in Schottland war nie sehr erfolgreich: Der Scott floppte, weil er seiner Zeit weit voraus war. Die Traktorfabrik Leyland produzierte zwar ausgezeichnete Traktoren, hatte aber nicht genügend Kapital, um neue Produkte zu entwickeln. Der Glasgow-Traktor war unter anderem deshalb ein Misserfolg, weil er deutlich teurer war als der Fordson.

Oben: *Trotz des unkonventionellen Entwurfs erntete der Glasgow begeistertes Lob für die Leistungsfähigkeit seines Dreirad-Antriebssystems.*

Die Pläne für das Projekt „Glasgow" waren ehrgeizig. Die Fabrik hatte ein zehn Hektar großes Gelände in Cardonald erworben, und das Projekt wurde durch ein Firmenkonsortium finanziert. Es gab einen Vertrag mit einer Londoner Firma, die Vertriebsstandorte in ganz Großbritannien und den Kronkolonien anbot. Einer Pressemitteilung zufolge sollten 5000 Traktoren im Jahr produziert werden.

Bei der frühen Version mag der Stil ein wenig vom Fordson beeinflusst gewesen sein, etwa der ovale Treibstofftank, die Seitenverschalung des Kühlers und der oben liegende Kühlwasserbehälter, doch das wurde nur Monate später geändert. Die Konstruktion, bei der einige Gussteile Motor und Getriebe miteinander verbanden und einschlossen, scheint ebenfalls vom Fordson inspiriert gewesen zu sein.

Originelle Elemente

Trotz aller Ähnlichkeiten hatte der Glasgow auch viele eigene, originelle Elemente. Das ungewöhnlichste war der Dreiradantrieb durch gleich große Vorder- und Hinterräder. Auch hatte das Konstruktionsteam des Glasgow beschlossen, Ratschen zu verwenden, um die verschiedenen Radgeschwindigkeiten auszugleichen, wenn der Traktor in eine Kurve fuhr. Dies verbessere die Bodenhaftung auf steilem oder glattem Untergrund, behaupteten die Hersteller, und laut ihrer Aussage waren die Kunden von der Zugkraft des Traktors unter schwierigen Bedingungen beeindruckt.

Ein Vierzylindermotor von Waukesha entwickelte eine Leistung von 27 PS (20 kW) und trieb ein Zweiganggetriebe mit einer Kegelkupplung an. Das Getriebe inklusive Achsantrieb war ganz eingeschlossen.

Die Nachfrage nach dem Glasgow war enttäuschend gering, und die Produktionszahlen näherten sich nicht einmal den versprochenen 5000 Traktoren pro Jahr, wodurch das Projekt in ernsthafte finanzielle Schwierigkeiten geriet. Auch der Preis war ein Problem, und selbst eine Preisminderung von £ 450 auf £ 375 konnte die Kunden kaum von den importierten Fordsons weglocken, die zeitweise nur £ 120 oder ein Drittel des im Preis reduzierten Glasgow kosteten.

Ende der Produktion

Die Produktion des Glasgow wurde 1923 eingestellt, und die Firma zog sich 1924 aus dem Geschäft zurück. Der spätere Versuch, sie unter dem Namen Clyde Tractors mit zusätzlicher Finanzierung und unter neuer Geschäftsführung wieder aufleben zu lassen, machte wenig Fortschritt und wurde bald aufgegeben.

Technische Daten

Hersteller: Wallace (Glasgow) Ltd.
Standort: Cardonald, Glasgow, Schottland
Modell: Glasgow
Typ: Allzweck
Antrieb: Vierzylindermotor
Leistung: 27 PS (20 kW)
Getriebe: Zweiganggetriebe
Gewicht: 1829 kg
Produktionsbeginn: 1919

Unten: *Die Ähnlichkeiten zwischen Glasgow und Fordson in Treibstofftank und der Verschalung des Kühlers mögen zufällig gewesen sein.*

I. H. STEAM TRACTORS
⚒ **1920 Chicago, Illinois, USA**

I. H. STEAM TRACTOR

Die Verkaufszahlen für Dampfschlepper sanken in den frühen 1920er-Jahren erheblich, und selbst große Firmen des Dampfzeitalters hatten ernste finanzielle Probleme, als die Landwirtschaft zunehmend auf Traktoren umstellte.

Neue Entwicklungen in der Dampftechnologie gab es seit Anfang des 20. Jahrhunderts, doch die Hersteller von Lokomobilen und Dampftraktoren hatten sie weit gehend ignoriert. Erst in den frühen 1920ern machten sie ernsthafte Anstrengungen, neue Dampfschlepper für den Ackerbau zu entwickeln.

Experimental-Traktoren

Eine der Firmen, die mit der neuesten Dampftechnologie arbeitete, war International Harvester. 1920 hatte I. H. seine Spitzenstellung im amerikanischen Traktormarkt an Henry Ford und seinen Fordson F verloren, und das Dampfschlepper-Projekt war Teil der Suche nach neuen Produkten, die I. H. wieder an die Spitze der Verkaufsstatistiken bringen sollten.

Zwischen 1920 und 1923 baute I. H. zwei Experimental-Dampfschlepper. Die Hitze für die Dampferzeugung wurde von einem Brenner produziert, der flüssigen Treibstoff wie Paraffin benötigte. Dies bot eine Vielzahl von Vor-

Oben: *Dieses Archivbild aus den frühen 1920er-Jahren zeigt einen der Experimental-Traktoren, die von den I. H.-Konstrukteuren gebaut wurden.*

teilen: Der Treibstoff nahm weniger Platz ein als Kohle oder Feuerholz, man brauchte den Treibstoff nicht mit einer Schaufel nachzulegen, und man musste keine Asche oder Schlacke entfernen. Der größte potenzielle Nutzen bestand darin, dass man leicht die Flamme höher oder niedriger brennen lassen konnte, um die Dampfentwicklung zu steuern.

Konstruktionsmerkmale

Ein weiteres Element war der röhrenförmige Kessel. Da er wesentlich kleiner war als der altmodische Kessel des Dampftraktors, wurde das Gewicht reduziert. Durch die verringerte Wassermenge konnte der Dampfdruck nach einem Kaltstart in nur wenigen Minuten erhöht werden. Der röhrenförmige Kessel war außerdem sicherer, weil das relativ geringe Volumen des Hochdruckdampfes weniger Schaden verursachte, wenn der Kessel explodierte. Ein weiteres wichtiges Merkmal war der kühlerartige Kondensator, der das Wasser wieder neu zirkulieren ließ und so das Volumen verringerte.

Archivbilder zeigen, dass die Experimental-Dampftraktoren ungefähr so groß waren wie ein Dieseltraktor mit 25 bis 30 PS (18,6 bis 22,3 kW), und die Leistung wurde auf ca. 20 PS (14,9 kW) geschätzt. Das Projekt wurde um 1922 fallen gelassen, wohl um alle Kräfte für den neuen Farmall-Traktor zu mobilisieren. Leider wurden alle Experimental-Traktoren verschrottet, und es sind nur wenige technische Daten erhalten geblieben.

Technische Daten

Hersteller: International Harvester Co.
Standort: Chicago, Illinois, USA
Modell: nicht bekannt
Typ: Experimental-Traktor
Antrieb: Zweizylinder-Dampfmotor
Leistung: ca. 20 PS (14,9 kW)
Getriebe: nicht bekannt
Gewicht: nicht bekannt
Produktionsbeginn: 1920

Unten: *Alles, was von dem Versuch blieb, den landwirtschaftlichen Dampftraktor auf den neuesten Stand zu bringen, ist dieses Originalfoto.*

CLETRAC

1920 **Cleveland, Ohio, USA**

CLETRAC MODEL F

Cletrac war der Markenname für die Traktoren der Firma Cleveland Tractor Co. in Cleveland im Bundesstaat Ohio. Die Firma wurde gegründet von Rollin White, einem bekannten Geschäftsmann und Mitglied derjenigen Familie White, die dampfgetriebene Fahrzeuge baute. Er war sehr engagiert in der Entwicklung eines neuen Lenksystems für Raupenschlepper.

Der neue Mechanismus wurde bekannt unter der Bezeichnung „gesteuerte Differenziallenkung". Der offensichtliche Vorteil bestand darin, dass sie mit einem Lenkrad gesteuert wurde statt mit Hebeln, wie bei den meisten Raupenschleppern. Die meisten Fahrer waren eher ein Lenkrad gewöhnt als Hebel.

Das Cletrac-System nutzte das Lenkrad, um den Antrieb auf eine der Ketten zu verlangsamen, was automatisch die andere Kette beschleunigte. Dieses System wurde für alle Raupenschlepper von Cletrac verwendet. Es wurde auch von anderen Herstellern übernommen und ebenfalls bei Panzern verwendet.

Oben: *Dieses Werbefoto zeigt, wie das Model F als Motorpflug verwendet wird. Die Bedienelemente sind zu diesem Zweck verlängert worden.*

Die Produktion des Model F begann 1920. Es war ein leichter Raupenschlepper, der in verschiedenen Versionen erhältlich war: als Standardmodell, als schmale Version für die Arbeit im Weinberg, in der Baumschule und in Obstplantagen oder für die Arbeit in Reihenkulturen. Besondere Vielseitigkeit bot das „höher gelegte“ Model F, das als herkömmlicher Traktor benutzt werden oder, nach Verlängerung des Lenkgestänges und der Bedienhebel, auch als Motorpflug eingesetzt werden konnte.

Motor

Ein Vierzylindermotor mit seitlichen Ventilen wurde für das Model F entwickelt und von der Firma Cleveland gebaut. Zu dieser Zeit hatte Rollin White eine neue Firma gegründet, die den Rollin-PKW baute. Dieser sollte den gleichen Motor erhalten wie der Model-F-Traktor. Der mit Paraffin betriebene Traktormotor hatte eine Drehzahl von 1600 U/min und leistete 16 PS (12 kW) an der Riemenscheibe. Die PKW-Version des Motors war für den Betrieb mit Benzin ausgelegt.

Kettenkonstruktion

Ein ungewöhnliches Element des Model F war die Konstruktion der Ketten. Der Antrieb an jeder Seite erfolgte durch einen Zahnkranz am hinteren Ende der Kette, und zwar so hoch, dass die Kette einen dreieckigen Umriss erhielt.

Unter der Hauptantriebskette auf jeder Seite gab es eine zweite Kette aus Stahlrollen, die keine Antriebsfunktion hatte. Sie bot aber eine Oberfläche mit wenig Reibung, über die die Hauptketten liefen. Das Problem bei den Laufrädern der Raupenkette war, dass Schmutz und kleine Steine für hohen Verschleiß sorgten.

Technische Daten

Hersteller: Cleveland Tractor Co.
Standort: Cleveland, Ohio, USA
Modell: F
Typ: Raupenschlepper
Antrieb: Vierzylindermotor mit seitlichen Ventilen
Leistung: 16 PS (12 kW)
Getriebe: Einganggetriebe
Gewicht: 872 kg
Produktionsbeginn: 1920

Unten: *Diese Seitenansicht des Cletrac Model F zeigt das Lenkrad und die doppelte Kettenkonstruktion, die die Reibung verringern sollte.*

MINNEAPOLIS

1920 Hopkins, Minnesota, USA

MINNEAPOLIS 22-44

Die Firma Minneapolis Threshing Machine Co. (MTM) aus Hopkins im Bundesstaat Minnesota war eine der Firmen, die sich dann 1929 zu Minneapolis-Moline zusammentaten. 1920 produzierten sie noch ihre eigenen Traktoren – mit Design und Ausstattungsmerkmalen, die bald aus der Mode kamen.

Unten: *Viele der Gestaltungsmerkmale am Minneapolis 22-44, etwa der kettenbetriebene Lenkmechanismus, waren schon bei Produktionsbeginn im Jahr 1920 altmodisch.*

Der Minneapolis 22-44 kam 1920 auf den Markt. Zu einer Zeit, in der die Entwicklung von Traktoren rasante Fortschritte machte, scheint der 22-44 viele Neuerungen verpasst zu haben, und seine äußere Form glich eher Traktoren, die schon zehn oder zwölf Jahre zuvor gebaut wurden. Die mit Ketten betriebene Lenkung, die aus der Zeit der Dampftraktoren stammte, war altmodisch und an einem großen Traktor schwer zu handhaben.

Motor

Der Minneapolis 22-24 hatte einen Vierzylindermotor mit einer Zylinderbohrung von 15,2 cm und einem Zylinderhub von 17,7 cm bei einer Drehzahl von 700 U/min. Der maximale Belastungstest in Nebraska erbrachte 46 PS (34,3 kW) Leistung an der Riemenscheibe, knapp über den Angaben der Hersteller. Die angegebene Leistung von 22 PS (24,6 kW) an der Deichsel wurde im Test mit 33 PS (24,6 kW) sogar deutlich überboten.

Ungewöhnlich waren die beiden separaten Kupplungen, deren eine die Motorleistung auf die Räder lenkte und die andere die Riemenscheibe antrieb. Dies ermöglichte die gleiche Flexibilität wie der unabhängige Antrieb auf die Zapfwelle bei modernen Traktoren.

Technische Daten

Hersteller: Minneapolis Threshing Machine Co.

Standort: Hopkins, Minnesota, USA

Modell: 22-44

Typ: Allzweck

Antrieb: liegender Vierzylindermotor

Leistung: 44 PS (32,5 kW)

Getriebe: nicht bekannt

Gewicht: 5634 kg

Produktionsbeginn: 1920

PETER BROTHERHOOD

1920 Peterborough, Cambridgeshire, England

PETERBRO'

Peterbro' war die Abkürzung für Peter Brotherhood Ltd., eine Maschinenbaufirma mit Sitz in Peterborough, die diesen Traktor entwarf. Er wurde in geringen Stückzahlen in den 1920er-Jahren produziert und zum größten Teil nach Australien und in andere Teile des britischen Empire exportiert.

Rechts: *Bei dem Peterbro' hatte der Motor von Ricardo winzige Ablassöffnungen in den Zylinderwänden, damit kein unverbranntes Paraffin das Öl verdünnen konnte.*

Technische Daten

Hersteller: Peter Brotherhood
Standort: Peterborough, Cambridgeshire, England
Modell: Peterbro'
Typ: Allzweck
Antrieb: Vierzylindermotor
Leistung: 31 PS (23 kW) maximal
Getriebe: Dreiganggetriebe
Gewicht: nicht bekannt
Produktionsbeginn: 1920

Die Firma hatte schon lange Maschinen für Eisenbahn- und Seefahrttechnik produziert, als sie beschloss, auch in den Traktormarkt einzusteigen. Die Produktion begann 1920, und die Firma kündigte den Peterbro' bei der Royal Show 1920 an. Sie meldete den neuen Traktor auch für die nationalen Traktorprüfungen nahe von Lincoln an, wo er den zweiten Platz in der Klasse für 25 bis 30 PS (18,5 bis 22,2 kW) belegte.

Konstruktionsmerkmale

Für britische Maßstäbe war der Peterbro' ein großer Traktor, angetrieben von einem Vierzylindermotor, der bis zu 31 PS (23 kW) schaffte. Er stammte von Ricardo, startete wie die meisten Traktormotoren zu jener Zeit mit Benzin und lief dann nach dem Aufwärmen mit Paraffin. Ein weiteres ungewöhnliches Merkmal war eine Reihe winziger Ablassöffnungen, die in die Zylinderwände gebohrt waren, um etwas von dem nicht verbrannten Paraffin zu entfernen, das hinter die Kolbenringe geriet und sonst das Öl verdünnt hätte.

Obwohl die Verkaufszahlen in Großbritannien enttäuschend waren, war der Peterbro' in Neuseeland und Australien sehr begehrt. Eine Half-Track-Version wurde 1928 eingeführt, doch leider konnte der Peterbro' zwei Jahre später wegen eines Motorausfalls nicht an den weltweiten Traktorprüfungen 1930 teilnehmen, und die Produktion endete bald danach.

LANZ

1921 Mannheim, Deutschland

LANZ HL BULLDOG

Als 1921 der erste Lanz HL Bulldog auf den Markt kam, war das die Geburtsstunde einer der langlebigsten und zugleich einflussreichsten Traktorreihen in ganz Europa.

Technische Daten

Hersteller: Heinrich Lanz
Standort: Mannheim, Deutschland
Modell: HL Bulldog
Typ: Antriebsmaschine
Antrieb: Einzylinder-Glühkopfmotor
Leistung: 12 PS (8,8 kW)
Getriebe: Einganggetriebe
Gewicht: nicht bekannt
Produktionsbeginn: 1921

Oben: *Es gibt bei Traktor-Oldtimern alle möglichen Formen und Größen. Dazu gehört auch der kleine Traktor HL Bulldog von Lanz, der erste in einer langen Reihe von Bulldog-Traktoren.*

Die Firma Heinrich Lanz hatte ihren Sitz in Mannheim, wo sie seit den 1860er-Jahren landwirtschaftliche Maschinen herstellte. Die Produktion begann mit Stationärmaschinen, wie kleinen Dresch- und Strohschneidemaschinen, gefolgt von Dampfmaschinen. Doch die Einführung des Bulldog-Traktors hatte den größten Einfluss auf die Entwicklung der Firma.

Konstruktionsmerkmale

Der erste Bulldog wurde von Dr. Fritz Huber entwickelt, der 1916 in die Firma eingetreten war. Der Bulldog war Hubers erster Serientraktor und basierte auf einem Einzylinder-Halbdieselmotor, der auf ein selbstfahrendes Gestell montiert war. Der Motor hatte eine Leistung von 12 PS (9 kW), und der Platzmangel unter dem Traktor sowie der geringe Raddurchmesser zeigen, dass der Bulldog dafür gedacht war, Stationärmaschinen anzutreiben, statt selbst Feldarbeit zu leisten. Man konnte ihn auch mit Vollgummireifen kaufen.

Zur Standardausrüstung gehörten Bremsen, die mit dem Fuß bedient wurden, wobei die Bremsklötze aus Holz waren. Während der acht Jahre laufenden Produktionszeit wurden nur knapp über 6000 HL Bulldogs verkauft. Bis 1956 betrug die Gesamtproduktion aller Bulldog-Modelle über 200 000 Stück. Außerdem gab es eine große Anzahl von Lizenznachbauten in anderen europäischen Ländern.

CASE

1922 Racine, Wisconsin, USA

CASE 12-20

Die Crossmount-Reihe von Case mit dem quer eingebauten Motor hatte eine große Modellvielfalt, so zum Beispiel den kleinen 12-20, der 1922 auf den Markt kam. Mit seinem robusten Gussrahmen aus einem Stück war er ein klassischer Vertreter der Crossmount-Reihe. Vorder- und Hinterräder aus gepresstem Stahl hatte jedoch kein anderes Crossmount-Modell.

Rechts: *Der 12-20 hatte die typischen Crossmount-Merkmale. Die Räder aus gepresstem Stahl gab es jedoch an keinem anderen Modell.*

Oben: *Diese Rückansicht des kleinen 12-20 zeigt die versetzte Fahrerposition – außerdem kann man sehen, dass bald eine Reparatur am beschädigten Abgasstutzen fällig war*

Technische Daten

Hersteller: J. I. Case Threshing Machine Co.	
Standort: Racine, Wisconsin, USA	
Modell: 12-20	
Typ: Allzweck	
Antrieb: quer eingebauter Vierzylindermotor	
Leistung: 22,5 PS (16,7 kW) maximal	
Getriebe: Zweiganggetriebe	
Gewicht: 2020 kg	
Produktionsbeginn: 1922	

Case brachte 1922 den 12-20 als Nachfolgemodell für den dreirädrigen 10-20 heraus, und er blieb bis 1929 Teil der Reihe. Bis dahin hatte Case bereits das System der Modellbezeichnungen geändert und benutzte Buchstaben und nicht mehr Zahlen, die die Motorleistung beschrieben. Als 1930 der 12-20 aus der Produktion genommen wurde, war er als Model A bekannt.

Motormerkmale

Der quer eingebaute Motor war von Case entworfen und gebaut. Es war ein vertikaler Vierzylindermotor mit hängenden Ventilen. Die Zylinderbohrung betrug 10,4 cm, der Zylinderhub 12,7 cm. Der Motor hatte eine Drehzahl von 1050 U/min. Eine Besonderheit des Motors war, dass die Zylinderlaufbuchsen auswechselbar waren, was die Wartung einfacher machte. Die Motorleistung lag bei maximal 22,5 PS (15 kW), als der 12-20 in Nebraska getestet wurde.

Der 12-20 war einer der letzten Case-Crossmount-Traktoren mit quer eingebautem Motor. Die neuen Modelle hatten alle einen längs eingebauten Motor.

MINNEAPOLIS

1921 Hopkins, Minnesota, USA

MINNEAPOLIS 17-30 TYPE A

Der Minneapolis 17-30 wurde von der Minneapolis Threshing Machine Co. gebaut. Später fusionierte MTM mit der Minneapolis Steel and Machinery Co. zur Minneapolis-Moline.

Oben: *Dies ist Version A des 17-30. Nur ein Experte könnte die kleinen Unterschiede zur späteren Version B feststellen.*

Technische Daten

Hersteller: Minneapolis Threshing Machine Co.	
Standort: Hopkins, Minnesota, USA	
Modell: 17-30 Type A	
Typ: Allzweck	
Antrieb: Vierzylindermotor	
Leistung: 31,9 PS (23,6 kW)	
Getriebe: Zweiganggetriebe	
Gewicht: 2724 kg	
Produktionsbeginn: 1921	

Oben links: *Die Firma Minneapolis Threshing Machine Co. war eine der kleinen Traktorfirmen in den USA, deren Name schließlich in einer Fusion verschwand.*

Es gibt viel Verwirrung um den Traktor 17-30. Denn es gab ihn als Version A und Version B, und obwohl er als Produkt der Firma Minneapolis Threshing Machine oder MTM auf den Markt kam, blieb er noch jahrelang nach der Firmenfusion Teil der Produktreihe von Minneapolis Moline (M-M).

Versionen

Warum die Hersteller den Aufwand mit zwei sehr ähnlichen Versionen trieben, ist nicht klar. Die Version A, die erstmals 1922 herauskam, war mit einem quer montierten Vierzylindermotor ausgerüstet, der eine Zylinderbohrung von 12 cm hatte und einen Zylinderhub von 17,7 cm. Als 1926 Version B herauskam, wurde die Bohrung um 3 mm vergrößert, und die Drehzahl um 10 Prozent auf 825 U/min erhöht. Obwohl das noch nicht reichte, um die Herstellerangaben zur Motorleistung zu ändern, zeigten die Statistiken zur maximalen Motorleistung, dass Version B weniger als 3 PS (2,2 kW) vor Version A lag, sowohl an der Deichsel als auch am Schwungrad.

Version B hatte zudem 25,4 cm mehr Achsabstand. Es gab außerdem einen Gewichtsunterschied von 317 kg, wobei Version B schwerer war. Der Listenpreis von Version B betrug $ 100 und war damit um 10 Prozent höher als der von Version A.

RENAULT

1922 Billancourt, Frankreich

RENAULT H0

Renaults Eintritt in den Traktormarkt, der GP-Raupenschlepper (der auf einem Panzer basierte), und das verbesserte Modell H1 erzielten keine hohen Verkaufszahlen. Der Erfolg reichte jedoch aus, um die weitere Entwicklung zu rechtfertigen. Das nächste Modell der Reihe war 1922 der H0 mit Rädern.

Rechts: *Renault trat mit dem H0 in den Radtraktormarkt ein – offensichtlich noch immer ein Abkömmling des Panzers aus Kriegszeiten, jedoch mit einem kleineren Motor.*

Technische Daten

Hersteller: Renault	
Standort: Billancourt, Frankreich	
Modell: H0	
Typ: Allzweck	
Antrieb: 3,2-Liter-Benzinmotor	
Leistung: 20 PS (14,8 kW)	
Getriebe: Dreiganggetriebe	
Gewicht: 2140 kg	
Produktionsbeginn: 1922	

Der H0 basierte auf dem H1 und hatte die gleiche Front mit dem schräg eingebauten Kühler zwischen Motor und Fahrersitz. Beide Modelle bauten auf einem massiven Stahlrahmen auf, aber der neue Radtraktor war kleiner als der Raupenschlepper, und mit 2140 kg war er auch viel leichter.

Motor

Der H0 hatte einen kompakteren Vierzylinder-Benzinmotor von Renault mit einer Leistung von 20 PS (14,8 kW) bei 1600 U/min statt der 30 PS (22,3 kW) der Vorläufermodelle. Renault hatte erkannt, dass ein weniger starkes Modell gefragt war, weil der ursprüngliche 30-PS-Motor wohl zu groß war, um hohe Verkaufszahlen in einem Land mit hauptsächlich kleinen Betrieben zu erzielen.

Wie der Raupenschlepper hatte auch der H0 eine an der Front montierte Riemenscheibe, die im rechten Winkel zum Traktor gedreht werden konnte. So konnte man zwar wahrscheinlich leicht den Riemen ausrichten, aber den Traktor zu manövrieren, um die richtige Riemenspannung zu erreichen, dürfte ein schwieriges Unterfangen gewesen sein.

Die auffällig gestalteten GP-, H1- und H0-Reihen machten Renault zum führenden Traktorhersteller in Frankreich. Der Einfluss des Renault-Panzers auf die Konstruktion war weiterhin erkennbar, bis in den späten 1920er-Jahren ein völlig neues Modell herauskam.

JOHN DEERE
D

Kapitel 3

Die ersten Dieseltraktoren

Dieselmotoren nahmen auf dem Traktormarkt der späten 1940er-und frühen 1950er-Jahre eine führende Rolle ein. Die ersten Dieseltraktoren gab es bereits in den 1920er-Jahren, sie stießen aber auf wenig Interesse. Potenzielle Kunden wurden vermutlich vom Preis und den oft komplizierten Zündmechanismen abgeschreckt. Es zeigte sich jedoch, dass Dieselmotoren viel weniger Treibstoff brauchen als ihre Rivalen.

Oben: *Hart-Parr war eine der großen Firmen, die bei der umfangreichen Fusion zur Oliver-Gruppe ihre Identität verloren.*

Links: *Die ersten Traktoren, die von Deere & Co. konstruiert und gebaut wurden, kamen in den 1920er-Jahren auf den Markt. Sie hatten den horizontalen Zweizylindermotor, sozusagen das Markenzeichen der Firma.*

Auf die Liste der bedeutenden Traktorinnovationen der frühen 1920er-Jahre gehören die ersten John-Deere-Traktoren mit ihren unverkennbaren horizontalen Zweizylindermotoren. Die ersten Spezialgummireifen für Traktoren kamen in den frühen 1930er-Jahren heraus, bahnbrechend war dabei das Model U von Allis-Chalmers.

Eine weitere wichtige Neuheit der 1920er-Jahre war der erste Spezialtraktor von Farmall für die Arbeit in Reihenkulturen. Viele wichtige Feldfrüchte werden in Reihenkulturen angebaut – da lag die Entwicklung eines Allzwecktraktors, der speziell auf diese Anbauform zugeschnitten war, auf der Hand.

In dieser Zeit fand ein Strukturwandel in der Traktorindustrie statt: Fusionen und Übernahmen gab es zwar auch schon vorher, aber in den 1920er-Jahren erzwang die Notwendigkeit zur Konsolidierung eine Reihe besonders weit reichender Fusionen.

In Großbritannien gingen einige Firmen, die sich zur „Agricultural and General Engineers Group" (AGE) zusammenfanden, beim finanziellen Zusammenbruch der Organisation zu Grunde. Eine der wenigen Errungenschaften der AGE war die Produktion der damals modernsten Dieseltraktoren der Welt.

INTERNATIONAL HARVESTER

1923 **Chicago, Illinois, USA**

I.H. MCCORMICK-DEERING 10-20

Zwischen 1914 und 1924 konstruierten die Ingenieure von International Harvester eine ganze Reihe hervorragender Traktoren, und davon war der McCormick-Deering 10-20 sicherlich einer der besten.

Der 10-20 wurde 1923 vorgestellt. Obwohl er kleiner, leichter und weniger leistungsstark war, hatte er mit seinem Vorläufermodell 15-30 einige Gemeinsamkeiten. Beide Modelle waren ähnlich gestaltet und ähnelten sich auch in der Mechanik. Sie fuhren beide mit einem Benzin/Paraffin-Vierzylindermotor mit Ventilen im Zylinderkopf und 1000 U/min. Ein modernes Konstruktionselement waren die Kugellager für die Kurbelwellenlagerung.

Konstruktionsmerkmale

Die Zylindermaße für die frühen Versionen des 10-20 waren eine Zylinderbohrung von

Oben: *Dieser McCormick-Deering 10-20 wartet bei einer Auktion in England auf einen neuen Eigentümer. Er wurde nachträglich mit Gummireifen ausgerüstet, die nicht zur Standardausstattung gehörten.*

10,7 cm und 12,7 cm Zylinderhub. Die Abmessungen für den 15-30 waren mit 11,4 und 15,2 cm etwas größer. Ein Dreiganggetriebe brachte bei beiden Modellen eine Geschwindigkeit von 6,4 km/h im höchsten Gang.

Nach vier Jahren wurde die Konstruktion des 10-20 verbessert. Dabei stieg die Drehzahl auf 1025 U/min, die Höchstgeschwindigkeit wurde leicht angehoben auf 6,8 km/h. Es wurde auch eine schmale Version des Traktors entwickelt, wobei die Gesamtbreite von 1,50 m auf 1,20 m reduziert wurde. Außerdem gab es ein Modell für Obstplantagen mit einem modifizierten Zuluft- und Abgasstutzen für die Arbeit in unmittelbarer Nähe von Bäumen. Eine Raupenschlepperversion des 10-20 kam 1928 heraus. Ab den späten 1930er-Jahren standen Gummireifen auf der Liste mit Extrazubehör.

Zapfwelle

Auf Wunsch war der 8-16 bereits mit Zapfwelle lieferbar. Sie gehörte später zur Standardausstattung des 15-30 und des 10-20, wodurch sie die ersten Traktoren dieser Art wurden.

Da die Zapfwelle in den frühen 1920er-Jahren noch eine Neuheit war, erkannte I.H. offenbar, dass viele Farmer ihre Funktion nicht verstehen würden. Darum wurde in einem Verkaufskatalog von 1924 erklärt, dass „eine Zapfwelle aus einer Welle besteht, die hinten am Getriebe befestigt ist. Der 10-20 überträgt Kraft auf die gleiche Weise wie eine Antriebswelle an einem Auto oder einem Lastwagen. Sie wird dazu benutzt, um den Mechanismus einer gezogenen Maschine anzutreiben."

Produktion

Die Produktion des Three-Plough 15-30 begann 1921 und endete 1934, als die Verkaufszahlen insgesamt bei 56000 Stück lagen. Die Jahresproduktion für den 10-20 erreichte 1929 den Höchststand von 34742, und bis 1939 wurden insgesamt beeindruckende 215000 Stück produziert.

Technische Daten

Hersteller: International Harvester Co.
Standort: Chicago, Illinois, USA
Modell: McCormick-Deering 10-20
Typ: Allzweck
Antrieb: Vierzylindermotor mit Ventilen im Zylinderkopf
Leistung: 20 PS (14,8 kW)
Getriebe: Dreiganggetriebe
Gewicht: 1820 kg
Produktionsbeginn: 1923

Unten: *Hier sieht man die Plakette von McCormick-Deering an dem Motorkühler eines schön restaurierten 15-30.*

HOLT

1923 **Stockton, Kalifornien, USA**

HOLT 2 TON

Das Modell 2 Ton wurde 1923 in die Produktpalette von Holt aufgenommen. Damals lag die Fusion der Firmen Holt und Best noch zwei Jahre in der Zukunft, und Holt war eine eigene Firma mit Caterpillar als Markenname.

Technische Daten

Hersteller: Holt Manufacturing Co.	
Standort: Stockton, Kalifornien, USA	
Modell: 2 Ton	
Typ: Raupenschlepper	
Antrieb: Holt-Vierzylinder-Benzinmotor	
Leistung: 25,4 PS (18,5 kW)	
Getriebe: Dreiganggetriebe	
Gewicht: 1834 kg	
Produktionsbeginn: 1923	

Oben: *Holt brachte den 2-Ton-Traktor zwei Jahre vor dem Zusammenschluss mit Best, aus dem Caterpillar hervorging, auf den Markt. Das Modell wurde nach der Fusion weiter produziert.*

Der Caterpillar 2-Ton-Traktor war das kleinste Modell von Holt und mit 1834 kg für einen Raupenschlepper ungewöhnlich leicht. Als Antrieb diente ein Holt-Benzinmotor mit vier Zylindern und oben liegender Nockenwelle.

Motor

Der Motor des Caterpillar 2 Ton hatte eine Zylinderbohrung von 10,1 cm, einen Zylinderhub von 13,9 cm und eine Nenndrehzahl von 1000 U/min.

Bei Nenndrehzahl entwickelte er in Leistungstests 25,4 PS (18,9 kW). Das dreistufige Getriebe erlaubte eine maximale Vorwärtsgeschwindigkeit von 8,4 km/h.

Fusion

Die Fusion von 1925 brachte die beiden führenden Hersteller von Raupenschleppern zusammen. Holt war der größere Partner, sodass der Markenname Caterpillar für das neue Unternehmen gewählt wurde. Holt steuerte auch drei der fünf Traktoren bei, die aus beiden Produktpaletten in die neue Caterpillar-Reihe einflossen. Einer davon war das Model 2 Ton.

Nach der Fusion lief die Produktion des neuen Caterpillar 2 Ton ohne wesentliche technische Änderungen bis 1928 weiter. Nur im Erscheinungsbild des Traktors gab es geringfügige Veränderungen. So zum Beispiel die Modellbezeichnung 2 Ton als Gussrelief in den Seitenplatten des Kühlers.

BENZ-SENDLING

1923 Gaggenau, Baden, Deutschland

BENZ-SENDLING

Unten: *Diese Studioaufnahme zeigt den Traktor, mit dem der Dieselmotor Einzug in die motorisierte deutsche Landwirtschaft hielt.*

Die beiden führenden deutschen Fahrzeughersteller Daimler und Benz vereinten 1926 ihre Kräfte zum Unternehmen Daimler-Benz, einem der weltweit erfolgreichsten Konzerne und Hersteller der Mercedes-Benz-Fahrzeuge.

Technische Daten

Hersteller: Benz & Co.
Standort: Gaggenau, Baden, Deutschland
Modell: Benz-Sendling
Typ: Motorpflug
Antrieb: Zweizylinder-Dieselmotor
Leistung: 27,5 PS (20,4 kW)
Getriebe: nicht bekannt
Gewicht: nicht bekannt
Produktionsbeginn: 1923 (Dieselversion)

Benz baute seit 1919 in kleinen Stückzahlen Traktoren. 1921 hatte das Unternehmen in seinem Mannheimer Werk mit der Entwicklung eines Zweizylinder-Dieselmotors begonnen. Der Diesel diente anfangs als Antrieb für einen Benz-Lastwagen. Ab 1923 sollte er den Benzinmotor als Standardantrieb des Benz-Sendling-Traktors ersetzen.

Der erste Diesel-Traktor

Die Produktion des Benz-Sendling begann 1919 mit einem Benzinmotor. Die spätere Dieselversion war mit ziemlicher Sicherheit der weltweit erste in Serie gebaute Dieseltraktor. Der Motor war auch der einzige Grund für den Ruhm des Benz-Sendling. Es handelte sich um einen ungewöhnlichen, als Motorpflug konzipierten dreirädrigen Traktor mit einem großen Antriebsrad hinten. Der Achsantrieb erfolgte über eine gekapselte Kette und Zahnräder.

Ein Grund für den Erfolg der Benz-Dieselmotoren war die frühzeitige Nutzung einer Vorkammer. Die Dieselmotoren wurden von Benz im Werk Mannheim gebaut. Der beim Benz-Sendling-Traktor verwendete Zweizylinder besaß eine Verdichtung von 15:1 und eine Nenndrehzahl von 800 U/min. Die Zylinderbohrung betrug 13,5 cm, der Zylinderhub 20 cm, die Leistung 27,5 PS (20,4 kW).

JOHN DEERE

1923 Waterloo, Iowa, USA

JOHN DEERE MODEL D

Nach Übernahme der Waterloo Boy Company setzte Deere & Co. die Produktion des Model-N-Traktors mit geringfügigen Verbesserungen fort und verwendete auch weiterhin den Namen Waterloo Boy.

Die Ingenieure von Waterloo Boy arbeiteten bereits an einem Nachfolger für ihren Model-N-Traktor, als die Firma 1918 übernommen und das Projekt unter der Leitung der neuen Eigentümer fortgesetzt wurde. Der neue Traktor kam 1923 unter der Bezeichnung Model D auf den Markt. Er war der erste Traktor, der den Namen John Deere trug und in nennenswerten Stückzahlen verkauft wurde.

Neue Konstruktionsmerkmale

Nahezu jedes Merkmal des alten Waterloo Boy wurde beim neuen Model D ersetzt, mit Ausnahme des Zweizylinder-Horizontalmotors. Beim neuen Traktor gab es eine Leistungssteigerung auf 30,4 PS (22,5 kW, Model N: 26 PS bzw. 19,4 kW) und eine Erhöhung der Nenndrehzahl um 50 U/min auf 800 U/min. Bohrung und Hub des Waterloo-Boy-Motors blieben in der neuen Version unverändert.

Das neue Design verwarf den Stahlträger-Rahmen mit frei liegendem Achsantrieb zugunsten einer Blockkonstruktion mit voll gekapseltem Getriebe. Model D war außerdem kürzer als sein Vorläufer und mit 1934 kg auch leichter (Model N wog 2812 kg).

Ganz oben: *Am Speichenschwungrad ist dieser Traktor als frühe Version des John Deere Model D zu erkennen. Dieser Traktor ersetzte die Waterloo-Boy-Reihe.*

Oben: *Die Seitenansicht zeigt die Lage des horizontalen Zweizylindermotors, vermutlich die berühmteste jemals von der Traktorindustrie produzierte Motorserie.*

Für Fans der Zweizylindermodelle von John Deere ist das Schwungrad des Model D von besonderem Interesse. Bei Produktionsbeginn besaß der Motor ein Schwungrad mit Speichen und 66 cm Durchmesser. Nachdem die ersten 900 Traktoren produziert waren, wurde die Größe des Speichenschwungrads von 66 cm auf 61 cm reduziert

Schwungrad

Eine weitere Änderung trat ein, als die Produktionszahl 5755 Exemplare erreichte. Das Speichenschwungrad wurde durch eine massive Version ersetzt. Model-D-Traktoren mit Speichenschwungrad, von Kennern „spoker Ds" (Speichen-Ds) genannt, erzielen unter Sammlern gute Preise, weil sie aus den frühen Produktionsjahren stammen.

Eine weitere Modifikation bestand 1928 in der Vergrößerung der Zylinderbohrung auf 17,1 cm. In den folgenden Jahren fanden weitere Änderungen am Motor statt, die seine Leistung bis auf 41,6 PS (31 kW) im Jahr 1935 steigerten.

Das ursprüngliche Zweiganggetriebe erhielt 1935 eine dritte Stufe, 1939 folgte eine stilistische Überarbeitung des Model D. Die Produktion lief in verschiedenen Versionen bis 1953.

Wegbereiter

Der Model D war der Erste einer neuen Serie robuster, zuverlässiger Traktoren, durch die John Deere zu einem der erfolgreichsten Traktorenhersteller der USA wurde. Er trug außerdem zum lang anhaltenden Erfolg der John-Deere-Zweizylindermotoren bei.

Technische Daten

Hersteller: Deere & Co.
Standort: Waterloo, Iowa, USA
Modell: D
Typ: Allzweck
Antrieb: liegender Zweizylindermotor
Leistung: 30,4 PS (22,5 kW)
Getriebe: Zweiganggetriebe
Gewicht: 1934 kg
Produktionsbeginn: 1923

Unten: *Model-D-Traktoren wurden über 30 Jahre lang in verschiedenen Versionen mit kontinuierlich steigender Leistung produziert.*

INTERNATIONAL HARVESTER

1924 **Chicago, Illinois, USA**

I.H. FARMALL

Der original Farmall war eine der wichtigsten Entwicklungen in der Traktorengeschichte. Während andere Konstruktionsteams sich auf neue Allzwecktraktoren konzentrierten, konzipierte International Harvester den neuen Farmall speziell für Landwirtschaftsbetriebe, die Feldfrüchte in Reihen anbauten.

Der Farmall war der letzte in einer langen Reihe hervorragender Traktoren, die I.H. zwischen 1914 und 1924 auf den Markt gebracht hatte. In dieser Zeit beschäftigte International Harvester das vermutlich beste Entwicklungsteam der Branche, darunter Bert R. Benjamin, der auch für die Konstruktion des original Farmall verantwortlich war. Ein Historiker charakterisiert Benjamin als „äußerst talentierten, vorausschauenden und sehr produktiven Erfinder". Sein Farmall erfüllte als erster Traktor die Anforderungen des Reihenanbaus.

Reihenkultur-Traktor

Innerhalb weniger Jahre nach Einführung des Farmall 1924 stellten andere führende Trakto-

Ganz oben: *Der für Reihenkulturen konzipierte Dreiradaufbau des Farmall erforderte die Entwicklung eines speziellen Steuermechanismus für das Vorderrad.*

Oben: *Der Farmall konnte auch andere Gerätearten ziehen.*

renbauer in den USA ihre eigenen Reihenkultur-Modelle vor, die auf den von Benjamin in seinem Originalentwurf eingeführten Funktionsmerkmalen beruhten. Diese Nachbauten und die Produktionszahlen belegten klar Einfluss und Erfolg des Farmall. Trotz hartem Wettbewerb und der Wirtschaftskrise in den 1920ern wurden bis 1930 über 100 000 Farmalls gebaut. Im etwas günstigeren Verkaufsumfeld der 1930er-Jahre überstieg die Produktion in guten Jahren die Zahl von 35 000.

Farmer, die Reihenkulturen anbauten, wussten das Konstruktionsprinzip des Farmall zu schätzen, da es reichlich Bodenabstand beim Überfahren wachsender Nutzpflanzen und zum Anhängen mittig montierter Gerätschaften bot. Zudem garantierte der Dreiradaufbau des Farmall gute Manövrierbarkeit im Vorgewende. Dazu trugen auch die Differenzial- oder Steuerbremsen bei, die eines der beiden Hinterräder blockieren konnten.

Konstruktionsmerkmale

Ein Merkmal von Benjamins Originalentwurf war die Blockbauweise, die Motor und Antriebsstrang in einer einzigen, staubdichten Struktur vereinte. Man sparte so unnötiges Gewicht ein, um die Gefahr der Bodenverdichtung gering zu halten. Um maximale Vielseitigkeit für das Handling verschiedenster Ackerbaumaschinen zu garantieren, stattete man den Farmall zudem mit Zapfwelle und Riemenscheibe aus. Später folgten Spurbreiteneinstellungen für unterschiedliche Reihenabstände.

Die ersten Vorserien-Farmalls wurden 1923 fertig und absolvierten ein von I. H. überwachtes Testprogramm. Nachdem man verschiedene Probleme erkannt und beseitigt hatte, wurden die ersten Farmalls aus Serienproduktion 1924 ausgeliefert. Sie hatten einen Vierzylindermotor mit hängenden Ventilen, 18 PS (13,3 kW), 9,5 cm Zylinderbohrung, 12,7 cm Hub und eine Nenndrehzahl von 1200 U/min.

Technische Daten

Hersteller: International Harvester
Standort: Chicago, Illinois, USA
Modell: Farmall
Typ: Reihenkultur-Traktor
Antrieb: Vierzylindermotor mit hängenden Ventilen
Leistung: 18 PS (13,3 kW)
Getriebe: Dreiganggetriebe
Gewicht: 1861 kg
Produktionsbeginn: 1924

Unten: *Die ersten Farmalls hatten einen I. H.-Vierzylindermotor mit hängenden Ventilen. Die Kraftübertragung erfolgte über ein Dreiganggetriebe.*

HART-PARR

1924 Charles City, Iowa, USA

HART-PARR 12-24E

In den 1920ern unternahm die Firma Hart-Parr große Anstrengungen, um ihr Image als Hersteller von Schwergewichtstraktoren abzulegen und im Marktsegment der leichten und mittelgroßen Traktoren Fuß zu fassen. Modell 12-24E wurde 1924 eingeführt. Es war das erste einer neuen Generation von Leichttraktoren und eines der kleinsten Modelle in der Hart-Parr-Palette.

Der Motor des 12-24E war eine typische Hart-Parr-Maschine. Er basierte auf einem Paar horizontal angeordneter, kopfgesteuerter Zylinder und lief mit einer Nenndrehzahl von 800 U/min. Die Bohrung betrug 13,9 cm, der Hub 16,5 cm. Beim Test des 12-24E in Nebraska brachte der Motor eine Maximalleistung von fast 27 PS (20 kW).

Andere Versionen

Der 12-24E war eine Weiterentwicklung des früheren Modells 10-20, das zwischen 1921 und 1924 in zwei verschiedenen Versionen angeboten wurde. Die Modelle 12-24 und 10-20 besaßen nahezu identische Motoren. Die wichtigste Verbesserung im 12-24E war eine modernere Plattenkupplung anstelle der Bandkupplung des Vorläufermodells.

Derselbe Motor mit einer um 6 mm erweiterten Zylinderbohrung findet sich im 12-24H-Traktor wieder. Er war ab 1928 als Ersatz für das Modell E erhältlich.

Die klassische Version H des 12-24 war noch in Produktion, als der Name Hart-Parr 1929 bei der Fusion zur Oliver Farm Equipment Co. verloren ging. Zu dieser Zeit sorgte eine ganze Serie von Fusionen und Übernahmen für eine Marktbereinigung in der Traktorindustrie.

Oben: *Mit dem kompakten 12-24E wollte Hart-Parr auch Kunden für Kleintraktoren gewinnen.*

Technische Daten

Hersteller: Hart-Parr Co.	
Standort: Charles City, Iowa, USA	
Modell: 12-24E	
Typ: Allzweck	
Antrieb: Zweizylinder-Horizontalmotor	
Leistung: 27 PS (20 kW)	
Getriebe: Zweiganggetriebe	
Gewicht: 2122 kg	
Produktionsbeginn: 1924	

HEIDER

1924 **Rock Island, Illinois, USA**

HEIDER 15-27

Eine Farmerfamilie aus Iowa gründete die Heider Manufacturing Co., die 1911 mit dem Traktorbau begann. Die Traktoren waren beliebt, und bald verkauften die Heiders an die Rock Island Plow Co. aus Rock Island, Illinois.

Rechts: *Der Name Heider blieb erhalten, nachdem die Rock Island Plow Co. die Firma von der Farmerfamilie aus Iowa gekauft hatte, die diese Traktoren entwarf.*

Technische Daten

Hersteller: Rock Island Plow Co.
Standort: Rock Island, Illinois, USA
Modell: Heider 15-27
Typ: Allzweck
Antrieb: Waukesha-Vierzylindermotor
Leistung: 30 PS (22,2 kW)
Getriebe: Friktionsantrieb mit stufenloser Temporegelung
Gewicht: 2856 kg
Produktionsbeginn: 1924

Die neuen Eigentümer nutzten das Heider-Design weiter für die eigenen Traktoren und behielten auch den Markennamen Heider sowie die typische Bordüre am Dach des Fahrerstands bei. Als weiteres Konstruktionsmerkmal blieb der Friktionsantrieb erhalten, der eine stufenlos regelbare Fahrgeschwindigkeit bot, sodass sich Motordrehzahl und Tempo genauer den unterschiedlichen Einsatzbedingungen und verwendeten Zusatzgeräten anpassen ließen.

Motor

Als 1924 Rock Island Plow seinen neuen 15-27-Traktor vorstellte, waren bei ihm der Name Heider und der bekannte Friktionsantrieb noch immer zu finden. Der 15-27 war wie die meisten Traktoren von Heider mit einem Waukesha-Vierzylindermotor ausgestattet. Die Zylinderbohrung betrug 12 cm, der Zylinderhub 17,1 cm. Die Maschine lag über der Hinterachse, sodass sie durch ihr Gewicht zur besseren Traktion der Räder beitrug.

Der 15-27 war drei Jahre lang Bestandteil der Rock-Island-Produktpalette und einer der letzten Traktoren, die den Markennamen Heider trugen. Ende der 1920er verschwand der Name endgültig. 1937 ging die Rock Island Plow Co. in der Unternehmensgruppe J. I. Case auf.

HSCS
1924 **Budapest, Ungarn**

HSCS PROTOTYPE

Die Firma Clayton and Shuttleworth gehörte im 19. und frühen 20. Jahrhundert zu den führenden britischen Herstellern landwirtschaftlicher Dampfmaschinen. Die großen Landwirtschaftsbetriebe und Güter Ungarns zählten zu den besten Exportmärkten des Unternehmens.

Links: *Den original Prototype-Traktor der Firma HSCS kann man im ungarischen Landwirtschaftsmuseum noch immer besichtigen.*

Technische Daten

Hersteller: Hofherr-Schrantz Clayton-Shuttleworth
Standort: Budapest, Ungarn
Modell: Prototype
Typ: Allzweckschlepper
Antrieb: Einzylinder-Glühkopfmotor
Leistung: 15 PS (11 kW)
Getriebe: Einganggetriebe
Gewicht: nicht bekannt
Produktionsbeginn: 1924

Die Umstellung von Dampfmaschinen auf Traktoren brachte für Clayton and Shuttleworth massive Probleme, sodass sie 1912 ihre ungarische Tochterfirma an einen lokalen Ackerbaumaschinenhersteller verkauften. Nach der Übernahme wurde der Name in Hofherr-Schrantz Clayton-Shuttleworth geändert, kurz HSCS genannt.

HSCS-Traktoren

Die neue Firma expandierte und hatte es in den frühen 1920ern bis zum größten ungarischen Hersteller stationärer Maschinen gebracht. Mit der Traktorentwicklung begann man zur gleichen Zeit und stellte 1924 den ersten von einem Halbdiesel (Glühkopfmotor) angetriebenen Traktor fertig. Dieses für weitere Entwicklungsarbeiten genutzte Prototypmodell besaß einen Einzylinder-Zweitaktmotor mit 15 PS (11 kW) Leistung und konnte pro Zehn-Stunden-Tag etwa 1,2 bis 1,62 Hektar 19 cm tief durchpflügen.

Als 1925 die ersten in Serie gebauten HSCS-Traktoren auf den Markt kamen, erinnerten sie nur noch wenig an den Prototype. Das Eingänggetriebe war durch ein Dreiganggetriebe ersetzt und die Leistung des Traktors auf 20 PS (14,9 kW) gesteigert worden. Der Glühkopfmotor aber blieb für HSCS-Traktoren noch über 20 Jahre lang die Standardmaschine.

CLETRAC

1925 Cleveland, Ohio, USA

CLETRAC K-20

Vielleicht war es ja nur ein Zufall, aber die Kennbuchstaben der drei ersten von der Cleveland Motor Co. gebauten Cletrac-Raupenschleppermodelle (R, H und W) waren gleichzeitig die Initialen von Rollin H. White, Hauptaktionär der Firma aus Cleveland.

Oben: *Der Cletrac K-20 wurde 1925 als Herausforderer für die neu gegründete Firma Caterpillar auf dem Raupenschlepper-Markt platziert.*

Rechts: *Die Zapfwelle des Cletrac K-20 war ein wichtiger Fortschritt bei der Konstruktion von Raupenschleppern.*

Technische Daten

Hersteller: Cleveland Tractor Co.
Standort: Cleveland, Ohio, USA
Modell: K-20
Typ: Raupenschlepper
Antrieb: kopfgesteuerter Vierzylindermotor
Leistung: 24,5 PS (18 kW)
Getriebe: Dreiganggetriebe
Gewicht: nicht bekannt
Produktionsbeginn: 1925

Weitere Typenbuchstaben wurden dann eher nach dem Zufallsprinzip vergeben. Auf das Model F folgte der K-20 und dann der 30A. Der K-20 mit Cletrac-Differenzialsteuerung kam 1925 auf den Markt. Er basierte auf den Vorläufermodellen R, H und W und hatte mit ihnen die kompakte Bauform gemeinsam.

Konstruktionsmerkmale

Beim Motor handelte es sich um einen kopfgesteuerten Cleveland-Vierzylindermotor mit einer Bohrung von 10,1 cm, einem Hub von 13,9 cm und einer Nennleistung von 24,5 PS (18 kW, beinahe 3,7 kW mehr als beim Vorläufermodell W). Vielleicht bevorzugte Rollin White wegen seiner Herkunft aus der Automobilindustrie für seine Traktoren hochtourige Maschinen, wie beim K-20-Motor, der eine Nenndrehzahl von 1350 U/min hatte.

Der K-20 brachte als wesentliche Verbesserung eine nach hinten verlegte Riemenscheibe. Zudem hatte er (ein wichtiger Fortschritt bei der Konstruktion von Raupenschleppern) als erster Cletrac einen Zapfwellenantrieb.

VICKERS

⚒ **1925 Newcastle upon Tyne, England**

VICKERS-AUSSIE

Die Antriebsräder galten 1925 bei der Einführung des in England gebauten Vickers-Aussie-Traktors als echte Innovation. Vom schicken Sonnendach über dem Fahrerstand haben die australischen Farmer jedoch ebenso profitiert.

Die Räder waren die Entwicklung eines australischen Erfinders. Ihr wesentlicher Vorteil bestand darin, dass sie bei unterschiedlichsten Bodenbedingungen effektiv funktionierten, auch auf feuchtem, klebrigem Lehm. Die Felge jedes Hinterrads bestand aus drei Radreifen mit 7,6 cm Zwischenraum. Federgestützte Stahlstangen ragten in diese Lücken und schlugen an den Rädern festhängende Erdklumpen ab. So konnten sich bei feuchtem Boden keine größeren Anhaftungen bilden.

Weniger Flurschaden

Ein weiterer Vorzug der dreigeteilten Hinterräder war, dass sie bei feuchtem Boden das Erdreich weniger aufwühlten, denn sie waren breiter und hatten, so wird berichtet, eine größere Kontaktfläche zum Boden.

Oben: *Die Ähnlichkeiten zwischen dem Vickers-Traktor und dem International Harvester 15-30 gehen möglicherweise auf einen Vertrag zurück, der Vickers die Lizenznutzung des I. H.-Designs erlaubte.*

Sicher wären die selbstreinigenden Räder auch in England äußerst nützlich gewesen. Dort gibt es große Gebiete mit Lehmboden, der bei feuchtem Wetter sehr klebrig wird. Der Vickers-Traktor war jedoch für den australischen Markt konzipiert. Dort konzentrierten sich die Vermarktungsbemühungen, was auch erklärt, warum für den neuen Traktor der Name „Aussie" gewählt wurde.

Vickers

Abgesehen von den innovativen Rädern, gab es einige Übereinstimmungen mit dem McCormick-Deering 15-30 von International Harvester. Die Gestaltung war sehr ähnlich, und der Motor des Aussie lieferte bei einer Nenndrehzahl von 1000 U/min mit 30 PS (22,2 kW) die gleiche Leistung wie das Triebwerk des International-Harvester-Traktors.

Auch die Bohrung von 11,4 cm und der Hub von 15,2 cm waren identisch, beide Motoren waren kopfgesteuert und mit einem Dreiganggetriebe verbunden.

Es gibt eine Theorie, nach der die Ähnlichkeit zwischen dem englischen Vickers-Traktor und dem amerikanischen I.H. 15-30 mehr als nur zufällig war. I.H. soll eine Vereinbarung unterzeichnet haben, die Vickers den Bau des 15-30 unter Lizenz erlaubte. Das würde auch erklären, warum manche Komponenten beider Traktoren untereinander austauschbar waren.

Den Namen „Aussie" ließ man bald wieder fallen, doch Vickers baute den Traktor noch weitere fünf Jahre. Die meisten Modelle wurden nach Australien und Neuseeland verschifft. Zwei der Traktoren – einer trug den Namen Vickers-Aussie, der andere ist eine spätere Vickers-Version – gelangten in den 1970er-Jahren nach England zurück. Dort wurden sie im Vickers-Werk, wo sie ein halbes Jahrhundert zuvor entstanden waren, renoviert.

Technische Daten

Hersteller: Vickers Ltd.
Standort: Newcastle upon Tyne, England
Modell: Vickers-Aussie
Typ: Allzweck
Antrieb: Vierzylindermotor
Leistung: 30 PS (22,2 kW)
Getriebe: Dreiganggetriebe
Gewicht: nicht bekannt
Produktionsbeginn: 1925

Unten: *Einer der beiden Vickers-Traktoren, die in den 1970ern nach England zurückgelangten. Sie sind restauriert im Werk Newcastle zu besichtigen, ihrem ursprünglichen Entstehungsort.*

RONALDSON-TIPPETT

1926 Ballarat, Victoria, Australien

RONALDSON-TIPPETT

Das Unternehmen Ronaldson Bros. and Tippett begann 1903 in Ballarat, Victoria, mit dem Bau von Motoren und entwickelte sich innerhalb weniger Jahre zu Australiens größtem Motorenhersteller.

Der erste Traktor des Unternehmens entstand um 1912 als Versuchsmodell, doch das Projekt wurde nicht weiterverfolgt, sodass die Traktorentwicklung erst 1924 begann. Der erste in Serie gebaute Traktor verließ 1926 das Werk. Bis 1938 wurden Ronaldson-Tippett-Traktoren in Konkurrenz zu den meist amerikanischen Traktoren in Australien verkauft.

Amerikanischer Motor

Für den Serientraktor wählte man einen amerikanischen Wisconsin-Motor. Warum man sich für einen importierten Motor entschied, anstatt ein selbst entwickeltes Triebwerk einzubauen, ist nicht bekannt. Ausschlaggebend war wohl die große Erfahrung im Bau von Traktormotoren, über die Wisconsin bereits verfügte.

Zum Einsatz kam ein Vierzylindermotor, dessen wassergekühlte Zylinder paarweise angeordnet waren. Er lieferte eine Nennleistung von 30 PS (22,2 kW). Manche Traktoren der ersten Produktionsjahre litten an Überhitzungsproblemen, vermutlich wegen der hohen Temperaturen in ihrem Einsatzgebiet. Man

Ganz oben: *Ronaldson Bros. and Tippett war ein führender Motorenhersteller und importierte dennoch Traktorenmotoren aus den USA.*

Oben: *Die Flagge und der Pfeife rauchende Zuschauer lassen vermuten, dass die Fotografie eine späte Version des Ronaldson-Tippett zeigt.*

löste das Problem, indem man einen größeren Wassertank über dem Kühler montierte. Dies erklärt auch die ungewöhnliche Frontgestaltung der späteren Modelle.

Tempo und Bremsen

Das Getriebe des Traktors war ungewöhnlich. Es basierte auf einem einfachen Zweiganggetriebe, doch die Kunden konnten mit selbst montierten Umsteckrädern die Auswahl von Übersetzungen vervielfachen. Eine weitere Verdoppelung der wählbaren Geschwindigkeiten boten übergroße Antriebsräder (135 cm) statt der regulären Räder (127 cm).

Nutzte man die Möglichkeiten des Zweiganggetriebes, der verschiedenen Umsteckräder und der beiden Antriebsradgrößen voll aus, kam man auf 48 verschiedene Vorwärtsgeschwindigkeiten, ohne die Gaseinstellung zu verändern. Das klingt eindrucksvoll, doch die Höchstgeschwindigkeit bei Vollgas betrug ganze 10,6 km/h, und es muss erhebliche Überschneidungen zwischen angrenzenden Übersetzungsstufen gegeben haben. Der manuelle Wechsel von Umsteckrädern war außerdem eine schmutzige Angelegenheit, die sich wahrscheinlich viele Fahrer lieber ersparten.

Ebenfalls ungewöhnlich war die Bremse. Sie wurde per Fußpedal betätigt und wirkte über eine Trommel, die auf der Achse der Riemenscheibe saß. Diese Konstruktion hatte jedoch den schwer wiegenden Nachteil, nur bei eingelegtem Gang zu funktionieren. Die Betriebsanleitung warnte deshalb davor, an steilen Hängen einen Gangwechsel vorzunehmen.

Technische Daten

Hersteller: Ronaldson Bros. and Tippett
Standort: Ballarat, Victoria, Australien
Modell: 30HP
Typ: Allzweck
Antrieb: Wisconsin-Vierzylindermotor
Leistung: 30 PS (22,2 kW)
Getriebe: Zweiganggetriebe plus Umsteckräder
Gewicht: nicht bekannt
Produktionsbeginn: 1926

Unten: *Mit verschiedenen Umsteckrädern, die außen am Getriebe montiert wurden, ließ sich die Bandbreite an Übersetzungen erweitern.*

HART-PARR

1926 **Charles City, Iowa, USA**

HART-PARR 18-36

Die mittleren 1920er-Jahre waren eine hektische Zeit für die Ingenieure von Hart-Parr. Sie entwickelten unter zunehmendem Wettbewerbsdruck eine sich ständig erweiternde und verändernde Produktpalette. Zu den neuen Traktoren gehörte auch der 18-36. Er wurde erstmals 1926 vorgestellt und nur zwei Jahre später als verbesserte Version H neu auf den Markt gebracht.

Technische Daten

Hersteller: Hart-Parr Co.
Standort: Charles City, Iowa, USA
Modell: 18-36
Typ: Allzweck
Antrieb: Zweizylinder-Horizontalmotor
Leistung: 42,9 PS (31,8 kW) maximal
Getriebe: Zweiganggetriebe (erste Version)
Gewicht: 2838 kg
Produktionsbeginn: 1926

Oben: *Hart-Parr brauchte in den 1920ern dringend einen Verkaufserfolg. Doch das neue, 1926 eingeführte Modell 18-36 mit Zweiganggetriebe erfüllte die Absatzerwartungen nicht.*

Der wichtigste Unterschied zwischen den beiden Versionen des 18-36 war das Dreiganggetriebe, das beim Typ H das Zweiganggetriebe des Vorläufermodells ersetzte.

Der Zweigangtraktor bewegte sich mit gemächlichen 4,8 km/h Höchstgeschwindigkeit voran. Mitte der 1920er-Jahre war das für Traktoren noch ein durchaus übliches Tempo und für Landwirte, die bislang mit Pferden gearbeitet hatten, absolut akzeptabel.

Der Motor

Hart-Parr setzte im 18-36 den üblichen Zweizylinder-Horizontalmotor ein. Er besaß eine Bohrung von 17,1 cm, einen Hub von 17,7 cm und eine Nenndrehzahl von 800 U/min. Die maximale, bei Tests in Nebraska ermittelte Leistung betrug 42,85 PS (31,9 kW) und damit deutlich mehr als die vom Hersteller genannten 36 PS (26,8 kW). Auch die an der Zugstange gemessenen 32 PS (23,8 kW) lagen deutlich über dem Nennwert.

Gewicht

Mit 2838 kg konnte man den 18-36 kaum als Leichtgewicht bezeichnen. Er blieb bis nach der Fusion 1929 zur Firma Oliver in der Hart-Parr-Produktpalette. Die in den 1920ern vorgenommenen Konstruktionsänderungen waren zu geringfügig und kamen zu spät, um die Geschicke des Unternehmens noch zum Guten zu wenden. So beendete die Fusion traurig, was einmal als eine Erfolgsgeschichte der amerikanischen Traktorindustrie begonnen hatte.

RUMELY

🛠 **1927 La Porte, Indiana, USA**

RUMELY Y30-50

Als es Zeit für ein Nachfolgemodell des alten 25-45 war, entschieden die Ingenieure von Rumely, weitere 95 U/min aus dem alten Motor herauszukitzeln und so dessen Nennleistung hochzutreiben. Sie erreichten einen Zuwachs von 5 PS (3,7 kW) an der Zugstange und 5 PS (3,7 kW) an der Riemenscheibe.

Rechts: *Ein Satz Gleichlaufreifen aus Gummi, die von einem modernen Traktor stammen, schützen die Radfelgen dieses in kanadischem Besitz befindlichen Y30-50.*

Technische Daten

Hersteller: Advance Rumely Thresher Co.
Standort: La Porte, Indiana, USA
Modell: Y30-50
Typ: Allzweck
Antrieb: Zweizylinder-Horizontalmotor
Leistung: 63 PS (46,6 kW)
Getriebe: Dreiganggetriebe (erste Version)
Gewicht: 5913 kg
Produktionsbeginn: 1927

Die neue Version des Rumely bekam den Namen Y30-50 und war von 1927 an auf dem Traktormarkt erhältlich. Der neue Traktor wurde bevorzugt auf den großflächigen Farmen in den USA und Kanada eingesetzt. Bei Tests in Nebraska übertraf das neue Modell mühelos seine Nennleistung von 30 bzw. 50 PS (22,3 bzw. 37,2 kW). Die veröffentlichten Testergebnisse bescheinigten ihm sogar eine Maximalleistung von 63 PS (44,6 kW) an der Riemenscheibe und von 47 PS (35 kW) an der Zugstange, was immerhin fast 25 bzw. 50 Prozent über der angegebenen Nennleistung lag.

Zugstark

Dies war nicht der einzige Fall, in dem ein Rumely-Traktor mit einer stark untertriebenen Nennleistung vermarktet wurde, was angesichts des zunehmenden Wettbewerbs auf dem Traktormarkt vielleicht nicht gerade die klügste Werbestrategie war.

Der Zweizylinder-Horizontalmotor besaß eine Bohrung von 19,7 cm und einen Hub von 24,1 cm. Die Nennleistung des Vormodells wurde bei moderaten 540 U/min ermittelt, die man indes für das neue Modell 30-50 auf 635 U/min hochschraubte.

HART-PARR

1927 **Charles City, Iowa, USA**

HART-PARR 28-50

Hart-Parrs Vorliebe für Zweizylindermotoren fand auch in dem 1927 eingeführten Großtraktor 28-50 ihre Fortsetzung. Mangels einer ausreichend starken Maschine entschieden sich die Konstrukteure von Hart-Parr jedoch dafür, zwei ihrer Zweizylinder-Standardmotoren nebeneinander zu montieren.

Der 28-50 war nicht der erste Hart-Parr-Traktor mit einem Doppelmotor. Diese praktische Lösung sparte die Kosten für die Entwicklung einer neuen leistungsstarken Maschine, die wahrscheinlich nur relativ geringe Verkaufszahlen erreichen würde.

Motor

In diesem Fall jedoch war das 28-50-Modell als Nachfolger des Model 40 konzipiert, und die Zwillingsmotoren des neuen Traktors glichen weitgehend jenen des Vorläufers.

Der Zylinderhub (16,5 cm) war gleich geblieben, aber die Bohrung des neuen Motors hatte man zwecks höherer Leistungsausbeute um 6 mm auf 14,6 cm vergrößert. Hart-Parr konzentrierte sich in den 1920er-Jahren auf die Entwicklung kompakterer, leichterer Modelle. Der 28-50 war darum zu dieser Zeit mit Sicherheit der stärkste Hart-Parr-Traktor und mit 4719 kg gleichzeitig auch der schwerste in der Produktpalette.

Getriebe

Als die meisten Konkurrenten längst Getriebe mit drei oder mehr Vorwärtsgängen anboten, war der 28-50 noch immer mit einem Zweiganggetriebe ausgestattet. Immerhin wurde auch an Komfort gedacht, denn auf der Zubehörliste stand auch eine Fahrerkabine.

Oben: *Aus Kostengründen setzte man zwei kleine Motoren ein, statt ein neues Triebwerk zu entwickeln.*

Technische Daten

Hersteller: Hart-Parr Co.
Standort: Charles City, Iowa, USA
Modell: 28-50
Typ: Allzweck
Antrieb: zwei Zweizylinder-Horizontalmotoren
Leistung: 64,5 PS (47,7 kW) maximal
Getriebe: Zweiganggetriebe
Gewicht: 4719 kg
Produktionsbeginn: 1927

CASSANI

1928 **Treviglio, Mailand, Italien**

CASSANI 40HP

Benz brachte 1923 den ersten Traktor mit Dieselmotor auf den Markt. Die anderen Hersteller hatten es zunächst nicht sehr eilig, seinem Beispiel zu folgen. Erst 1927 konstruierte der italienische Ingenieur Francesco Cassani seinen ersten Dieseltraktor.

Rechts: *Eines der ältesten Serienmodelle des Cassani-Dieseltraktors wird heute stolz im Hauptquartier der SAME-Deutz-Fahr-Gruppe, Italien, präsentiert.*

Technische Daten

Hersteller: Francesco Cassani	
Standort: Treviglio, Mailand, Italien	
Modell: 40HP	
Typ: Allzweck	
Antrieb: Zweizylinder-Dieselmotor	
Leistung: 40 PS (29,6 kW)	
Getriebe: Dreiganggetriebe	
Gewicht: nicht bekannt	
Produktionsbeginn: 1928	

Cassani war ein Autodidakt und hatte sich das meiste Wissen erworben, während er seinem Vater bei der Reparatur von Werkzeugen und Geräten der örtlichen Bauern half. Mit 21 Jahren entwarf und baute er den ersten Cassani-Traktor, angetrieben von einem wassergekühlten Zweizylinder-Dieselmotor. Die Premiere vor den ortsansässigen Bauern war so erfolgreich, dass Cassani sich für den Bau weiterer Traktoren entschied und einen 40 PS (29,6 kW) starken Dieselmotor konstruierte.

Anlassersystem

Eine Besonderheit war das zum Starten entwickelte Druckluftsystem. Die Luft war in einem Tank oberhalb des Motors gespeichert, und eine vom Motor betriebene Pumpe hielt den notwendigen Arbeitsdruck aufrecht. Vermutlich gab es eine Art Ersatzsystem für den Fall, dass es nicht gelang, den Motor durch Druckluftzufuhr in Gang zu bringen.

Die Traktorproduktion endete Mitte der 1930er-Jahre, als sich Cassani im Auftrag der italienischen Regierung auf den Bau von Schiffs- und Flugzeugmotoren konzentrierte, wurde aber nach 1945 wieder aufgenommen. Cassani gründete die Firma SAME, in der später die Firmen Lamborghini, Hurlimann und Deutz aufgingen, und die zu einem der vier größten Traktorhersteller weltweit aufstieg.

RENAULT

1927 **Billancourt, Frankreich**

RENAULT PE

Das Modell PE war als Nachfolger des H0-Traktors konzipiert. Als erstes Traktorenmodell von Renault beruhte sein Design nicht mehr auf dem Renault-Leichtpanzer.

Ebenfalls neu beim PE war der manuell betätigte Geräte-Hebemechanismus und ab 1933 ein elektrischer Anlasser. Als Zubehör waren auch massive Gummireifen für die Hinterräder erhältlich. Als erster Serientraktor war der PE sogar mit den von Michelin im Jahr 1933 vorgestellten aufblasbaren Niederdruckreifen verfügbar.

Das Kühlsystem

Die Ähnlichkeiten zwischen PE und H0 waren sehr gering, doch einige Konstruktionsmerkmale wie den hinter dem Motor platzierten Kühler hatte Renault vom Vormodell übernommen. Beim PE stand der Kühler senkrecht, während er bei den früheren Traktoren nach hinten geneigt war. Der vertikale Aufbau vor dem Motor ist ein gewaltiger Luftfilter.

Die ungewöhnliche Position des Kühlers war nicht die einzige Besonderheit des PE-Kühlsystems. Der Lüfter war als Teil der Kupplungsbaugruppe unten im Motorraum montiert, wo er die Warmluft nach unten aus dem Motorraum hinausbeförderte und kühle Luft ansaug-

Ganz oben: *Auf diesem Foto sind die Seitenverkleidungen des Motorraums abgenommen. Sie leiteten die Frischluft durch den Kühler des Traktors.*

Oben: *Diese Werbeaufnahme von Renault zeigt einen PE-Traktor, der mit dem manuell betätigten Hebemechanismus und einem angehängten Pflug ausgestattet ist.*

te. Die dicht abschließenden Stahlbleche an beiden Seiten des Motorraums sorgten dafür, dass ein Großteil der Frischluft durch den Kühlergrill einströmte.

Der offensichtliche Vorteil eines hinter dem Motor platzierten Kühlers bestand darin, dass man die Motorhaube für bessere Vorwärtssicht nach vorn abfallend konstruieren konnte. So geschah es auch bei den früheren Renault-Modellen, nicht aber beim PE.

Wahrscheinlich gelangten die Konstrukteure von Renault zu der Einsicht, dass diese Art des Kühlsystems unnötig kompliziert war, denn bei späteren Versionen des PE sitzt der Kühler anstelle des unnötig großen Luftfilters vor dem Motor. Zusätzlich platzierte man einen Lüfter hinter dem Kühler. Er saugte die Luft direkt von vorn durch den Kühlergrill an.

Schlechte Verkaufszahlen

Zu den späteren Weiterentwicklungen des PE-Modells gehörte auch eine Schmalspurversion für den Einsatz in Weinbergen, die nur 1,14 m breit war. Trotz all seiner Optionen und Konstruktionsverbesserungen verkaufte sich jedoch der PE schlecht. Maßgeblicher Grund dafür waren die schlechte wirtschaftliche Situation in dieser Zeit sowie die Konkurrenz durch amerikanische Importe und die in Frankreich gebaute Version des britischen Austin-Traktors.

Zwischen 1927 und dem Produktionsende 1936 wurden nur 1771 PE-Traktoren verkauft, also weniger als 200 Stück pro Jahr.

Technische Daten

Hersteller: Renault
Standort: Billancourt, Frankreich
Modell: PE
Typ: Allzweck
Antrieb: 2,1-l-Vierzylindermotor
Leistung: 20 PS (14,8 kW)
Getriebe: Dreiganggetriebe
Gewicht: 1800 kg
Produktionsbeginn: 1927

Links: *Die große, rechteckige Struktur vor dem Motorraum des PE ist ein gewaltiger Luftfilter für die Maschine.*

FOWLER

1927 Leeds, Yorkshire, England

FOWLER GYROTILLER

In der guten alten Zeit der dampfgetriebenen Landwirtschaftsmaschinen waren Maschinen von Fowler weltweit erfolgreich. Beim Übergang zur Traktorenkraft jedoch geriet das Unternehmen in finanzielle Nöte, sodass es Mitte der 1920er-Jahre dringend neue Produkte entwickeln musste.

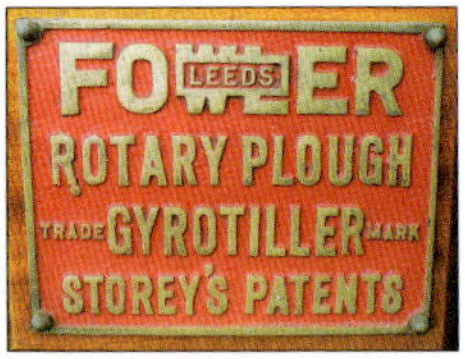

Eine Weile lang sah es so aus, als wäre der Gyrotiller der ersehnte Erfolg, könnte die Finanzmisere von Fowlers Firma beenden und das riesige Werk in Leeds wieder mit Leben erfüllen. Der Gyrotiller war eine Bodenfräse, erfunden vom Amerikaner Norman Storey, der in Puerto Rico eine Zuckerrohrfarm führte. Es handelte sich um eine große, leistungsstarke, für extreme Einsatzbedingungen konzipierte Maschine. Ursprünglich für den Zuckerrohranbau entwickelt, eignete sie sich aber durchaus auch für andere Anbauformen.

Das Erfolgsrezept der John Fowler Ltd. war, große Maschinen zu bauen und weltweit zu verkaufen. 1924 kam es zu einem Vertrag, der dem Unternehmen die Exklusivrechte für Bau und Vermarktung des Gyrotiller sicherte. Der erste Fowler Gyrotiller verließ 1927 das Werk.

Oben: *Der anfängliche Erfolg der großen Gyrotiller ermutigte Fowler dazu, eine Palette kleinerer Modelle zu entwickeln.*

Der Motor

Selbst nach Fowler-Maßstäben war der erste Gyrotiller mit einer Gesamtlänge von 7,9 m und 22,6 Tonnen Gewicht ein Riese. Als Motor kam ein 225 PS (166,5 kW) starker Ricardo-Benziner zum Einsatz, der ursprünglich als Antrieb für britische Panzer im Ersten Weltkrieg diente. Bei Vollgas schluckte die Maschine bis zu 63,6 Liter Kraftstoff pro Stunde. Die hinten montierte, motorgetriebene Fräse bestand aus zwei horizontalen Rotoren mit einer Arbeitsbreite von 3 m. Sie frästen bis zu 50,8 cm tief und waren in der Lage, in nur einem Arbeitsgang unberührten Boden in eine bepflanzungsfähige Ackerkrume zu verwandeln.

Später verbauten die Fowler-Ingenieure einen etwas schwächeren 150 PS (111,8 kW) starken MAN-Dieselmotor, dem ein 170 PS (126,7 kW) starker Fowler-Diesel folgte. Es gab auch ein kleineres, selbstfahrendes Modell mit 80 PS (59,6 kW). Fowler entwickelte außerdem kleinere Fräseinheiten, die an den 30 bzw. 40 PS (22,3 kW bzw. 29,8 kW) starken Fowler-Raupenschleppern montiert wurden.

Fehlkalkulation

Zunächst liefen die Geschäfte gut, besonders die Verkäufe an karibische Zuckerrohrfarmen waren gut. Auch die englischen Farmer und Pächter begrüßten den Gyrotiller als eine Technik zur Minimalkultivierung. Schnell sorgte er für fast 50 Prozent des Fowler-Umsatzes und versprach weiteres Wachstum. Leider kam es anders, und die Produktion wurde 1937 eingestellt. Es entstanden hohe Kosten aus Garantieleistungen, teils wegen Fehlern an einigen der Dieselmotoren. Finanzielle Probleme zwangen viele Zuckerrohrfarmer, Investitionen in ihre Maschinenparks zu reduzieren. Außerdem gab es Beschwerden englischer Bauern, die feststellten, dass der übermäßige Gebrauch des Gyrotiller die Bodenstruktur nachhaltig schädigte.

Technische Daten

Hersteller: John Fowler Ltd.
Standort: Leeds, Yorkshire, England
Modell: Gyrotiller
Typ: selbstfahrende, motorgetriebene Bodenfräse
Antrieb: Ricardo-Benzinmotor
Leistung: 225 PS (166,5 kW)
Getriebe: nicht bekannt
Gewicht: 23 491 kg
Produktionsbeginn: 1927

Unten: *Probleme mit einigen großen Dieselmotoren führten zu hohen Kosten für Garantieleistungen. So entwickelte sich das anfangs erfolgreiche Gyrotiller-Projekt zu einem finanziellen Fehlschlag.*

RUSHTON

1928 **Walthamstow, London, England**

RUSHTON

Der Erfolg des Fordson Model F ermutigte zu einigen Versuchen, ein direktes Konkurrenzmodell zu entwickeln. Eines davon war der britische Rushton. Er wurde 1927 mit Unterstützung der Firma AEC auf den Markt gebracht. Aus ihren Werken stammten auch Londons berühmte Doppeldeckerbusse.

George Rushton überredete AEC zur Unterstützung des Projekts. Seine Idee war der Bau eines Traktors, dessen Grundkonstruktion den Fordson kopierte, aber durch zusätzliche Funktionen einen höheren Verkaufspreis rechtfertigen sollte. Die Firma verfügte über freie Produktionskapazitäten in Walthamstow, London, die man für die Traktorenproduktion nutzte. AEC erlaubte auch die Verwendung ihres Firmenlogos an den Traktoren, das später durch den Namen Rushton abgelöst wurde.

Rushton und Fordson

Die im Aussehen unterschiedlichen Modelle von Rushton und Fordson glichen sich mechanisch so sehr, dass manche Komponenten bei beiden passten. Angeblich konnte man darum in den ersten Produktionsjahren Fordson-Komponenten im Rushton einbauen, bis Rushton in der Lage war, eigene zu liefern.

Als die Rivalen bei den World Tractor Trials 1930 bei Oxford unter gleichen Bedingungen antraten, hieß der Sieger Rushton. Einer der beiden Fordsons fiel wegen eines gerissenen Zylinderblocks aus, und die Kerosin-Version des Rushton setzte mit 23,9 PS (17,7 kW) mehr Leistung frei als der Fordson mit 20,8 PS (15,5 kW). Der Konkurrenzkampf entschied später jedoch anders. 1934 musste Rushton die Produktion einstellen.

Oben: *Der britische Rushton-Traktor wurde in einer Londoner Busfabrik gebaut und war eine ziemlich unverfrorene Kopie des Fordson Model F.*

Technische Daten

Hersteller: Rushton Tractor Co.
Standort: Walthamstow, London, England
Modell: Standard
Typ: Allzweck
Antrieb: Vierzylindermotor
Leistung: 23,9 PS (17,7 kW), Kerosin-Version
Getriebe: Dreiganggetriebe
Gewicht: 1793 kg
Produktionsbeginn: 1928

OLIVER
⚒ **1930 Chicago, Illinois, USA**

OLIVER 28-44

Übernahmen und Fusionen spielten eine wesentliche Rolle bei der Konsolidierung der Traktorindustrie. Die Oliver Corp. war das Ergebnis einer Fusion, bei der 1929 vier mittelgroße amerikanische Hersteller landwirtschaftlicher Ausrüstung ihre Kräfte bündelten.

Oben: *Der Name Hart-Parr existierte nach der Fusion mit Oliver noch einige Zeit weiter. Später wurde er zur Vereinfachung auf Oliver ohne den Zusatz Hart-Parr gekürzt.*

Rechts: *Zu den konstruktiven Neuerungen des neuen Oliver 28-44 gehörte ein Vierzylindermotor anstelle der von Hart-Parr genutzten Zweizylindermaschinen.*

Technische Daten

Hersteller: Oliver Farm Equipment Co.
Standort: Chicago, Illinois, USA
Modell: 28-44
Typ: Allzweck
Antrieb: Vierzylindermotor
Leistung: 49 PS (36,3 kW), maximal
Getriebe: Dreiganggetriebe
Gewicht: 2912 kg
Produktionsbeginn: 1930

Die Firma Hart-Parr brachte die größte Erfahrung mit Konstruktion und Herstellung von Traktoren in die neue Firmengruppe ein. Die unmittelbar nach der Fusion gebauten Traktoren trugen den Namen Oliver-Hart-Parr, der später auf Oliver verkürzt wurde.

Entwicklungen

Eine der bedeutendsten Entwicklungen im Gefolge der Fusion war die Entscheidung, die vertrauten horizontalen Zweizylindermotoren von Hart-Parr durch eine neue Reihe von Vier- und Sechszylindermaschinen mit vertikalem Aufbau zu ersetzen. Der Oliver-Hart-Parr 28-44 war einer der ersten Traktoren mit einem kopfgesteuerten Vierzylindermotor mit der Bohrung 12 cm und Hub 15,8 cm. Er besaß eine Nenndrehzahl von 1125 U/min, war als Benzin- und Kerosin-Version erhältlich und verfügte über ein Druckschmiersystem. Die maximale Leistung bei einem Test in Nebraska betrug 49 PS (36,3 kW).

Die Produktion des 28-44 begann 1930 und lief bis 1937. Es gab ein landwirtschaftliches Modell mit Standardrädern und eine Industrieversion. Das Dreiganggetriebe erlaubte beim landwirtschaftlichen Modell eine Höchstgeschwindigkeit von 6,9 km/h und bei der Industrieversion mit neuen Hochdruckreifen 11,3 km/h.

ALLIS-CHALMERS

1929 Milwaukee, Wisconsin, USA

ALLIS-CHALMERS MODEL U

Der Model U war der Star des vermutlich ehrgeizigsten Werbeprogramms, das die Traktorindustrie bis dahin erlebt hatte, und er half dabei, die neuen Gummireifen auf dem Markt zu etablieren. Sie lösten die traditionellen Stahlräder ab und erschlossen den Traktoren neue Leistungsbereiche.

Im Jahr 1929 wurde der Model-U-Traktor von Allis-Chalmers gebaut, aber das Marketing übernahm die in Chicago ansässige United Tractor and Equipment Co., der auch Allis-Chalmers angehörte. Als die finanzielle Situation der United-Gruppe immer prekärer wurde, zog sich Allis-Chalmers zurück und nahm den Traktor mit. Die ursprünglich eingesetzte Continental-Maschine wurde durch einen Allis-Chalmers-Vierzylindermotor ersetzt. Model U reihte sich damit unter die typischen amerikanischen Mittelklassetraktoren ein.

Mittlerweile suchten einige führende Reifen- und Traktorenhersteller nach einer Alter-

Oben: *Die Original-Werbeaufnahme zeigt Barney Oldfield, einen damals berühmten Autorennfahrer, am Steuer einer Model-U-Hochgeschwindigkeitsversion.*

native zu den traditionellen Stahlrädern mit Stegen oder Stollen. Sie griffen zwar gut im Boden, doch die spitzen Stollen schädigten die Fahrbahndecken, weshalb die Hersteller die Höchstgeschwindigkeit ihrer Traktoren begrenzten, um das Schadensrisiko durch Stöße oder Vibration der Stahlreifen zu reduzieren.

Der Durchbruch kam mit dem Test eines Model-U-Traktors, der auf einem Satz alter Flugzeugreifen fuhr. Es handelte sich um Niederdruckreifen, deren Karkasse sich den Unregelmäßigkeiten des Bodens anpassen konnte und eine ausreichende Traktion erzielte. Gleichzeitig verhinderten sie Straßenschäden und erlaubten höhere Fahrgeschwindigkeiten bei besserem Komfort.

Renntraktoren

Schnell waren spezielle Traktorreifen erhältlich, die Allis-Chalmers auch als Option für das Model U anbot. Das Ergebnis war enttäuschend, denn es gab Beschwerden über häufige Löcher und geringe Haltbarkeit der neuen Reifen im Alltagsbetrieb. Eine Publicity-Kampagne musste her. Man brachte also einen modifizierten Model-U-Traktor auf Gummireifen zur Rennstrecke des Milwaukee Fair 1933, heuerte einen bekannten Autorennfahrer an und ließ ihn den Traktor mit 56 km/h über den Rennkurs jagen. Zu dieser Zeit lag die übliche Höchstgeschwindigkeit eines Traktors bei etwa 6,4 km/h, sodass das „Rennmodell“ U vor Ort große Aufmerksamkeit erregte.

Der nächste Schritt war die Bildung eines Model-U-Rennteams mit bekannten amerikanischen Autorennfahrern, die 1933 in den USA bei Veranstaltungen auftraten und immer gewagtere Geschwindigkeitsweltrekorde aufstellten. Als Krönung donnerte der international bekannte Fahrer Ab Jenkins in einem Model U mit 107,8 km/h über die Salzseen von Utah.

1933 sahen etwa eine Million Menschen die Renntraktoren in Aktion, und 1937 liefen bereits rund 50 Prozent der in Amerika verkauften neuen Traktoren auf Gummireifen.

Gegenüber, oben: *Eine 1930er-Version des Allis-Chalmers Model U mit Gummibereifung. Der Traktor trug dazu bei, dass sich die neuen Reifen durchsetzen konnten.*

Technische Daten

Hersteller: Allis-Chalmers
Standort: Milwaukee, Wisconsin, USA
Modell: U
Typ: Allzweck
Antrieb: Vierzylindermotor
Leistung: 33 PS (24,4 kW)
Getriebe: Vierganggetriebe
Gewicht: 2334 kg (mit Gummireifen)
Produktionsbeginn: 1929

Unten: *Eine Schnittzeichnung des Model U, in der die Vierzylinder-Standardmaschine und das Vierganggetriebe gut erkennbar sind.*

JOHN DEERE

Kapitel 4

Das Ferguson-System

Zu den wichtigen Entwicklungen der 1930er-Jahre gehörte das erste kommerziell erfolgreiche Modell mit Allradantrieb, der Massey-Harris General Purpose. Dieselmotoren waren zwar schon auf dem Vormarsch, hatten sich bei den Radtraktoren aber noch nicht durchgesetzt. Nach Verbesserungen erlebte der Fordson Model F als Model N eine Neuauflage. Die Produktion wurde erst nach Irland und dann nach England verlagert.

Oben: *Der von den amerikanischen Händlern geforderte Anstrich in Orange verschaffte dem schon in die Jahre gekommenen Fordson ein beinahe jugendliches Image.*

Links: *Deere war einer der Hersteller, die sich von professionellen Stylisten ein attraktives, flotteres Design für ihre Traktoren entwickeln ließen.*

Einer der herausragenden Namen in der Traktorenindustrie der 1930er-Jahre war Harry Ferguson, ein Farmersohn aus Nordirland. Durch die Entwicklung seiner hydraulisch betriebenen Anbauvorrichtung mit automatischer Zugkraftregelung für Zusatzgeräte erschloss er den Traktoren neue Leistungsdimensionen. In den Anfängen der kommerziellen Vermarktung des Ferguson-Systems gab es einen Fertigungsvertrag mit David Brown. Später gelangte das System in die USA, wo es von den gewaltigen finanziellen und Produktionskapazitäten Henry Fords profitierte.

Eine weitere wichtige Entwicklung waren neue Traktoren, konzipiert für kleinere Farmbetriebe. Diesen Trend hatte Henry Ford mit dem Fordson Model F angestoßen. Er war wieder Vorreiter, als die neuen Kleintraktoren in den 1930er-Jahren auf den Markt kamen. Sein Beitrag war der Ford-9N-Ferguson-System-Traktor, doch auch andere Traktorhersteller boten Kleinmodelle an. Ende der 1930er-Jahre begann auch die Optik eine Rolle zu spielen. Führende amerikanische Hersteller heuerten Designer an, um ihren Traktoren ein attraktiveres Aussehen zu geben. Beeinflusst von der Autoindustrie, präsentierten sich Traktoren jetzt schnittiger und in leuchtenden Farben.

FORDSON

🛠 **1929 Dagenham, Essex, England**

FORDSON MODEL N

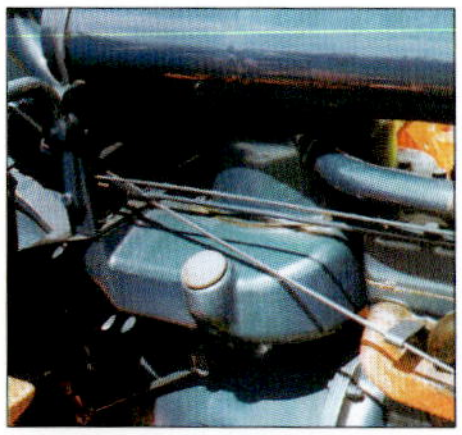

Der Entschluss, die Produktion der Fordson-Model-F-Traktoren 1928 in den USA einzustellen, kam überraschend. Offiziell war der Produktionsstopp notwendig, um Kapazitäten für das Ford-Model-A-Auto freizusetzen. Andere Gründe waren wohl die sinkenden Verkaufszahlen und die Konkurrenz.

Ein weiterer Aspekt war der Stolz Henry Fords auf seine irische Abstammung. Die Entscheidung, die Produktion eines Ersatzmodells in ein irisches Werk zu verlagern, dürfte ihn gefreut haben. Obwohl es ökonomisch wenig Sinn machte, flossen so Kapital und Arbeit in eine Region mit hoher Arbeitslosigkeit. Der Standortwechsel bot die Gelegenheit, das ursprüngliche Model F zu überarbeiten, was zum Model-N-Traktor führte.

Konstruktive Entwicklungen

Zu den Konstruktionsänderungen während der Entwicklung des neuen Model-N-Traktors gehörte eine größere Zylinderbohrung. Durch sie stieg die Höchstleistung der Kerosin-Version auf 23,24 PS (17 kW) und die des Benzinmotors auf 29,09 PS (21,7 kW). Die Vorderradkonstruktion wurde verstärkt, die Vorderachse neu gestaltet. Das neue Modell verkaufte sich gut, doch die Entscheidung, im Irland der spä-

Ganz oben: *Der Wasserbadluftfilter am Fordson-Motor wurde 1937 durch eine effektivere Ölbadversion ersetzt.*

Oben: *Neben dem orangefarbenen Anstrich gehörte 1937 zu den Neuerungen beim Fordson eine höhere Kompression, um die Motorleistung zu steigern.*

ten 1920er-Jahre Traktoren zu bauen, brachte eigene Probleme mit sich: Es herrschte Mangel an Facharbeitern. Nahezu alle Rohmaterialien mussten importiert und fast alle fertigen Traktoren exportiert werden.

1932 zog die Traktorproduktion erneut um. Dieses Mal in die Ford-Werke in Dagenham, England. Im Februar 1933 kamen die ersten englischen Model-N-Traktoren auf den Markt, jetzt in blauer Farbe. Auch Seitenverkleidungen und Wasserkasten des Kühlers waren neu.

Zu den weiteren Neuheiten gehörte 1937 der erste in Serie gebaute Fordson mit dreieckiger Radanordnung. Der als All-Around bekannte Traktor wurde auf Anfrage von Fords amerikanischen Händlern gefertigt und überwiegend in den USA verkauft. Am Standard-Model-N kamen 1937 die neue orangefarbene Lackierung und ein Ölbadluftfilter anstelle des anfälligen Wasserbadfilters hinzu. Die Steigerung der Kompression brachte zwar mehr Motorleistung, aber auch Probleme mit der Zuverlässigkeit mit sich.

Tarnfarben

Angesichts des heraufziehenden Zweiten Weltkriegs änderte man 1939 die Farbe des Model N erneut, diesmal in Grün. Sicherlich waren grüne Traktoren für feindliche Flugzeuge schwerer auszumachen, aber eine andere Theorie besagt, dass die Ford-Werke einfach nur über reichlich grüne Farbe verfügten, weil man umfangreiche Lieferverträge für Geräte und Fahrzeuge an die britische Armee abgeschlossen hatte. Die grünen Fordsons machten während des Kriegs über 90 Prozent der britischen Traktorproduktion aus. 1945 kam das Produktionsende für das Model N, und der neue E27N Fordson Major kam auf den Markt.

Technische Daten

Hersteller: Ford Motor Co.
Standort: Dagenham, Essex, England
Modell: N
Typ: Allzweck
Antrieb: Vierzylindermotor
Leistung: 23,4 PS (17 kW), Kerosin-Version
Getriebe: Dreiganggetriebe
Gewicht: 2374 kg
Produktionsbeginn: 1929

Links: *Während des Zweiten Weltkriegs lieferte das britische Ford-Werk eine große Zahl von Model-N-Traktoren an die britischen Streitkräfte, darunter dieses Exemplar in den Farben der Royal Air Force.*

RUMELY

1930 La Porte, Indiana, USA

RUMELY 6A

Rumely OilPull-Traktoren waren in den Jahren vor 1920, als man in den USA die Prärien noch mit schwergewichtigen Ungetümen umpflügte, außerordentlich erfolgreich. Als 1930 das Modell 6A vorgestellt wurde, befand sich das Unternehmen jedoch bereits in finanziellen Nöten.

Technische Daten

Hersteller: Advance Rumely Thresher Co.
Standort: La Porte, Indiana, USA
Modell: 6A
Typ: Allzweck
Antrieb: Waukesha-Sechszylindermotor
Leistung: 48,37 PS (35,8 kW) maximal
Getriebe: Dreiganggetriebe
Gewicht: 2892 kg
Produktionsbeginn: 1930

Oben: *Der 6A mit dem Waukesha-Sechszylindermotor und modernerer Gestaltung war der mutige Versuch zur Rettung der Firma Rumely.*

Der 6A vollzog einen radikalen Bruch mit dem traditionellen Rumely-Design. Wäre er einige Jahre früher auf den Markt gekommen, hätte das die Überlebenschancen des Unternehmens vielleicht verbessert. Der träge horizontale Zweizylindermotor, Antrieb tausender OilPull-Traktoren, wurde im 6A durch einen Sechszylinder von Waukesha ersetzt.

Neuer Motor, neuer Look

Die neue Maschine entwickelte ihre Nennleistung bei riskanten 1365 U/min. Der Motor des im Vorjahr eingeführten OilPull-Z-40-60-Traktors hatte es mit 470 U/min deutlich ruhiger angehen lassen.

Das neue Modell war leichter als seine Vorgänger (2892 kg), wie zum Beispiel der in der Motorleistung vergleichbare, 4281 kg schwere X 25-40. Der 6A unterschied sich auch äußerlich von den früheren Traktoren, hauptsächlich weil man den altmodischen rechteckigen Turm des OilPull-Kühlsystems durch einen normalen Kühler und Lüfter ersetzt hatte.

Ein Jahr nach dem Beginn der 6A-Produktion wurde Advance Rumely 1931 von Allis-Chalmers übernommen. Das bedeutete jedoch nicht das Ende für den Traktor 6A. Er hatte sich in seinem ersten Produktionsjahr als Verkaufserfolg erwiesen, sodass Allis-Chalmers ihn noch drei Jahre lang weiter anbot.

GARRETT

1930 **Leiston, Suffolk, England**

GARRETT DIESEL

Unten: *Dieser Garrett-Traktor stellte einen Weltrekord im Dauerpflügen auf und half, den geringen Treibstoffverbrauch der Diesel zu beweisen.*

Die bei Oxford 1930 abgehaltenen World Tractor Trials boten Gelegenheit, die neuesten Dieseltraktoren mit ihren Benzin oder Kerosin schluckenden Rivalen zu vergleichen. Beim Treibstoffverbrauch waren die Diesel klare Sieger.

Technische Daten

Hersteller: Richard Garrett & Sons

Standort: Leiston, Suffolk, England

Modell: Diesel

Typ: Allzweck

Antrieb: Aveling-&-Porter-Vierzylinder-Dieselmotor

Leistung: 38 PS (28 kW)

Getriebe: Dreiganggetriebe

Gewicht: 3314 kg

Produktionsbeginn: 1930

Es gab fünf Teilnehmer mit Dieselantrieb, darunter zwei von der Agricultural and General Engineers Group, kurz AGE. Die AGE war ein Zusammenschluss britischer Hersteller landwirtschaftlicher Maschinen, die mit vereinten Kräften gegen die Marketing-Übermacht der großen nordamerikanischen Unternehmen wie International Harvester und Massey-Harris ankämpfen wollten. Das Ganze endete jedoch in einem finanziellen Desaster, das einige der Mitgliedsfirmen schwer in Mitleidenschaft zog.

Dieseltraktoren

Das vermutlich größte Verdienst von AGE war es, die Entwicklung von zwei der modernsten Dieseltraktoren jener Tage zu fördern. Sie wurden von Garrett gebaut, einem in Leiston ansässigen, etablierten Dampfmaschinenhersteller. Er setzte Vierzylindermotoren ein, die von Blackstone und Aveling and Porter (A & P) stammten. Der A-&-P-Motor wurde schon von einem Elektromotor gestartet, als die meisten Dieseltraktoren dafür noch Druckluft oder einen kleinen Benzinmotor brauchten. Mit 38 PS (28 kW) Nennleistung war er auch der stärkste Diesel bei den Trials.

Ein Garrett-Traktor mit A-&-P-Dieselmotor gewann bei der Royal Show 1931 eine Silbermedaille. Aber die Verkaufszahlen waren enttäuschend, und die Produktion endete 1933.

MASSEY-HARRIS

1930 **Racine, Wisconsin, USA**

MASSEY-HARRIS GENERAL PURPOSE

Der General Purpose war von großer Bedeutung, weil er der erste von Massey-Harris selbst entworfene und gebaute Traktor war. Auch war er einer der ersten Versuche eines Großherstellers, den Vierradantrieb einzuführen.

Technische Daten

Hersteller: Massey-Harris	
Standort: Racine, Wisconsin, USA	
Modell: General Purpose	
Typ: Reihenkultur-Traktor mit Vierradantrieb	
Antrieb: Hercules-Vierzylindermotor	
Leistung: 24,8 PS (18,4 kW)	
Getriebe: Dreiganggetriebe	
Gewicht: 1789 kg	
Produktionsbeginn: 1930	

Oben: *Der General-Purpose von Massey-Harris war seiner Zeit weit voraus. Sein Vierradantrieb lieferte eine deutlich verbesserte Zugkraft.*

Der Zweiradantrieb, in den 1930er-Jahren Standardtechnik, war vor allem unter schwierigen Einsatzbedingungen die am wenigsten effiziente Methode, um die Motorleistung in Kraft an der Zugstange umzusetzen. Hinsichtlich der Zugkraft lag der Vierradantrieb zwischen Zweiradantrieb und Raupenketten. Zwar sorgten Ketten für beste Traktion, die in den 1930ern erhältlichen Stahlversionen besaßen jedoch auch etliche Nachteile.

Vierradantrieb

Massey-Harris brachte den General Purpose 1930 auf den Markt. Als Motor wählte man einen Hercules-Vierzylindermotor mit nahezu 25 PS (18,4 kW) Höchstleistung. Optional gab es einen elektrischen Anlasser. Der Antrieb wirkte auf alle vier, vorn und hinten gleich großen Räder. Massey-Harris konzipierte den neuen Traktor für den Reihenanbau. Er besaß 72 cm Bodenfreiheit unter den Achsen und mit 116 bis 186 cm eine sehr variable Spurbreite.

Die Verkaufszahlen blieben jedoch enttäuschend, weil nur wenigen Farmern die Vorzüge des Vierradantriebs klar waren. 1936 kam eine neue Version namens Four-Wheel Drive auf den Markt. Sie hatte einen neuen Verdampfer für Kerosinbetrieb und war optional mit Gummireifen erhältlich. Der Verkauf lief aber weiter schlecht, sodass die Produktion 1936 endete.

INTERNATIONAL HARVESTER
1932 Chicago, Illinois, USA

I. H. FARMALL F-20

Schon der originale Farmall Regular war für International Harvester ein außerordentlicher Erfolg, wurde aber vom Nachfolgemodell F-20 sogar noch übertroffen. In den sieben Produktionsjahren ab 1932 wurden fast 150000 Stück verkauft. Einmal mehr bestätigten sie die Qualitäten von Bert Benjamins ursprünglicher Konstruktion.

Unten: *Der Erfolg des I. H.-Farmall-Designs setzte sich in den 1930ern mit verbesserten Modellen wie dem Verkaufsschlager F-20 fort.*

Technische Daten

Hersteller: International Harvester
Standort: Chicago, Illinois, USA
Modell: Farmall F-20
Typ: Reihenkultur-Traktor
Antrieb: I. H.-Vierzylindermotor
Leistung: 23 PS (17 kW)
Getriebe: Vierganggetriebe
Gewicht: 2063 kg
Produktionsbeginn: 1932

Der F-20 war als Nachfolger des original Farmall konzipiert und verfügte über einen nahezu identischen Vierzylindermotor mit 9,5 cm Zylinderbohrung, 12,7 cm Hub und 1200 U/min Nenndrehzahl. Es gab jedoch auch bedeutende Konstruktionsänderungen. Dazu gehörte eine Leistungssteigerung von über 10 Prozent auf 23 PS (17 kW), wenn der F-20 mit Kerosin oder Petroleum lief.

Neues Modell

Zehn Jahre nach Markteinführung des original Farmall-Traktors verfügte das neue Modell über ein Vierganggetriebe anstelle der bisherigen drei Gänge, hatte mit 2063 kg allerdings gegenüber seinem Vorläufermodell (1859 kg) an Gewicht zugelegt.

Auch die Zubehörliste des F-20 war mittlerweile deutlich angewachsen. Ab 1934 gehörten Gummireifen dazu. Kunden, die sich dafür entschieden, konnten alternative Übersetzungen für größere Höchstgeschwindigkeiten bestellen. Es gab auch Versionen mit extrabreiter Vorderachse und als aufpreispflichtige Option eine motorgetriebene rückwärtige Hubvorrichtung für Zusatzgeräte.

FERGUSON

🛠 **1933 Belfast, Nordirland**

FERGUSON BLACK TRACTOR

Harry Ferguson verbrachte seine Kindheit auf der Familienfarm im heutigen Nordirland. Das gemächliche Arbeiten mit Pferden lag ihm jedoch nicht, sodass er sein Zuhause verließ, um sich in Belfast eine Existenz aufzubauen.

Technische Daten

Hersteller: Harry Ferguson	
Standort: Belfast, Nordirland	
Modell: Black Tractor	
Typ: Allzweck	
Antrieb: Hercules-Vierzylinder-Benzinmotor	
Leistung: 18 PS (13,3 kW)	
Getriebe: Dreiganggetriebe	
Gewicht: nicht bekannt	
Produktionsbeginn: 1933	

Oben: *Diesen Black Tractor bauten Harry Ferguson und sein Team, um die Vorteile des Ferguson-Systems zu demonstrieren. Er steht heute im Science Museum, London.*

Dort gründete er ein erfolgreiches Geschäft für Reparatur und Verkauf von Autos. Auch an der Konstruktion von Traktoren war er interessiert und gliederte seinem Autogeschäft einen Traktorhandel an. Ferguson nahm meist persönlich an Vorführungen für potenzielle Traktorenkäufer teil. Dabei wurde ihm klar, dass die Zugstange eines Traktors eine eher ineffiziente Methode ist, Zusatzgeräte durch den Ackerboden zu ziehen.

Das Ferguson-System

Die nächsten 15 Jahre verbrachte Ferguson mit der Entwicklung einer neuen hydraulischen Geräteaufhängung mit drei Kopplungspunkten. Das Ergebnis seiner Arbeit war das Ferguson-System. Es ist auch heute noch bei nahezu allen modernen Radtraktoren Grundlage für die Ankopplung und Kontrolle von Zusatzgeräten. In den frühen 1930ern war das Ferguson-System noch eine Neuheit. Um seine Vorzüge zu demonstrieren, baute er 1933 einen speziellen Traktor. Es war der weltweit erste Ferguson-System-Traktor und hieß wegen seiner schwarzen Lackierung „Black Tractor".

Neue Partnerschaft

Ferguson verwendete einen Hercules-Motor und kaufte weitere Ausrüstung von der David Brown Company in Lancashire, die sich für den neuen Traktor interessierte. So etablierte sich schnell eine Partnerschaft, in deren Rahmen die Firma David Brown die Traktoren baute und Ferguson sie verkaufte.

BRISTOL

1933 **Bradford, Yorkshire, England**

BRISTOL 10HP

Die Bristol Tractor Co. wurde 1933 mit dem Ziel gegründet, einen kleinen Raupenschlepper zu konstruieren. Den Namen Bristol wählte man für das Modell, weil die Firma ursprünglich dort ihre Traktoren fertigen wollte.

Rechts: *Für den kompakten Bristol-Raupenschlepper waren verschiedene 10 PS (7,4 kW) starke Motoren erhältlich, darunter auch ein kleiner Diesel. Gesteuert wurde der Traktor über einen einzigen Hebel.*

Technische Daten

Hersteller: Bristol Tractor Co.
Standort: Bradford, Yorkshire, England
Modell: 10HP
Typ: Raupenschlepper
Antrieb: verschiedene, darunter ein 10 PS (7,4 kW) starker Coventry-Victor-Dieselmotor
Leistung: 10 PS (7,4 kW)
Getriebe: Dreiganggetriebe
Gewicht: 1153 kg
Produktionsbeginn: 1933

Eigentlich wären London oder Bradford passendere Namen gewesen, denn eine Planungsänderung in letzter Minute führte dazu, dass die ersten Traktoren 1933 in London entstanden und die Produktion zwei Jahre später nach Bradford, Yorkshire, verlegt wurde.

Der Traktor wurde als 10 PS (7,4 kW) starke Maschine angeboten, doch in den 1930ern kamen vier verschiedene Motoren zum Einsatz. Die Produktion begann mit einem luftgekühlten Anzani, dem ein Jahr später ein vom Autohersteller Jowett stammender Zweizylindermotor folgte. Zu den ab 1935 verfügbaren Optionen gehörten ein Jowett-Vierzylinder-Automotor und ein Coventry-Victor-Diesel.

Raupenketten

Bristol verbaute Raupenketten mit Gummigelenken, die über die vorderen Zahnräder auf jeder Seite angetrieben wurden. Die Steuerung erfolgte über Differenzialbremsen mit einem Hebel, wo auch der Gasdrehgriff angebracht war. Der Traktor verfügte über eine Hubvorrichtung für Zusatzgeräte an der Rückseite, die über ein Ratschensystem funktionierte.

Bei Kriegsende 1945 wurde Bristol von einem der größten Austin-Autohändler aufgekauft. Er brachte neuen Schwung in das Unternehmen, tätigte dringend notwendige Investitionen und ersetzte den Jowett-Motor durch einen leistungsfähigeren Austin-Motor.

FATE-ROOT-HEATH
1933 Plymouth, Ohio, USA

SILVER KING

Die Firma Fate-Root-Heath aus Plymouth, Ohio, wählte für ihren ersten Marktauftritt 1933 ein leichtgewichtiges Modell. Es trug den Namen Silver King und wurde vom populären Hercules-IXA-Vierzylindermotor mit einer Nennleistung von 20 PS (14,8 kW) angetrieben.

Links: *Der Silver King bot vielen kleinflächigen Farmbetrieben die Möglichkeit, von Pferden oder Maultieren auf Traktorenkraft umzustellen.*

Technische Daten

Hersteller: Fate-Root-Heath Co.	
Standort: Plymouth, Ohio, USA	
Modell: Silver King	
Typ: Allzweck	
Antrieb: Hercules-Vierzylinder-Benzinmotor	
Leistung: 20 PS (14,8 kW)	
Getriebe: Viergangetriebe	
Gewicht: nicht bekannt	
Produktionsbeginn: 1933	

Viele Unternehmen, die sich erstmals auf den Traktormarkt wagten, taten dies ohne ausreichende Kenntnis der Bedürfnisse von Käufern und hatten entsprechend ernste Probleme. Der Traktor Silver King wurde jedoch auf Anhieb ein Erfolg. Anfang der 1930er-Jahre stieg die Nachfrage nach kleinen, preiswerten Modellen. Tausende von Farmern kauften damals ihren ersten Traktor, um Zugtiere zu ersetzen. Häufig war es ein Silver King. Denn noch immer gab es wenige Leichttraktoren.

Dreiradversion

Die Silver-King-Produktion begann mit einem vierrädrigen Standardmodell, das als eines der ersten auf den kurz zuvor entwickelten Gummireifen lief.

Das Modell von 1936 erhielt eine etwas stärkere Maschine, und gleichzeitig wurde eine dreirädrige Version entwickelt. Bei Tests in Nebraska entwickelte sie eine Maximalleistung von 19,74 PS (14,7 kW) und im vierten Gang eine Höchstgeschwindigkeit von 40 km/h.

Die Verkaufszahlen der Firma sanken jedoch bei zunehmendem Wettbewerb, als weitere Hersteller von Leichttraktoren in den Markt drängten. Die 1940 von Silver King vorgestellten neuen Modelle konnten die früheren Erfolge nicht mehr wiederholen, sodass die Produktion in den 1950ern eingestellt wurde.

ALLIS-CHALMERS

1933 **Milwaukee, Wisconsin, USA**

ALLIS-CHALMERS WC

Das Modell WC führte Allis-Chalmers ein, um sich einen Anteil am wichtigen Reihenanbau-Traktormarkt in den USA und Kanada zu sichern. Der 1933 vorgestellte Traktor war ein großer Erfolg und wurde bis Produktionsende im Jahr 1948 über 170000-mal verkauft.

Oben: *In der Vorderansicht gut erkennbar sind das versetzte Lenkrad, das Doppelvorderrad und die große Bodenfreiheit unter der Hinterachse.*

Rechts: *Im Profil hat der WC einige Ähnlichkeit mit dem Allis-Chalmers Model-B-Reihenkultur-Traktor.*

Technische Daten

Hersteller: Allis-Chalmers Manufacturing

Standort: Milwaukee, Wisconsin, USA

Modell: WC

Typ: Reihenkultur-Traktor

Antrieb: Allis-Chalmers Vierzylindermotor

Leistung: 21 PS (15,5 kW)

Getriebe: Vierganggetriebe

Gewicht: 1448 kg

Produktionsbeginn: 1933

Allis-Chalmers bot auch eine WF-Version mit normalbreiter Vorderachse und einer Standard-Radanordnung an, doch das Reihenkultur-Modell WC wurde 20-mal häufiger verkauft, was die Bedeutung des Reihenanbaus in Nordamerika unterstreicht.

Zweischarpflug-Traktor

Das Modell WC wurde als Zweischarpflug-Traktor bezeichnet, weil er zwei Furchen gleichzeitig ziehen konnte. Als Antrieb diente ein Allis-Chalmers-Vierzylindermotor. Ungewöhnlich am Motor war, dass Bohrung und Hub mit je 10,1 cm identisch waren. Derartige Motoren werden manchmal irreführend als „square" (quadratisch) bezeichnet.

Die Nennleistung lag knapp unter 21 PS (15,5 kW). Bei ausführlichen Tests in Nebraska erreichte der Allis-Chalmers WC unter Maximallast 21,48 PS (16,2 kW).

In seiner ersten Version war die Frontseite des Traktors noch flach. Als die Designer von Allis-Chalmers 1938 eine modernere und stromlinienförmige Gestaltung einführten, bekam der Traktor einen abgerundeten Kühlergrill. Das Foto oben zeigt bereits das neue Design.

INTERNATIONAL HARVESTER

1934 Chicago, Illinois, USA

I.H. MCCORMICK W-30

In der zweigleisigen Modellpolitik von International Harvester war der McCormick W-30 das Standardspur-Äquivalent zum Farmall-F-30-Reihenkultur-Traktor. Die Pflege der Baureihen McCormick und Farmall mit jeweils eigenen Modellen erwies sich in den 1930ern als erfolgreiche Strategie. Beide Reihen erzielten gute Verkaufszahlen und halfen, dass I.H. sich in den USA und weltweit ganz oben in den Verkaufsstatistiken halten konnte.

Links: *Der W-30 gehörte zur McCormick-Deering-Reihe von International Harvester. Als Antrieb besaß er den gleichen Motor wie das Farmall Model F-30.*

Technische Daten

Hersteller: International Harvester	
Standort: Chicago, Illinois, USA	
Modell: W-30	
Typ: Allzweck	
Antrieb: I. H.-Vierzylinder-Benzin-/Kerosinmotor	
Leistung: 33,26 PS (24,6 kW)	
Getriebe: Dreiganggetriebe	
Gewicht: 2531 kg	
Produktionsbeginn: 1934	

Der W-30 wurde 1932 vorgestellt, aber der Produktionsbeginn verzögerte sich bis 1934. Im Spitzenjahr 1937 wurden 8000 Stück produziert. Im W-30 und F-30 arbeitete ein Vierzylindermotor mit 10,8 cm Bohrung und 12,7 cm Hub. Die bei Tests in Nebraska ermittelte Spitzenleistung des W-30 betrug 33,26 PS (24,6 kW).

Kraftübertragung

Ein wesentlicher Unterschied war die Kraftübertragung. W-30-Kunden mussten noch mit einem Dreiganggetriebe vorlieb nehmen, während Farmall-Käufer sich an vier Gängen erfreuen durften. Tatsächlich gab es plausible Gründe für diesen Unterschied, denn bei Reihenkulturen kommt der präzisen Kontrolle über die Arbeitsgeschwindigkeiten meist mehr Bedeutung zu als allgemein im Ackerbau.

I.H. bot den W-30 als Standardversion und für Obstplantagen an. Gummireifen, elektrische Scheinwerfer und Zapfwelle standen auf der Zubehörliste. Kunden, die eine Zapfwelle bestellten, mussten dafür einen Aufpreis bezahlen.

CATERPILLAR

1934 **Peoria, Illinois, USA**

CATERPILLAR DIESEL FORTY

Dieselmotoren waren für Caterpillar ein riesiger Erfolg. Mitte der 1930er-Jahre bot man neben Modellen mit Zündkerzen eine breite Palette dieselgetriebener Raupenschlepper an. Die Produktion des Diesel Forty lief nur von 1934 bis 1936, was ihn zu einem von Sammlern besonders begehrten Modell macht.

Oben: *Dieselmotoren waren besonders bei Raupenschleppern erfolgreich. Caterpillar verfügte Mitte der 1930er über die breiteste Modellpalette.*

Rechts: *Der Treibstoffverbrauch des Caterpillar Diesel Forty bewies das große Einsparpotenzial gegenüber den Benzin-Standardversionen.*

Technische Daten

Hersteller: Caterpillar Tractor Co.
Standort: Peoria, Illinois, USA
Modell: Diesel Forty
Typ: Raupenschlepper
Antrieb: Vierzylinder-Dieselmotor
Leistung: 56 PS (41,44 kW)
Getriebe: Vierganggetriebe
Gewicht: 7100 kg
Produktionsbeginn: 1934

Die Leistungsdaten der verschiedenen im Diesel Forty verbauten Motortypen sind ein guter Beleg für die Einsparungsmöglichkeiten, die ein Diesel bietet. Der zur gleichen Zeit verfügbare Benzinmotor leistete beim einstündigen Test unter Maximallast in Nebraska 48,57 PS (36,2 kW) bei 1000 U/min und verbrannte dabei gut 22,6 Liter Benzin. Die Höchstleistung des Diesel Forty unter gleichen Bedingungen betrug 56,05 PS (41,8 kW) bei einem Verbrauch von nur 14,4 Litern. Die Daten der in Nebraska getesteten Dieselmodelle scheinen das Interesse an Dieselmotoren für Radtraktoren aber kaum stimuliert zu haben.

Gewicht

Die Tests der Diesel-Forty-Serie in Nebraska zeigten deutlich eine weitere Eigenheit des Dieselantriebs: Mit 6180 kg Gewicht war die Benzinversion bereits nicht gerade ein Leichtgewicht, aber die Dieselversion brachte gewaltige 7100 kg auf die Waage. Hauptsächlich verantwortlich dafür waren der schwerere Dieselmotor und der zusätzlich eingebaute Benzin-Startermotor.

Forty und Diesel Forty verfügten beide über ein Vierganggetriebe. Beide besaßen einen Vierzylindermotor, in der Dieselversion mit 14,6 cm Bohrung und 20,3 cm Hub.

SUPERLANDINI

1934 **Fabbrico, Italien**

SUPERLANDINI

Glühkopfmotoren für Traktoren besitzen in der Regel einen liegenden Zylinder mit niedriger Kompression. Sie arbeiten im Zweitaktzyklus. Um sie zu starten, wird normalerweise der Zylinderkopf mit einer Lötlampe erhitzt, bis er heiß genug zur Zündung des Treibstoffs ist. Anschließend wird der Motor durch Drehen des Schwungrades angekurbelt.

Oben: *Eingegossen in die Stirnplatte des Kühlwasserbehälters, schmückt der Modellname SuperLandini Italiens stärksten Glühkopfschlepper.*

Oben links: *Der einzelne Zylinder mit 12,2 Liter Hubraum machte den Halbdiesel-Motor des SuperLandini zu einem der größten seiner Art.*

Technische Daten

Hersteller: Giovanni Landini & Figli	
Standort: Fabbrico, Italien	
Modell: SuperLandini	
Typ: Allzweck	
Antrieb: Glühkopfmotor	
Leistung: 48 PS (35,52 kW)	
Getriebe: Dreiganggetriebe	
Gewicht: 3650 kg	
Produktionsbeginn: 1934	

Der komplizierte Startvorgang, starke Laufvibrationen und geringe Leistungsausbeute sind Nachteile von Glühkopfmotoren. Andererseits besitzen sie wichtige Vorteile, die sie in einigen Ländern lange Zeit sehr beliebt machten. Sie verbrennen nahezu alle flüssigen Treibstoffe einschließlich benutztem Speise- und Abfallöl. Wegen der geringen Zahl beweglicher Teile sind sie sehr zuverlässig, und kein elektrisches System verursacht Probleme.

Leistung

Landini war Italiens führender Hersteller von Glühkopftraktoren. Das beeindruckendste Modell war der SuperLandini, dessen Produktion 1934 begann. Es war mit 48 PS (35,52 kW) Höchstleistung einer der stärksten europäischen Traktoren. 3400 Stück wurden verkauft, ehe der letzte SuperLandini 1951 das Werk verließ.

Wegen des geringen Wirkungsgrades von Glühkopf- oder Halbdieselmotoren hatte der SuperLandini einen einzelnen Zylinder mit gewaltigen 12,2 Litern Hubraum, um bei 620 U/min 48 PS (35,52 kW) zu erreichen.

Im Vergleich dazu schöpft der neueste, in Kanada gebaute Landini-Starland-Traktor mit Sechszylinder-Dieselmotor 270 PS (201 kW) aus nur 7,5 Litern Hubraum.

INTERNATIONAL HARVESTER
1934 Chicago, Illinois, USA

I. H. MCCORMICK W-12

Ende der 1930er-Jahre wuchs die Nachfrage nach kleinen Traktoren rapide, und der Wettbewerb nahm zu. In der Verkaufsschlacht war das Kompaktmodell W-12 aus der McCormick-Baureihe von International Harvester Verlierer.

Rechts: *Dies war die Standardversion des I. H.-Leichttraktors W-12. Er war außerdem in Versionen für den Obstanbau sowie für Golfplätze und Freiflächen erhältlich.*

Technische Daten

Hersteller: International Harvester	
Standort: Chicago, Illinois, USA	
Modell: W-12	
Typ: Allzweck	
Antrieb: I. H.-Vierzylindermotor	
Leistung: 17,65 PS (13 kW)	
Getriebe: Dreiganggetriebe	
Gewicht: 1525 kg	
Produktionsbeginn: 1934	

Die ersten W-12 kamen 1934 auf den Markt. Nach vier Jahren und nur 3617 hergestellten Standardmodellen endete die Produktion. Von der Obstbauversion O-12 konnten zwischen 1935 und 1938 etwa 2400 Stück abgesetzt werden. Das für Golfplätze und andere gestaltete Freiflächen angebotene Modell Fairway-12 wurde 600-mal verkauft.

Nach den Maßstäben von International Harvester war der Erfolg des W-12 als nur dürftig anzusehen, vor allem angesichts von 120 000 abgesetzten I. H.-Farmall-F-12-Modellen, die mit dem gleichen Motor liefen.

Die als Benzin- und Kerosinversion erhältliche Vierzylindermaschine hatte eine Bohrung von 7,6 cm und einen Hub von 10,1 cm. Bei Tests in Nebraska entwickelte die Benzinversion 17,65 PS (13 kW) und die Kerosinversion 15,28 PS (11,4 kW).

Geschwindigkeit

Der mit Dreiganggetriebe ausgerüstete W-12 war ein weiteres Beispiel dafür, dass die Hersteller Traktoren mit Gummireifen eine höhere Geschwindigkeit zubilligten. Das sowohl mit Stahlrädern als auch mit Gummibereifung lieferbare Standardmodell schaffte geruhsame 6,8 km/h. Die Höchstgeschwindigkeit des nicht mit Stahlrädern erhältlichen Obstbaumodells betrug dagegen 12 km/h.

JOHN DEERE

1934 **Waterloo, Iowa, USA**

JOHN DEERE MODEL A

Der John Deere Model A war ein kompakter, für Reihenanbau entwickelter Traktor, der sich schnell zu einem der beliebtesten Zweizylindermodelle von John Deere entwickelte. Je nach Anbauform gab es den Traktor in verschiedenen Versionen.

Die Produktion begann 1934. Das Design des Model A umfasste einige Merkmale, die ihn gegenüber seinen Rivalen hervorhoben. Als erster Serientraktor knapp vor dem Ferguson Model A verfügte Model A über eine hydraulische Hubvorrichtung zum Anheben und Absenken von Zusatzgeräten. Allerdings fehlte ihm die unverzichtbare Dreipunktkopplung mit Zugkraftregelung, die Harry Fergusons Hydrauliksystem zu bieten hatte.

Spureinstellung

Ein weiteres Merkmal des Model A war die verzahnte Hinterachse. Sie erleichterte die Änderung der Spurweite, eine wichtige Verbesserung für Farmer, die Feldfrüchte mit unterschiedlichen Reihenabständen anbauten. Das Getriebegehäuse war umgestaltet worden, um zusätzliche Bodenfreiheit für die Arbeit mit Zwischenachsgeräten zu schaffen. Zur Ausstattung gehörte ein Vierganggetriebe anstelle der

Ganz oben: *Der kleine Treibstofftank hinten am Haupttank enthielt Benzin. Da Kerosin in einem kalten Motor nicht zündet, musste der Traktor mit Benzin gestartet werden.*

Oben: *Model-A-Traktoren wie dieses AR-Modell („R" für „regular") waren als erste John-Deere-Traktoren optional mit Gummireifen erhältlich.*

drei Gänge, die John Deeres frühere Modelle General Purpose oder GP besaßen. Der A war auch als erster John-Deere-Traktor wahlweise mit Stahlrädern oder Gummireifen erhältlich.

Die ersten Serienmodelle des Model A besaßen zwei Zwillingsvorderräder, die AN-Version mit einem einzigen Vorderrad und der AW mit breiter Vorderachse und einstellbarem Radabstand wurden ab dem zweiten Produktionsjahr angeboten.

Es folgten Spezialmodelle wie der ANH und AWH mit besonders großer Bodenfreiheit, die zum Anheben der Achsenhöhe auf Rädern mit größerem Durchmesser fuhren.

Die AR-Version des Model A („R" für „regular") mit normalem Vierradaufbau wurde 1935 eingeführt. Dieses Modell gab es auch in einer Industrieversion (AI) und einer Obstbauversion (AO).

Leistungsabgabe

Als der Model A 1934 erstmals im Nebraska-Testzentrum antrat, entwickelte er beim einstündigen Test an der Riemenscheibe 24,71 PS (18,4 kW) und 16,31 PS (12,2 kW) im zehnstündigen Nennlasttest an der Zugstange. Damals besaß die Zweizylindermaschine der A-Serie 13,9 cm Bohrung und 16,5 cm Hub.

Die erste stilistische Überarbeitung erlebte der Model A 1938. Später folgte eine sechsstufige Kraftübertragung, die über ein Dreiganggetriebe mit niedrigem und hohem Übersetzungsverhältnis realisiert wurde. Der letzte Model-A-Traktor rollte 1952 vom Band.

Technische Daten

Hersteller: Deere & Co.
Standort: Waterloo, Iowa, USA
Modell: A
Typ: Reihenkultur-Traktor
Antrieb: liegender John-Deere-Zweizylindermotor
Leistung: 25 PS (18,5 kW)
Getriebe: Vierganggetriebe
Gewicht: 1843 kg
Produktionsbeginn: 1934

Links: *Die kantige Form des Original-Model-A wurde später von moderneren, runderen Linien abgelöst.*

ALLIS-CHALMERS

1935 Milwaukee, Wisconsin, USA

ALLIS-CHALMERS M

Den amerikanischen Markt für Raupenschlepper mittlerer und großer Kapazität dominierten in den 1920ern und 1930ern Caterpillar und Cletrac. Es waren jedoch auch einige kleinere Hersteller mit geringeren Stückzahlen erfolgreich, darunter die Monarch Tractor Co. in Watertown, Wisconsin.

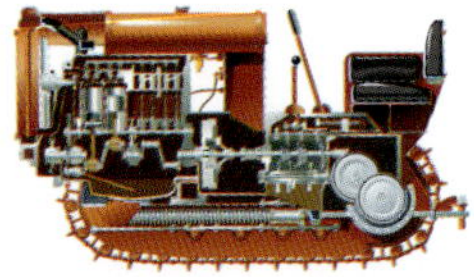

Oben: *Der in der Schnittzeichnung dargestellte Motor des Model-M-Raupenschleppers war identisch mit dem Vierzylindermotor im Model-U-Traktor.*

Oben links: *Die Übernahme der Monarch Tractor Co. 1928 gab Allis-Chalmers Gelegenheit, in den lukrativen Raupenschlepper-Markt zu expandieren.*

Technische Daten

Hersteller:	Allis-Chalmers
Standort:	Milwaukee, Wisconsin, USA
Modell:	M
Typ:	Raupenschlepper
Antrieb:	A-C-Vierzylindermotor
Leistung:	31,8 PS (23,5 kW)
Getriebe:	Vierganggetriebe
Gewicht:	3108 kg
Produktionsbeginn:	1935

Trotz einigem Erfolg und gutem Ruf im Raupenschleppermarkt geriet das Unternehmen Ende der 1920er-Jahre in finanzielle Nöte. Grund dafür waren zum Teil die allgemein schwierige Wirtschaftslage und sinkende Verkaufszahlen bei Traktoren. 1928 wurde die Firma Monarch von Allis-Chalmers übernommen. Unter dem neuen Eigentümer verlor die Monarch-Baureihe schnell ihre Eigenständigkeit, und bald wurde der Name Monarch am Kühlergrill durch Allis-Chalmers ersetzt.

Einige der in den 1930ern eingeführten Raupenschlepper trugen nicht nur den Namen Allis-Chalmers, sondern wurden auch von Motoren dieses Herstellers angetrieben. Das 1935 vorgestellte Modell war mit dem gleichen Vierzylindermotor ausgestattet wie der Allis-Chalmers-Model-U-Traktor. Die Nennleistung betrug 31,8 PS (23,5 kW). Das Vierganggetriebe des Model M erlaubte eine Höchstgeschwindigkeit von 6,7 km/h.

Gewicht

Das auf Stahlrädern fahrende Model U brachte 2281 kg auf die Waage. Im Vergleich dazu wog der Model M immerhin 3108 kg. Primär verantwortlich für das Mehrgewicht war das Fahrwerk des Raupenschleppers.

JOHN DEERE

1936 **Waterloo, Iowa, USA**

JOHN DEERE MODEL AO STREAMLINED

Die Obstbautraktoren von John Deere besaßen eine weichere Linienführung, damit sie bei der Arbeit nahe der Bäume keine Äste abbrachen. Am schnittigsten geriet dabei die „Streamlined"-Version des Model AO (O für Obstbau).

Rechts: *Die Streamlined-Version des Model-A-Obstbautraktors ist einer der schönsten Traktoren der 1930er-Jahre und bis heute unter John-Deere-Liebhabern sehr begehrt.*

Technische Daten

Hersteller: Deere & Co.
Standort: Waterloo, Iowa, USA
Modell: AO Streamlined
Typ: Obstbautraktor
Antrieb: liegender John-Deere-Zweizylindermotor
Leistung: 25 PS (18,5 kW)
Getriebe: Vierganggetriebe
Gewicht: nicht bekannt
Produktionsbeginn: 1936

Die Produktion des AO Streamlined begann 1936 und lief nur vier Jahre. Wegen der geringen Stückzahl und des gelungenen, markanten Stylings ist das Modell unter John-Deere-Liebhabern sehr begehrt.

Stromlinienförmig

Eine denkwürdige Werbung hob damals die Stromlinienform des Traktors hervor, indem sie den AO als eine Art Rennwagen darstellte. Erreicht wurde das windschnittige Aussehen durch eine maximale Gesamthöhe von 1,35 m und indem man auf die normalerweise über dem Motorraum aufragenden Teile wie einen senkrecht stehenden Auspuff oder Luftansaugstutzen verzichtete. Die Gesamtbreite betrug weniger als 1,42 m, sodass der AO Streamlined schmal genug für Arbeiten im Weinberg war.

Die mechanischen Daten waren mit denen früherer Versionen des normalen Model A vergleichbar. Der 1941 für das Standardmodell entwickelte stärkere Motor kam beim Streamlined nicht mehr zum Einsatz, da die Produktion bereits vorher eingestellt wurde. Auch das 1940 in der Baureihe A eingeführte Sechsganggetriebe kam für den Streamlined zu spät. Immerhin konnten die Käufer zwischen Stahlrädern und Gummibereifung wählen.

FERGUSON

1936 **Huddersfield, Yorkshire, England**

FERGUSON MODEL A

Dieser Traktor entstand aus einem Vertrag zwischen Harry Ferguson und David Brown. Sein korrekter Name war Ferguson Model A, er wird aber häufig auch als Ferguson-Brown bezeichnet.

Die Vertragsbedingungen garantierten für Harry Ferguson strikte Kontrolle über die Konstruktion des neuen Traktors und das Marketingprogramm, wohingegen David Browns Firma für die Fertigung zuständig war. Ferguson leitete die Konstruktion vom Design des Black Tractor ab. Die Lackierung änderte sich in Kriegsschiffgrau und schmückte auch in Zukunft alle Serientraktoren, über die Ferguson die Entscheidungsgewalt besaß.

Konstruktion

Fergusons Konstruktion schloss natürlich das Dreipunkt-Kopplungssystem für Zusatzgeräte mit ein. Der Name Ferguson erschien in unverwechselbarer Schrift auf der Gussplatte über dem Kühlergrill, während sich der Firmenname David Brown mit einer kleinen Plakette unten am Kühlergrill bescheiden musste. Die Produktion begann 1936. Anstelle des bislang verbauten Hercules-Triebwerks kam ein

Oben: *Der Ferguson Model A lehnte sich stark an die Konstruktion des Black Tractor an. Als erster Serientraktor war er mit dem hydraulischen Ferguson-Dreipunkt-Kopplungssystem für Zusatzgeräte ausgestattet.*

Coventry-Climax-E-Motor zum Einsatz, der bis zu 20 PS (14,8 kW) leistete. Nachdem die ersten 500 Traktoren produziert waren, wurde der Coventry Climax durch eine von David Brown entwickelte und gebaute 2010-cm³-Maschine ersetzt.

Trotz geringer Größe und mäßiger Motorleistung bewährte sich der neue Traktor gut. Dazu trug auch das Dreipunkt-Kopplungssystem bei, das mehr Gewicht vom angehängten Gerät auf die Hinterräder verlagerte und so für bessere Traktion sorgte.

Absatzprobleme

Leider spiegelten die Absatzzahlen nicht die Leistungsfähigkeit des Model A wider, sodass im Werk die Halde unverkaufter Traktoren ständig anwuchs. Ein Problem war der Preis. 1936 kostete der Ferguson £ 224, während der größere und stärkere Model N Fordson schon für £ 140 zu haben war. Farmer mit einem Ferguson-Traktor mussten spezielle, zur Dreipunkt-Kopplung passende Zusatzgeräte anschaffen, von denen jedes £ 28 kostete, während der Fordson mit bereits auf vielen Farmen vorhandenen Standardgeräten auskam.

Das geringe Gewicht des neuen Traktors war ebenfalls ein Problem, denn manche Farmer waren skeptisch, ob der Model A so robust wie ein konventioneller Traktor sei. Brown verlangte konstruktive Verbesserungen wie höhere Motorleistung und ein Vierganggetriebe, doch Harry Ferguson war damit nicht einverstanden. Der Konflikt wurde schließlich gelöst, indem sich Harry Ferguson aus dem Vertrag zurückzog und eine neue Partnerschaft mit Henry Ford einging. Brown blieb auf einer Menge unverkaufter Model-A-Traktoren sitzen.

Technische Daten

Hersteller: David Brown Tractors
Standort: Huddersfield, Yorkshire, England
Modell: Ferguson Type A
Typ: Allzweck
Antrieb: Coventry-Climax-Vierzylindermotor
Leistung: 20 PS (14,8 kW)
Getriebe: Dreiganggetriebe
Gewicht: 839 kg
Produktionsbeginn: 1936

Unten: *Zum Entstehungszeitpunkt des Buchs war der auf dieser und der vorherigen Seite abgebildete Model A Exponat des Massey Ferguson Heritage Centre im früheren Banner-Lane-Werk, Coventry, England.*

CASE

1936 **Racine, Wisconsin, USA**

CASE MODEL R

Die Case Company erkannte schnell den Wert guten Stylings, wofür der Model R ein hervorragendes Beispiel war. Er wirkte kompakt und ausgewogen, sein Kühlergrill war ein echter Blickfang mit hohem Wiedererkennungswert und soll einer Getreideähre nachempfunden gewesen sein.

Oben: *Das Muster am Kühlergrill des Model R soll von der Form einer Getreideähre inspiriert sein.*

Technische Daten

Hersteller: J. I. Case	
Standort: Racine, Wisconsin, USA	
Modell: R	
Typ: Allzweck	
Antrieb: seitengesteuerter Waukesha-Motor	
Leistung: 20 PS (14,8 kW)	
Getriebe: Dreiganggetriebe	
Gewicht: 1880 kg	
Produktionsbeginn: 1936	

Spätere Versionen des Model R gewannen zusätzlich durch ihre Lackfarbe Flambeau Red an Wirkung, die Case 1939 eingeführt hatte, damit ihre Traktoren noch auffälliger wurden. Case wollte 1936 mit dem Model R eine Angebotslücke im unteren Leistungssegment schließen. Weil kein selbst entwickelter Motor verfügbar war, entschied sich Case für einen Benzinmotor von Waukesha, der bei 1400 U/min 20 PS (14,8 kW) entwickelte. Die Motorkraft wurde von einem Dreiganggetriebe übertragen. Zur optionalen Ausstattung des Model R gehörte auch Gummibereifung.

Versionen

Es waren drei Versionen des Model R erhältlich. Das Standardspur-Modell, der RC mit dreieckiger Radanordnung und das Industriemodell RI. Die Traktoren kamen zu einem Zeitpunkt auf den Markt, als sich das Unternehmen Case von Problemen mit Finanzen und Management zu erholen begann. Die kleinen Traktoren der Serie R trugen ihren Teil zur Genesung bei.

Die Produktion des Model R lief bis 1940, dann musste es den Weg für die Traktoren der neuen Serie V frei machen.

Oben links: *Die Standardspur-Version des Case Model R im leuchtenden Flambeau Red, mit dem Case ab 1939 seine Traktoren noch auffälliger gestaltete.*

RANSOMES

🛠 **1936 Ipswich, Suffolk, England**

RANSOMES MG TRACKLAYERS

Ransomes war im 19. Jahrhundert einer der führenden Hersteller landwirtschaftlicher Dampfmaschinen. Seinen bemerkenswertesten Erfolg im Traktorgeschäft fuhr er jedoch in weit kleinerem Maßstab ein.

Rechts: *30 Jahre lang waren MG-Raupenschlepper in verschiedenen Versionen Sinnbild für kompakte Traktorenkraft.*

Oben: *Die Ransomes-Plakette vorn am Treibstofftank des MG „motor cultivator" oder Gärtnereitraktors.*

Technische Daten

Hersteller: Ransomes, Sims and Jefferies

Standort: Ipswich, Suffolk, England

Modell: MG

Typ: Raupenschlepper

Antrieb: Sturmey-Archer-Einzylindermotor

Leistung: 4,25 PS (3,3 kW)

Getriebe: ein Vorwärts- und ein Rückwärtsgang

Gewicht: nicht bekannt

Produktionsbeginn: 1936

Der Ransomes MG war ein primär für Gärtnereien entwickelter Mini-Raupenschlepper. Das erste Serienfabrikat MG2 kam 1936 auf den Markt und wurde von einem einzylindrigen 600-cm³-Sturmey-Archer-Motor angetrieben. Es hatte eine Fliehkraftkupplung, die über ein Untersetzungsgetriebe und je ein Antriebskegelrad für Vorwärts- und Rückwärtsfahrt die Motorkraft übertrug.

Raupenketten

Die Raupenketten waren eine Roadless-Entwicklung und hatten Gummigelenke. Der Abstand zwischen den Ketten war einstellbar. In der Zubehörliste standen unter anderem Halmteiler für den Reihenanbau. Sie bogen die Pflanzen von den Raupenketten weg. Ransomes produzierte auch eine breite Palette von Spezialgeräten, die auf die kompakte Bauweise und Motorleistung des MG abgestimmt waren.

Die Produktion des MG2 lief bis zur Einführung der Version MG5 im Jahr 1949. Das neue Modell trieb ein 600-cm³-Ransomes-Motor mit 4 PS (2,98 kW) und stehenden Ventilen an. Es folgte der Dieselschlepper MG40. Während der 30 Produktionsjahre wurden rund 15 000 MG-Traktoren gebaut. Die meisten kamen im kleinflächigen Ackerbau zum Einsatz, andere wurden für Aufgaben wie z. B. die Salzgewinnung in Ostafrika eingesetzt. Manche kamen nach Holland, wo sie in kleinen Booten über die Entwässerungskanäle transportiert wurden.

HSCS

🛠 **1936 Budapest, Ungarn**

HSCS R-30-35

Ungarns führender Traktorenhersteller in den 1920er- und 1930er-Jahren war die in Budapest ansässige Firma Hofherr-Schrantz Clayton-Shuttleworth, erfreulicherweise abgekürzt zu HSCS.

Technische Daten

Hersteller: Hofherr-Schrantz Clayton-Shuttleworth	
Standort: Budapest, Ungarn	
Modell: R-30-35	
Typ: Allzweck	
Antrieb: Glühkopfmotor	
Leistung: 35 PS (26 kW)	
Getriebe: Dreiganggetriebe	
Gewicht: nicht bekannt	
Produktionsbeginn: 1936	

Oben: *Wie viele deutsche und italienische Konkurrenten spezialisierte sich HSCS in Ungarn während der 1930er-Jahre auf die Produktion von Halbdieseltraktoren.*

Das 1912 gegründete Unternehmen stellte anfangs allgemeine landwirtschaftliche Maschinen her und dehnte seine Produktion später auf stationäre Maschinen aus. Den ersten Traktorprototyp baute HSCS 1923. Im nächsten Jahr folgte der erste einer langen Reihe von Traktoren mit Halbdieselmotor.

Halbdieselmotor

Als Antrieb des K-35-Traktors diente ein Einzylinder-Halbdiesel, der mit einer Lötlampe gestartet wurde. Das Modell wurde 1930 mit einem 35 PS (26 kW) starken Motor eingeführt und später durch die überarbeitete Version R-30-35 ersetzt, die HSCS 1936 als eines von mehreren neuen Modellen auf den Markt brachte. Der R-30-35 war als Rad- und als Raupenschlepper erhältlich. Sein 35-PS-Motor (26 kW) machte ihn zu einem beliebten Mittelklassemodell. HSCS verkaufte seine Traktoren nicht nur in Ungarn und weiteren europäischen Ländern, sondern auch auf anderen Exportmärkten einschließlich Australien.

R-30-35-Traktoren waren bis zur kriegsbedingten Unterbrechung der Produktion Anfang der 1940er-Jahre erhältlich. Unter der kommunistischen Regierung Ungarns wurde der Name der Firma in Roter-Stern-Traktor geändert, weil der alte Name kapitalistische Assoziationen weckte. In den 1950ern änderte sich der Markenname erneut, diesmal in Dutra, die Abkürzung von „Dumper“ und „Traktor“.

MINNEAPOLIS-MOLINE

1937 Minneapolis, Minnesota, USA

MINNEAPOLIS-MOLINE Z SERIE

Minneapolis-Moline schlossen sich der in den 1930ern herrschenden Vorliebe für leuchtende Farben an und lackierten ihren Traktor in einem „Prairie Gold" genannten Gelb. Räder und Kühlergrill waren in Hellrot gehalten.

Rechts: *Minneapolis-Molines „Prairie Gold" war die auffälligste der neuen Lackierungen, die Traktorenhersteller in den 1930ern für ihre Fahrzeuge verwendeten.*

Technische Daten

Hersteller: Minneapolis-Moline
Standort: Minneapolis, Minnesota, USA
Modell: Z Serie
Typ: Allzweck- und Reihenanbautraktor
Antrieb: MM-Vierzylindermotor
Leistung: 31 PS (22,9 kW)
Getriebe: Fünfganggetriebe
Gewicht: nicht bekannt
Produktionsbeginn: 1937

Die 1937 eingeführte Z-Traktorenreihe hob sich durch die neue Farbgebung und einen ungewöhnlichen Motor hervor. Die Eigenentwicklung war ein Vierzylindermotor, bei dem die Zylinder in zwei Paaren gegossen waren. Zur problemlosen Änderung des Kompressionsverhältnisses war ein Teil des Zylinderkopfes verstellbar.

Dank variabler Kompression konnte der Motor Kraftstoffe mit unterschiedlicher Oktanzahl effizienter verbrennen – eine geniale Antwort auf die starken Schwankungen der Treibstoffqualität, die Farmer vor allem in den USA vor ernste Probleme stellte.

Ungewöhnliche Merkmale

Eine weitere Eigenheit des Motors war die Ausrichtung der Ein- und Auslassventile. Beide lagen horizontal im Motorblock, wo sie von Kurbelschwingen reguliert wurden.

Auch das Fünfganggetriebe war eine echte Besonderheit zu einer Zeit, als manche Hersteller noch Dreiganggetriebe anboten. Im fünften Gang erreichte die MM-Z-Reihe eine unübliche Höchstgeschwindigkeit von gut 23 km/h. Die Kunden wurden jedoch darauf hingewiesen, diesen Gang nur für Traktoren mit Gummibereifung und keinesfalls für Traktoren mit Stahlrädern zu nutzen.

ALLIS-CHALMERS

1937 Milwaukee, Wisconsin, USA

ALLIS-CHALMERS MODEL B

Allis-Chalmers' Auftritt im Marktsegment der Kleintraktoren erfolgte Ende der 1930er-Jahre mit dem populären Model B. Der Traktor verkaufte sich hervorragend. In den 20 Produktionsjahren nach 1937 verließen über 127000 Traktoren das Werk. Ab 1947 wurde Model B auch in England hergestellt.

Die vielseitige Konzeption trug sicher zum Erfolg des Model B bei. Es handelte sich um einen mit 2,3 m Wendekreis äußerst handlichen Allzwecktraktor für Viehfarmen. Er eignete sich aber auch für den Reihenanbau, was ein wichtiges Kaufkriterium war.

Der Traktor bot reichlich Anbauraum für Zwischenachsgeräte wie z.B. Zwischenreihenhackrahmen. Sein schlanker Vorbau erlaubte dem Fahrer, mit großer Genauigkeit zwischen den Fruchtreihen zu steuern. Die Spurbreite ließ sich großzügig zwischen 102 und 132 cm auf verschiedene Reihenabstände einstellen.

Motor

Allis-Chalmers konstruierte für den Model B der Baujahre vor 1944 einen Vierzylindermotor mit einer Bohrung von 8,3 cm und einem Hub von 8,9 cm. Bei den ab 1944 bis zum Produktionsende 1957 gebauten Traktoren wurde die

Ganz oben: *Die Anwerfkurbel des Model B befand sich unter der Rückseite des Treibstofftanks, wo sie bei Bedarf gut erreichbar war.*

Oben: *Dank seines gelungenen Aufbaus und guter Ausstattungsmerkmale für den Reihenanbau war der Allis-Chalmers Model B in den 1940er-Jahren äußerst populär.*

Motorleistung durch eine größere Zylinderbohrung geringfügig gesteigert. Der kleinere Motor setzte 14 PS (10 kW) bei 1400 U/min Nenndrehzahl frei, die stärkere Version leistete 16 PS (12 kW).

Das Dreiganggetriebe erlaubte bei Nenndrehzahl eine Höchstgeschwindigkeit von 12,5 km/h. Mehr Komfort für den Fahrer brachten die späteren Versionen, die anstelle einer einfachen Sitzschale aus Metall, die auf einer simplen Feder montiert war, einen gepolsterten Fahrersitz mit Rückenlehne boten. Neben höherer Leistung verfügte das spätere Model B auch über zusätzliche Funktionen wie z.B. eine hydraulische Gerätehubvorrichtung anstelle der mechanischen Variante sowie eine elektrische Beleuchtung.

Produktion in England

Der populäre Model B fand sogar auf englischen Bauernhöfen Kunden. Er verkaufte sich in England so gut, dass Allis-Chalmers sich mit anderen führenden nordamerikanischen Traktorenherstellern zusammenschloss, um in England ein Fertigungswerk einzurichten. Produktionsbeginn war 1947, eine Dieselversion mit einem Perkins-P3-Motor kam erstmals 1953 in England auf den Markt.

Neben der Dieselversion waren die in England produzierten Modelle entweder mit Stahlrädern oder mit Gummibereifung erhältlich. Die Ausstattungsliste umfasste auch einen dreistufigen Riemenscheibenantrieb und einen Zapfwellen-Satz.

Technische Daten

Hersteller: Allis-Chalmers
Standort: Milwaukee, Wisconsin, USA
Modell: B
Typ: Reihenanbautraktor
Antrieb: Allis-Chalmers-Vierzylindermotor
Leistung: 14 PS (10 kW), frühe Version
Getriebe: Dreiganggetriebe
Gewicht: 1189 kg
Produktionsbeginn: 1937

Unten: *Ein wichtiges Merkmal des Model B war der große Freiraum zwischen Motor und Getriebe für den Anbau von Zwischenachshackrahmen und anderem Zwischenachsgerät.*

JOHN DEERE

1937 Moline, Illinois, USA

JOHN DEERE MODEL L

Fast alle vor 1960 gebauten John-Deere-Traktoren wurden von einem liegenden Zweizylindermotor angetrieben, aber es gab auch einige Ausnahmen.

Technische Daten

Hersteller: Deere & Co.	
Standort: Moline, Illinois, USA	
Modell: L	
Typ: Allzweck	
Antrieb: liegender Hercules-Zweizylindermotor	
Leistung: 9 PS (6,7 kW), frühe Version	
Getriebe: Dreiganggetriebe	
Gewicht: 990 kg	
Produktionsbeginn: 1937	

Kraftquelle des 1937 eingeführten Model-L-Mini-Traktors war ebenfalls ein Zweizylindermotor. Seine Zylinder standen jedoch senkrecht, und zu Beginn der Poduktion des Model L stammte der Motor nicht von John Deere, sondern von Hercules. Die Zylinderbohrung betrug 8,25 cm, der Hub 10,1 cm und die Leistung 9 PS (6,7 kW), davon an der Zugstange 7 PS (5,2 kW) verfügbar. Die wassergekühlte Maschine lief mit einer Nenndrehzahl von 1550 U/min, ließ sich aber so modifizieren, dass sie bei 2400 U/min eine maximale Geschwindigkeit von 19,3 km/h erreichte. Ab 1941 bis zum Produktionsende 1946 gebaute Model L liefen mit einem John-Deere-Motor, der die gleichen Zylinderabmessungen wie der anfänglich verbaute Hercules-Motor aufwies.

Weitere Varianten des Model L waren ein „gestyltes" Modell von 1938 mit weicherer Linienführung und ab 1938 das Industriemodell LI. Letzteres war hellgelb lackiert und kam hauptsächlich bei Mäharbeiten an Straßenböschungen und auf Freiflächen wie Golfplätzen zum Einsatz.

Oben: *Frühe Versionen des John-Deere-Model-L-Traktors wurden anstelle des üblichen John-Deere-Horizontalmotors von einer vertikalen Hercules-Zweizylindermaschine angetrieben.*

OLIVER

1937 Charles City, Iowa, USA

OLIVER 80 STANDARD

Die Standard- und Reihenanbauversionen des Oliver-80-Traktors kamen 1937 auf den Markt. Beide basierten auf den Industrie- und Obstbaumodellen, die Oliver 1930 eingeführt hatte.

Oben: *Ab 1938 bot Oliver die Standard- und Reihenanbauversion des Serie-80-Traktors wahlweise mit Stahlrädern oder mit Gummibereifung an.*

Rechts: *Eine Standardversion des Oliver-80-Traktors mit Vierzylinder-Vergasermotor. Die Dieselversion kam 1940 auf den Markt.*

Technische Daten

Hersteller: Oliver Farm Equipment Co.
Standort: Charles City, Iowa, USA
Modell: 80 Standard
Typ: Allzweck
Antrieb: Oliver-Vierzylindermotor
Leistung: 35 PS (26 kW), frühe Version
Getriebe: Vierganggetriebe
Gewicht: 3698 kg
Produktionsbeginn: 1937

Als Motor der Serie 80 diente ein Oliver-Vierzylindertriebwerk mit hängenden Ventilen, einer Bohrung von 11,4 cm und einem Zylinderhub von 13,3 cm. Bei Tests 1938 in Nebraska brachte die Maschine in beiden Traktorversionen, die mit Stahlrädern oder Gummibereifung erhältlich waren, bei der Nenndrehzahl von 1200 U/min eine Leistung von 35,2 PS (26,2 kW).

Dieselversion

1940 wurde die Modellpalette des Reihenanbautraktors 80 um einen Dieselmotor erweitert. Bei den Radtraktoren der Mittelklasse, zu denen auch die Serie 80 zählte, war dies noch eine unübliche Option. Die Ingenieure von Oliver wählten für diesen Zweck einen Buda-Lanova-Dieselmotor, dessen ungewöhnliche Konstruktion auf dem Acro-Einspritzsystem basierte. Dieser Motor wurde im Modell 80 später durch einen von Oliver entwickelten Dieselantrieb ersetzt.

Oliver war nicht nur mit dem Angebot eines Diesels innovativ. Die Standard- und Reihenanbaumodelle ab 1940 verfügten über einen vierten Gang, der das Höchsttempo von 6,9 auf 10,4 km/h steigerte, und ihre Motorleistung wurde auf 36 PS (26,8 kW) erhöht.

JOHN DEERE

1938 Waterloo, Iowa, USA

JOHN DEERE MODEL B STYLED

In der zweiten Hälfte der 1930er-Jahre übernahmen viele führende amerikanische Hersteller die modisch abgerundeten Designs der Autoindustrie für ihre Schlepper und verwendeten auch hellere, augenfälligere Lackierungen.

Technische Daten

Hersteller: Deere & Co.	
Standort: Waterloo, Iowa, USA	
Modell: B Styled	
Typ: Allzweck	
Antrieb: Liegender Deere-Zweizylindermotor	
Leistung: 15,92 PS (11,8 kW) maximal	
Getriebe: Vierganggetriebe	
Gewicht: Nicht bekannt	
Produktionsbeginn: 1938	

Oben: *Der führende Industriedesigner Henry Dreyfuss gab den John-Deere-Traktoren einen modernen Look. Der Model B war einer der ersten Traktoren im neuen Stil.*

John Deeres grün-gelbe Farbgebung brauchte eigentlich keine Verbesserung, aber das Unternehmen verpflichtete den bekannten amerikanischen Industriedesigner Henry Dreyfuss, um den Traktoren eine modernere Form zu verleihen.

Neues Gewand

Die weicheren Linien hielten erstmals 1938 mit der Serie A und den Reihenanbaumodellen der Serie B Einzug. Weitere Modelle folgten später. Das neue Design beeinflusste die Formgebung der John-Deere-Traktoren über die nächsten 20 Jahre hinweg. In seiner noch kantigen Form kam der Model B 1934 heraus.

Als Triebwerk diente der gewohnte liegende Zweizylindermotor, fast schon ein Markenzeichen von John Deere. Die frühen Versionen leisteten an der Riemenscheibe etwa 14 PS (10 kW) und an der Deichsel 9 PS (6,7 kW). Die Nenndrehzahl betrug 1150 U/min. Damit lief erstmals in einem John-Deere-Traktor ein Motor schneller als 1000 U/min.

Weiterentwicklungen

1936 gönnte man dem Model B 6 mm mehr Zylinderhub. 1937 wurde der Rahmen verlängert, um mehr Platz für Zwischenachsgeräte zu schaffen, und 1940 wechselte man vom Vier- zu einem Sechsganggetriebe.

MASSEY-HARRIS

1938 Racine, Wisconsin, USA

MASSEY-HARRIS 101

Oben: *Die bei einigen Massey-Harris-Traktoren Ende der 1930er-Jahren verfügbare Twin-Power-Funktion bot mehr Leistung durch eine höhere Motordrehzahl.*

Mit dem 1938 eingeführten neuen Modell 101 vollzog Massey-Harris den endgültigen Abschied von der auf dem alten Wallis basierenden Konstruktion. Als Motor wählte man ein Sechszylindertriebwerk mit elektrischem Starter.

Rechts: *Als ein Kaufargument für den neuen 101-Traktor wählte Massey-Harris einen Chrysler-Sechszylindermotor.*

Technische Daten

Hersteller: Massey-Harris
Standort: Racine, Wisconsin, USA
Modell: 101
Typ: Allzweck
Antrieb: Chrysler-Sechszylindermotor
Leistung: 36 PS (26 kW)
Getriebe: Vierganggetriebe
Gewicht: 2599 kg (mit Gummibereifung)
Produktionsbeginn: 1938

Der alte U-Rahmen zur Verbindung von Motorunterseite und Getriebe gehörte ab diesem Modell der Vergangenheit an. Auch die neue abgerundete Linienführung der Massey-Harris 101 erinnerte wenig an den kantigen Wallis. Der Hersteller brach noch mit einer weiteren Tradition und verbaute einen Chrysler -T57-503-Motor anstelle einer Maschine aus Eigenproduktion.

Verkaufsargumente

Der Chrysler-Sechszylindermotor hob den 101 von den meist mit Zwei- oder Vierzylindermotoren ausgestatteten Konkurrenten ab, denn er bot ein ruhigeres Laufverhalten. Die Gelegenheit, einen Farmtraktor mit Chrysler-Sechszylinder zu fahren, war nicht das einzige starke Verkaufsargument des 101. Zur Serienausstattung gehörte auch ein elektrischer Starter, der bei den Mittelklassetraktoren anderer Hersteller zu dieser Zeit noch aufpreispflichtig oder überhaupt nicht erhältlich war.

Motorleistung

Die Nennleistung des Benzinmotors betrug 31,5 PS (23,5 kW) bei der vergleichsweise hohen Drehzahl von 1500 U/min. Für Arbeiten mit der Riemenscheibe ließ sich die Drehzahl wegen der zuvor im Pacemaker eingeführten Twin-Power-Funktion auf 1800 U/min erhöhen. Auf diese Weise erreichte das Standardmodell des Massey-Harris 101 eine Maximalleistung von 36,15 PS (26,9 kW) und die Reihenanbauversion beeindruckende 38,65 PS (28,8 kW). Diese einfache Vorrichtung wird in ähnlicher Weise auch bei manchen modernen Traktoren genutzt, um bei Zapfwellenbetrieb zusätzliche Motorleistung zu erhalten.

CATERPILLAR

⚒ **1938 Peoria, Illinois, USA**

CATERPILLAR D2

Als erster amerikanischer Hersteller brachte Caterpillar einen Serientraktor mit Dieselmotor auf den Markt. Sein Erfolg trug wesentlich dazu bei, die Dieselkraft im landwirtschaftlichen Bereich zu etablieren.

Oben: *Einige D2-Traktoren wurden nach England exportiert, um die Pflügkampagne während des Krieges zu unterstützen. Dadurch kamen viele englische Farmer erstmals mit Dieselmotoren in Kontakt.*

Ein Vorteil der Dieselmotoren gegenüber den Benzin- oder Kerosinmaschinen war der geringere Treibstoffverbrauch, wie Caterpillar mit diesem kleinen D2-Raupenschlepper 1938 eindrucksvoll bewies.

Der D2 wurde von einem Vierzylinder-Dieselmotor angetrieben. Daneben gab es ein R2 genanntes ähnliches Modell mit wahlweise Kerosin- oder Benzinmotor. Die D2- und R2-Traktoren basierten auf der gleichen Konstruktion, ebenso wie die Diesel- und Ottomotorversionen der von Caterpillar entwickelten Triebwerke.

Geringer Treibstoffverbrauch

Die Motoren besaßen die gleiche Blockgröße, Zylindermaße und Hubraum, und sie liefen auch mit der gleichen Nenndrehzahl von 1525 U/min. Deutliche Unterschiede gab es aber bei den Leistungsdaten der Traktoren. Alle drei Versionen wurden zum Testzentrum in Nebraska gebracht und dort nacheinander getestet. Beim Riementest zur Messung der Motorleistung betrug die Maximalleistung des Dieselmotors 29,9 PS (22 kW) und damit geringfügig mehr als die 28,95 PS (21,5 kW) des Benzinmotors und die 27,78 PS (20,7 kW) der Kerosinversion. Deutlich größer war der Unterschied im Treibstoffverbrauch, wo der Dieselmotor eindeutig Punktsieger wurde.

Der Kerosinmotor verbrauchte 11,7 Liter Treibstoff, um seine Maximalleistung eine Stunde lang zu erbringen, der Benzinmotor war mit 13,5 Litern noch durstiger. Das Dieseltriebwerk genehmigte sich nur 8,6 Liter und wurde damit Sieger im Verbrauchstest.

Weitere Faktoren

Die offensichtliche Sparsamkeit im Treibstoffverbrauch war nur ein Faktor beim Motorenvergleich. Diesel besitzen einen günstigeren Drehmomentverlauf für Traktorarbeiten und sind zuverlässiger, weil sie weder Zündkerzen noch andere elektrische Ausstattung benötigen. Zu den Pluspunkten der Ottomotoren hingegen gehören geringeres Gewicht und niedrigere Produktionskosten. Ehe in den 1940ern einfach zu startende Diesel entwickelt wurden, brauchte man zum Anlassen noch einen Extramotor, der zusätzliche Kosten und Komplikationen mit sich brachte.

Ein gutes Beispiel ist der Motor des DS. Er verfügte über einen 587-cm³-Benzinstartermotor mit zwei horizontalen Zylindern und eigenem Zugschnurstarter. Er dürfte die Produktionskosten erheblich gesteigert haben, und machte auch die Bevorratung von zwei Treibstoffsorten notwendig.

Technische Daten

Hersteller: Caterpillar Tractor Co.	**Getriebe:** Fünfganggetriebe
Standort: Peoria, Illinois, USA	**Gewicht:** 3369 kg
Modell: D2	**Produktionsbeginn:** 1938
Typ: Raupenschlepper	
Antrieb: Vierzylinder-Dieselmotor	
Leistung: 29,9 PS (22 kW)	

Links: *Der Benzinstartermotor des D2-Raupenschleppers besaß zwei horizontale Zylinder und wurde manuell über eine Zugschnur gestartet.*

MASSEY-HARRIS

1938 **Racine, Wisconsin, USA**

MASSEY-HARRIS TWIN POWER PACEMAKER

Leuchtend rote Lackierung und eine abgerundete Frontpartie waren zwei der Neuerungen, die Massey-Harris mit seinem überarbeiteten Modell Pacemaker 1938 einführte.

Der original Pacemaker und ein neues Reihenanbau-Modell mit dem Namen Challenger kamen 1936 auf den Markt. Die Modelle basierten auf dem Vorgänger MH 12-20 und wiesen die kantigen Linien der Wallis-Traktoren auf, die Massey-Harris 1927 von J. I. Case Plow Works Co. übernommen hatte. Die alte Form und die vorher mattgraue Lackierung wurden durch das neue Styling ersetzt.

Konstruktionsmerkmale

Pacemaker und Challenger besaßen als letzte MH-Modelle noch den U-Rahmen, der zum Erfolg des Wallis-Traktors nach seiner Einführung 1913 beigetragen hatte.

Der Vierzylindermotor im Pacemaker war eine Massey-Harris-Entwicklung und eine verbesserte Version des im alten 10-20-Modell eingesetzten Motors. Er leistete nach der Über-

Oben: *Massey-Harris behielt beim Pacemaker und den Challenger-Reihenanbau-Modellen von 1936 noch den U-Rahmen des alten Wallis bei.*

arbeitung mehr als 27 PS (20 kW) an der Riemenscheibe – bei einer Nenndrehzahl von 1200 U/min – doch es sollte noch eine weitere Leistungssteigerung kommen.

Ab 1938 war der Motor auch mit einer Twin-Power-Funktion erhältlich, die mit einem Hebel kontrolliert wurde, der am Fuß der Gangschaltung angebracht war. So konnte der Fahrer zwischen den zwei Leistungseinstellungen umschalten.

In der schwächeren Einstellung drehte der Motor mit maximal 1200 U/min und stellte dabei an der Riemenscheibe immerhin 36,8 PS (27,4 kW) bereit. Stand der Hebel auf „High“, stieg die Drehzahl auf 1400 U/min und die Leistungsabgabe auf 42 PS (31,3 kW). Die höhere Drehzahl war nur für Arbeiten mit der Riemenscheibe empfehlenswert. Darum wurde der Twin Power Pacemaker in den Verkaufsprospekten als einziger Dreischarpflug-Traktor beschrieben, der am Treibriemen Vierscharpflug-Leistung entwickelt.

Spätere Entwicklungen

Beim 1938 eingeführten verbesserten Pacemaker war optional eine motorgetriebene Hubvorrichtung für Ackerbaugeräte erhältlich, und die Kunden konnten eine höhere Übersetzung bestellen, die den Traktor auf bis zu 13,7 km/h anstelle von 12 km/h mit dem normalen Vierganggetriebe beschleunigten.

Dem neuen Pacemaker war jedoch nur ein kurzes Verkaufsleben vergönnt. Die Produktion des Pacemaker-Nachfolgers 101 Senior im Massey-Harris-Werk Racine begann 1938. Als erstem Modell der neuen Traktorserie wurde beim 101 Senior auf den von Wallis stammenden U-Rahmen verzichtet.

Technische Daten

Hersteller: Massey-Harris	**Gewicht:** nicht bekannt
Standort: Racine, Wisconsin, USA	**Produktionsbeginn:** 1938
Modell: Twin Power Pacemaker	
Typ: Allzweck	
Antrieb: Vierzylindermotor	
Leistung: 42 PS (31 kW) maximal	
Getriebe: Vierganggetriebe	

Links: *Der neu gestaltete Pacemaker mit Twin-Power Funktion für Extrakraft im Riemenscheibenbetrieb wurde schon bald durch den Model 101 Senior ersetzt.*

CLETRAC

1938 **Cleveland, Ohio, USA**

CLETRAC GENERAL

Die Cleveland Tractor Company war ein führender, zunächst auf Raupenschlepper spezialisierter Hersteller und wagte sich erst 1938 mit dem Modell General auf den Markt für Radtraktoren.

Er war der kleinste Traktor der Marke Cletrac und wahlweise als Rad- oder Raupenversion erhältlich. Die Radversion trug die Bezeichnung Cletrac General GG, der Raupenschlepper die Bezeichnung Cletrac HG.

Beide Versionen wurden von einem Hercules-IXA-Vierzylindermotor angetrieben, der an der Riemenscheibe 19 PS (14 kW) entwickelte. Später gab es einen Motor mit 1,27 cm größerer Bohrung und 22 PS (16,4 kW) Leistung. Das Dreiganggetriebe erlaubte eine Höchstgeschwindigkeit von 9,7 km/h beim Modell GG und 8 km/h bei der Raupenversion.

Das Dreiradfahrwerk des GG und die gute Bodenfreiheit beider Versionen qualifizierten die kleinen Cletracs für den Reihenanbau. Um den Traktor für das Marktsegment Reihenanbau noch attraktiver zu machen, vereinbarte Cletrac mit der B. F. Avery Co. in Louisville, Kentucky, den Bau einer Palette speziell auf die neuen Traktoren zugeschnittener Zusatzgeräte.

Kriegszeiten

Dieser Vereinbarung folgte 1941 die Nachricht, dass Avery die Produktion des GG-Traktors übernehmen werde. So konnte sich Cleveland auf die Lieferung großer Raupenschlepper konzentrieren, die von der U.S. Air Force und U.S. Army für dringende kriegsbedingte Bauvorhaben benötigt wurden.

Oben: *Der General GG war der einzige Ausflug von Cletrac in den Markt der Radtraktoren. Er war auch als Raupenschlepper erhältlich.*

Technische Daten

Hersteller: Cleveland Tractor Co.
Standort: Cleveland, Ohio, USA
Modell: General GG
Typ: Reihenanbau-Traktor
Antrieb: Hercules-Vierzylindermotor
Leistung: 19 PS (14 kW) maximal
Getriebe: Dreiganggetriebe
Gewicht: 1414 kg
Produktionsbeginn: 1938

JOHN DEERE

1938 **Waterloo, Iowa, USA**

JOHN DEERE MODEL H

Im Gegensatz zum Model L war der Traktor der Serie H ein „echtes" Zweizylindermodell, denn er wurde von einem „ordentlichen" John-Deere-Motor mit zwei horizontalen Zylindern angetrieben. Es war die kleinste Maschine in der John-Deere-Palette mit nur 15 PS (11 kW) Leistung an der Riemenscheibe.

Rechts: *John Deere trat im Leichtgewicht-Segment des Reihenanbau-Traktormarkts mit seinem Model H an, dessen Zweizylindermotor 15 PS (11 kW) leistete.*

Technische Daten

Hersteller: Deere & Co.
Standort: Waterloo, Iowa, USA
Modell: H
Typ: Reihenanbau-Traktor
Antrieb: liegender Zweizylindermotor
Leistung: 15 PS (11 kW)
Getriebe: Dreiganggetriebe
Gewicht: 1378 kg
Produktionsbeginn: 1938

Ein weiterer Unterschied zwischen den beiden Kleintraktoren lag darin, dass sich der Model H im Gegensatz zum Model L als Reihenanbau-Traktor in die John-Deere-Palette unter den Modellen B und A einfügte.

Weitere Versionen

Der H erschien als erstes Modell im neuen Dreyfuss-Design. Anfangs war er als normaler Vierradtraktor erhältlich, ab 1940 auch als „Schmalversion"-HN mit einem Vorderrad. Die Modelle HWH und HNH waren für mehr Bodenfreiheit mit größeren Hinterrädern ausgestattet und mit breiter Vorderachse bzw. einem Vorderrad ausgelegt. Beide Varianten wurden nur kurze Zeit gebaut und sind aufgrund ihrer geringen Produktionszahlen unter Sammlern heute sehr begehrt.

Sonderausstattung

Zum Standardmodell H gehörte ein Dreiganggetriebe mit handbetätigter Kupplung. Es gab zudem ein Gaspedal, mit dem der Fahrer die reguläre Motordrehzahl überschreiten und so das Fahrtempo erhöhen konnte. Empfehlenswert war dies jedoch nur auf der Straße.

FORD

1939 **Dearborn, Michigan, USA**

FORD MODEL 9N

Als erste Unstimmigkeiten in der Geschäftsbeziehung zwischen Harry Ferguson und David Brown auftraten, wandte sich Ferguson nach Amerika, um dort nach einem neuen Partner zu suchen. Im Sinn hatte er dabei Henry Ford.

Es war ein kluger Schachzug. Die Partnerschaft zwischen Ferguson und Brown hatte das wegweisende Ferguson-Dreipunkt-Kopplungssystem hervorgebracht. Aber die Vermarktung kam zu langsam voran. Ferguson brauchte größere Ressourcen, um die notwendige internationale Durchschlagskraft zu erzielen.

Ferguson und Ford

Keiner in der Traktorenindustrie der 1930er-Jahre verfügte über größere Ressourcen als Henry Ford. Er suchte gerade aktiv nach einer neuen Traktorkonstruktion, die den in die Jahre gekommenen Fordson Model N aus England ersetzen sollte. Henry Ford verbrachte viele Stunden in der Werkstatt von Fair Lane, seiner bei Dearborn gelegenen Farm, mit dem Entwurf von Experimental-Traktoren. Bei Harry Fergusons Ankunft 1938 hatte Ford noch immer nicht das gefunden, was er suchte.

Die beiden trafen sich auf Fair Lane, um Ford die Möglichkeit zur Begutachtung des Fergu-

Oben: *Der Moto-Tug war eine Sonderversion des 9N für den Einsatz auf Militärflugplätzen. Später nutzte man ihn aber auch als kleinen industriellen Allzwecktraktor.*

son-Systems in Aktion zu geben. Harry Ferguson hatte einen seiner Model-A-Traktoren und einige landwirtschaftliche Geräte aus England mitgebracht. Ford sorgte seinerseits dafür, dass ein Fordson Model N und ein Allis-Chalmers Model B zum direkten Vergleich auf seiner Farm bereitstanden.

Der Model A setzte sich gegen seine Rivalen mühelos durch, und der Farmersohn Henry Ford erkannte schnell seine Vorzüge. Am Ende der Vorführung beschlossen er und Ferguson eine Partnerschaft über Konstruktion, Bau und Vermarktung eines neuen Ferguson-System-Traktors. In diese Partnerschaft brachte Ford den Löwenanteil der Finanz- und Produktionsmittel ein. Ferguson war verantwortlich für den Aufbau eines Händlernetzes zur Vermarktung in Nordamerika.

Neue Traktoren

Henry Fords Finanzkraft sorgte dafür, dass das Projekt schnell und effizient abgewickelt wurde. Der neue Traktor mit der Bezeichnung Ford 9N war nur acht Monate nach der Demonstration produktionsbereit und wurde auf einer großen Party vorgestellt, die Ford für 500 VIP-Gäste veranstaltete.

Der neue Traktor wurde von einem Ford-L-Kopf-Motor angetrieben, der mit dem Dreiganggetriebe auf der Straße immerhin eine Höchstgeschwindigkeit von 9,6 km/h erreichte. Gummibereifung war Standard. Optional waren Stahlreifen, Scheinwerfer und Riemenscheibe erhältlich. Sogar mit einem Radio ließ sich der 9N-Traktor ausstatten, wobei nicht sicher ist, ob die Motorgeräusche des N9 echten Musikgenuss zuließen.

Technische Daten

Hersteller:	Ford Motor Co.
Standort:	Dearborn, Michigan, USA
Modell:	9N
Typ:	Allzweckschlepper
Antrieb:	Ford-Vierzylindermotor
Leistung:	23 PS (17 kW) maximal
Getriebe:	Dreiganggetriebe
Gewicht:	1532 kg
Produktionsbeginn:	1939

Unten: *Aus der Partnerschaft zwischen Harry Ferguson und Henry Ford zur Entwicklung eines neuen Traktors ging der Ford 9N hervor, der modernste Kleintraktor seiner Zeit.*

JOHN DEERE
1939 Waterloo, Iowa, USA

JOHN DEERE LINDEMAN TRACKLAYER

Der Model B war ein bei Farmern beliebter Traktor und in verschiedensten Spezialversionen erhältlich, darunter als Obstbaumodell BO.

Oben: *Die meisten der Raupenschlepper wurden auf Farmen eingesetzt. Einige wurden mit einem Schild für Erdarbeiten ausgerüstet.*

Manche Obstbauern mit Plantagen auf steilen Hügeln wussten die besondere Standfestigkeit von Raupenketten gegenüber Rädern zu schätzen. Dies veranlasste einen John-Deere-Händler, der in einem Obstanbaugebiet ansässig war, für seine lokalen Kunden einige Obstbautraktoren zu Raupenschleppern umzubauen.

Verantwortlich für den Umbau zum Raupenschlepper war die Firma Lindeman Brothers aus Yakima, die ihre Arbeit mit einer kleinen Anzahl von Obstbautraktoren des Typs John Deere General Purpose begann. Die Nachfrage stieg rapide an, als Lindeman eine Raupenschlepper-Version des kleinen BO-Traktors anbot. Deere lieferte 2000 Stück BO-Schleppereinheiten, die von 1939 bis 1947 auf Lindeman-Raupen montiert wurden.

Weitere Einsatzbereiche

Die größte Nachfrage stammte von Obstbauern und anderen spezialisierten Farmen auf steilem Hügelland, doch einige der Lindeman-Raupenschlepper wurden mit einem hydraulisch betriebenen Schild ausgerüstet und im Straßen- und Landschaftsbau eingesetzt. 1947 wurde Lindeman von John Deere übernommen und zur wichtigen Erfahrungsquelle bei der Entwicklung einer neuen und breiteren Palette von John Deere-Raupenschleppern.

Technische Daten

Hersteller: Deere & Co.
Standort: Waterloo, Iowa, USA
Modell: Model B Lindeman
Typ: Raupenschlepper
Antrieb: liegender Deere-Zweizylindermotor
Leistung: 15,9 PS (11,8 kW)
Getriebe: Vierganggetriebe
Gewicht: nicht bekannt
Produktionsbeginn: 1939

INTERNATIONAL HARVESTER
1939 Chicago, Illinois, USA

I.H. FARMALL MODEL A

Mit dem Farmall Model A trat International Harvester Ende der 1930er im expandierenden Markt für Kleintraktoren an. Er war als Einscharpflug-Traktor konzipiert, was bedeutete, dass er unter fast allen Bodenbedingungen einen Pflug mit einer Schar ziehen konnte.

Rechts: *Die Erfahrung von I. H. mit Reihenanbau-Traktoren führte zum Farmall A mit Culti-Vision und hoher Bodenfreiheit.*

Oben: *Der kleine Model-A-Einscharpflug-Traktor trug die Namen von International Harvester, McCormick und Farmall.*

Technische Daten

Hersteller: International Harvester
Standort: Chicago, Illinois, USA
Modell: A
Typ: Reihenanbau-Traktor
Antrieb: I. H.-Vierzylindermotor
Leistung: 16,86 PS (12,5 kW) maximal
Getriebe: Vierganggetriebe
Gewicht: 1621 kg
Produktionsbeginn: 1939

Die Produktion begann 1939, als der rote Lack und die abgerundete Form bei International Harvester bereits Einzug gehalten hatten. Der Model A war der erste Traktor mit Culti-Vision – ein Name, den sich wohl jemand aus der Marketingabteilung ausgedacht hatte, um werbewirksam die stark seitlich versetzte Position des Fahrersitzes und der Bedienelemente zu beschreiben, die freie Sicht für präzises Arbeiten im Reihenanbau ermöglichte.

Varianten

Culti-Vision passte sehr gut in die Farmall-Tradition, die Bedürfnisse von Reihenkultur-Farmen zu bedienen. Hinzu kam die große Bodenfreiheit beim Überfahren wachsender Feldfrüchte. Eine weitere Version des Model A für diesen Kundenkreis war der AV mit größeren Rädern und modifizierter Vorderachse, was zusätzliche 15,2 cm Bodenabstand brachte. I. H. führte zudem einen Model-B-Traktor ein, der im Grunde einem Model A mit Dreiradfahrwerk entsprach.

Im Model A und B arbeitete ein I. H.-Vierzylindermotor mit 7,6 cm Zylinderbohrung und 10,1 cm Hub, der beim Test des Model A in Nebraska an der Riemenscheibe etwas mehr als 18 PS (13 kW) Motorleistung erbrachte.

Kapitel 5

Dieselkraft setzt sich durch

Die Traktorenentwicklung kam während der Kriegsjahre Anfang der 1940er praktisch zum Erliegen, weil viele Fabriken jetzt militärische Ausrüstung produzierten, und einige europäische Werke im Bombenhagel untergingen. Die Jahre nach Ende des Zweiten Weltkriegs standen im Zeichen einer rasant steigenden Nachfrage und lockten neue Firmen auf den Markt.

Oben: *Als Alternative zum Ottomotor war der International-Harvester-W-6-Traktor auch mit einem Dieselmotor erhältlich, der mit Benzin gestartet wurde.*

Links: *Geräteträger-Traktoren wie dieser Allis-Chalmers Model G boten hervorragende Sicht nach vorn bei der Bodenbearbeitung zwischen Reihen von Gemüsepflanzen oder anderen Reihenkulturen.*

Als die Traktorenproduktion wieder anlief, war der wichtigste Schritt die Entwicklung einer neuen Generation benutzerfreundlicher Dieselmotoren, die Ende der 1940er und Anfang der 1950er herauskam. An der Spitze dieser Entwicklung standen britische Firmen, darunter David Brown, das Ford-Werk in Essex und Perkins. Die neuen Motoren waren einfacher zu starten, liefen ruhiger und boten verbesserte Drehmomentverläufe.

Die Pionierarbeit von International Harvester bei der Entwicklung des Farmall-Traktors in den 1920ern hatte große Fortschritte für die Mechanisierung des Reihenanbaus gebracht. Ende der 1940er folgten die ersten der neuen Geräteträger-Traktoren. Sie bestanden aus einem offenen Rahmen auf Rädern mit Fahrer und Motor am hinteren Ende und Kopplungspunkten für am Heck oder zwischen den Achsen montierte Geräte.

Zu den wichtigen Ereignissen in der Traktorgeschichte gehörte die Partnerschaft zwischen Ferguson und Ford, die abrupt in einem erbitterten Rechtsstreit endete. Mittlerweile hatten einige amerikanische Unternehmen in Europa Montage- und Fertigungswerke gegründet – die meisten davon in England, sodass sich Allis-Chalmers, International Harvester, Massey-Harris und Minneapolis-Moline dem schon bestehenden Ford-Werk hinzugesellten.

INTERNATIONAL HARVESTER

1939 **Chicago, Illinois, USA**

INTERNATIONAL HARVESTER T-6

Die mit Benzin oder Kerosin betriebenen T-6 TracTracTors und ihr dieselgetriebener Stallgefährte TD-6 kamen 1939 auf den Markt. Sie wurden 17 Jahre lang in einer Gesamtverkaufszahl von fast 40000 Einheiten produziert, was für Raupenschlepper ein großer Erfolg war.

Technische Daten

Hersteller: International Harvester
Standort: Chicago, Illinois, USA
Modell: T-6 TracTracTor
Typ: Raupenschlepper
Antrieb: Vierzylindermotor
Leistung: 36 PS (26,6 kW) maximal
Getriebe: Fünfganggetriebe
Gewicht: 3369 kg
Produktionsbeginn: 1939

Oben: *Der Raupenschlepper T-6 von I. H. und die Dieselversion TD-6 verkauften sich während des Zweiten Weltkriegs hervorragend.*

Ein Teil ihres Erfolgs lässt sich darauf zurückführen, dass sie hervorragend in den Markt für mittelgroße Raupenschlepper passten und einen Kundenstamm ansprachen, zu dem Landwirte und kleinere Bauunternehmen gehörten. Zu dieser Zeit war International Harvester einer der führenden Namen im Raupenschlepper-Markt und bot eine breite Modellpalette an, darunter den großen TD-18 mit fast 100 PS (74,5 kW).

Konstruktionsmerkmale

T-6 und TD-6 besaßen identische Rahmen, Getriebe und Raupen. Diesel- und Ottomotor liefen beide mit derselben Nenndrehzahl von 1450 U/min und wiesen gleiche Bohrung und Hub auf. Der Unterschied lag in der Leistung. Alle drei Modelle wurden in Nebraska getestet. Der Benzinmotor brachte dort eine Höchstleistung von 36,06 PS (26,8 kW), der mit Paraffin oder Destillatöl laufende Motor lieferte 34,22 PS (25,5 kW) und der Dieselmotor 34,5 PS (25,7 kW). Wie immer blieb der Diesel beim Treibstoffverbrauch Sieger.

Die T-6-Raupenschlepper besaßen ein Fünfganggetriebe und verstellbare Spurbreiten. Auf der Zubehörliste fanden sich auch Schutzbleche zur Abdeckung der oberen Raupenhälfte, um bei der Arbeit in Obstplantagen Schäden zu vermeiden.

MINNEAPOLIS-MOLINE

1939 Minneapolis, Minnesota, USA

MINNEAPOLIS-MOLINE GT

Ende der 1930er-Jahre brachte Minneapolis-Moline eine Reihe neuer Modelle auf den Markt. Das größte von ihnen war der ab 1939 erhältliche GT-Traktor.

Rechts: *Das Vierganggetriebe des Minneapolis-Moline GT ermöglichte 15,1 km/h Höchstgeschwindigkeit. Sie durfte laut Hersteller aber nur mit Gummibereifung gefahren werden.*

Technische Daten

Hersteller: Minneapolis-Moline
Standort: Minneapolis, Minnesota, USA
Modell: GT
Typ: Allzweck
Antrieb: Vierzylindermotor
Leistung: 54 PS (40 kW) maximal
Getriebe: Vierganggetriebe
Gewicht: 4288 kg
Produktionsbeginn: 1939

Der GT war ein echtes Schwergewicht. Beim Test in Nebraska brachte er 4283 kg auf die Waage und war damit einer der schwersten Radtraktoren der frühen 1940er. Mit beinahe 40 PS (29,8 kW) an der Deichsel und 54 PS (40 kW) beim Riementest war der GT gleichzeitig auch der stärkste Traktor in der Minneapolis-Moline-Palette.

Der Motor

Äußerlich war der GT im neuen Minneapolis-Moline-Look mit abgerundeten Konturen und der leuchtend gelben Lackfarbe „Prairie Gold" auf dem neuesten Stand, was für seinen Motor allerdings nicht galt. Einige Jahre lang war er nur als Benzinversion erhältlich. Die vier Zylinder waren in zwei separaten Blöcken angeordnet. Mit einer Bohrung von 11,7 cm und einem Hub von 15,2 cm entwickelte der Motor seine Nennleistung bei 1075 U/min. Das quer eingebaute Vierganggetriebe ermöglichte eine maximale Geschwindigkeit von 15,1 km/h, die der Hersteller aber nur für Traktoren mit Gummibereifung empfahl.

Die Produktion des GT lief über die Kriegsjahre hinweg. Einige Traktoren wurden nach England exportiert, wo sie die dortigen Farmer offenbar durch ihre Größe und Stärke beeindruckten. Das neue Model G als Nachfolger des großen GT kam erstmals 1947 heraus.

CASE

1939 **Racine, Wisconsin, USA**

CASE LA

Für Case war die Einführung des neuen LA-Traktors 1939 ein wichtiges Ereignis. Er kam als Nachfolger des Case L, der sich in seiner Leistungsklasse einen hervorragenden Ruf erworben hatte. Dem Entwicklungsteam war zweifellos klar, dass seine Qualitäten nur schwer zu übertreffen waren.

Oben: *Der Vierzylindermotor des Case-LA-Traktors leistete bis zu 48 PS (35,5 kW) und war eine verstärkte Version des Motors aus dem Vorgängermodell L.*

In mancher Hinsicht blieben die Case-Entwickler deshalb auf der sicheren Seite und übernahmen auch aus Kostengründen wesentliche Teile der L-Mechanik.

Dazu gehörte vor allem auch der Vierzylindermotor mit hängenden Ventilen und 6,6 Liter Hubraum. Bei Einführung des Model L brachte der Motor rund 40 PS (29,8 kW) Leistung, im neuen LA-Traktor waren es dann schon fast 50 PS (37,2 kW).

Kraftübertragung und Antrieb

Die Kraftübertragung basierte auf dem Model L und war nach Maßstäben der 1940er-Jahre unkonventionell: Die Kupplung wurde mit einem Handhebel anstelle eines Fußpedals bedient. Stand der Hebel auf „Fahren", zwängte er die Kupplungsscheibe zwischen zwei Metallplatten ein. Im Gegensatz zur konventionellen Kupplung hielt die Endlagensperre des Hebels die Platten ohne Kompressionsfedern zusammen. Dafür gab es einen Satz Federn, um beim Auskuppeln die Platten wieder von der Kupplungsscheibe wegzudrücken.

Der Achsantrieb war ebenfalls ungewöhnlich: Er bestand aus einer Kette und Zahnrädern, die die Motorleistung vom Getriebe auf die Hinterachse übertrugen. Diese eher altmodisch anmutende Lösung war einfach, zuverlässig, leicht zu warten und vielen Farmern bereits vertraut.

Design

Abgesehen von einigen Detailverbesserungen, besaßen Model L und LA einen grundsätzlich gleichartigen mechanischen Aufbau und unterschieden sich in erster Linie durch ihre unterschiedliche Form. Ende der 1930er-Jahre verwendeten Traktordesigner gern hellere, auffälligere Lackierungen und übernahmen die abgerundeten Karosserielinien aus der Autoindustrie. Der LA war ein frühes Beispiel des neuen Case-Designs und in einem hellen Orangeton lackiert, der „Flambeau Red" genannt wurde.

Die abgerundeten Formen des LA fanden offensichtlich Gefallen bei den Kunden und blieben die ganzen 1940er-Jahre hindurch in Mode. Manche Traktorliebhaber vertreten jedoch die Meinung, dass die Designer mit den einfachen und klaren Linien des alten Model L einen Klassiker der 1930er-Jahre geschaffen hatten und dass die neue Formgebung des LA keine echte Verbesserung darstellte.

Oben: *Ein ungewöhnliches Konstruktionsmerkmal beim großen LA-Traktor war der handbetätigte Kupplungshebel.*

Technische Daten

Hersteller: J. I. Case	**Getriebe:** Vierganggetriebe
Standort: Racine, Wisconsin, USA	**Gewicht:** 2700 kg
Modell: LA	**Produktionsbeginn:** 1939
Typ: Allzweck	
Antrieb: Case-Vierzylindermotor	
Leistung: 48 PS (35,5 kW) maximal	

Unten: *Die Schnittzeichnung zeigt den Achsantrieb des LA-Traktors. Eine Kette und Zahnräder übertragen die Kraft auf die Hinterachse.*

DAVID BROWN

1939 **Meltham, Yorkshire, England**

DAVID BROWN VAK 1

Als Ferguson die Partnerschaft mit Ford einging, überließ er seinem alten Partner David Brown die Kontrolle über Konstruktion und Entwicklung, die er bislang selbst ausgeübt hatte. Allerdings auch einen riesigen Haldenbestand an Ferguson-Model-A-Traktoren, die quasi verramscht werden mussten.

Am Model-A-Traktor hätte David Brown gern einige Konstruktionsmerkmale geändert, doch Ferguson lehnte ab. Erst das Ende der Partnerschaft bot die Möglichkeit, einen völlig neuen Traktor nach den Ideen Browns zu entwerfen. Brown dufte aus patentrechtlichen Gründen nicht das komplette Ferguson-System verwenden. Aber seine Ingenieure entwickelten eine eigene Dreipunktkopplung mit hydraulischer Kontrolle, die viele Vorteile gekoppelter Geräte erschloss, ohne Fergusons Patentrechte zu verletzen.

Mehr Kraft

Der neue David-Brown-Traktor wurde VAK 1 genannt. Seine Produktion begann 1939. Die Konstruktion umfasste nun die höhere Leistung und das Vierganggetriebe, die Brown

Ganz oben: *Aus patentrechtlichen Gründen war der erste von David Brown hergestellte Serientraktor nicht mit einem kompletten Ferguson-Kopplungssystem ausgestattet.*

Oben: *Browns Ingenieure verwirklichten dabei einige der Verbesserungen, die Ferguson noch verweigert hatte.*

schon für den Ferguson A gefordert hatte, und war in der hellroten Farbe „Hunting Pink" lackiert. Der Traktor besaß abgerundete Formen, die in Werbebroschüren „stromlinienförmig" genannt wurden, und als ungewöhnliches Merkmal sogar Platz für einen Beifahrer.

Als der neue VAK-1-Traktor auf der Royal Show 1939 vorgestellt wurde, erregte er erhebliches Interesse, und bei der Firma gingen Bestellungen für 3000 Traktoren ein. Es war ein mehr als ermutigender Auftakt, denn diese Zahl lag bereits über der Gesamtproduktion der Ferguson-A-Traktoren.

Der Ausbruch des Zweiten Weltkriegs brachte jedoch Beschränkungen der Regierung und Rohstoffengpässe mit sich. Als der VAK 1 im Jahr 1945 durch die überarbeitete Version VAK 1A ersetzt wurde, waren immerhin insgesamt 5350 Stück gebaut worden.

Verbesserungen

Der VAK 1A und sein Vorgänger wiesen erhebliche Ähnlichkeiten auf und wurden von dem grundsätzlich gleichen 35-PS-Motor (26 kW) angetrieben, aber zwischen beiden Modellen gab es auch einige wichtige Unterschiede.

Zu den zahlreichen Verbesserungen gehörte ein patentierter Gemischvorwärmer im Motor, damit er zum Verbrennen von Kerosin schneller warm lief, und die Motorschmierung war verbessert worden. Schon die Standardversion beider Traktoren umfasste eine Zapfwelle, für höhere Effizienz kam eine Riemenscheibe hinzu. Die Basisversion des VAK 1 hatte Stahlräder, gegen Aufpreis gab es Gummireifen.

Die VAK-1A-Produktion lief nur vier Jahre, in denen durchschnittlich etwa 1000 Traktoren das Werk verließen. Das Modell wurde 1947 durch die Cropmaster-Traktoren ersetzt.

Technische Daten

Hersteller: David Brown Tractors
Standort: Meltham, Yorkshire, England
Modell: VAK 1
Typ: Allzweck
Antrieb: Vierzylindermotor
Leistung: 35 PS (26 kW) maximal
Getriebe: Viergganggetriebe
Gewicht: 1625 kg
Produktionsbeginn: 1939

Unten: *Der gepolsterte Sitz des VAK 1 bot Platz für zwei (hinreichend schlanke) Personen.*

INTERNATIONAL HARVESTER

1940 Chicago, Illinois, USA

INTERNATIONAL HARVESTER W-4

Die verschiedenen Traktorenserien von International Harvester geben Anlass zu Verwirrung. Ein Beispiel dafür ist der McCormick-Deering W-4, der eigentlich nur ein Äquivalent zum Farmall H war. Beide Traktoren waren im Aufbau sehr ähnlich, doch der W-4 besaß ein Vierrad-Fahrwerk.

Oben: *Der W-4 wurde von einem Ottomotor angetrieben. Einen Dieselantrieb gab es erst beim größeren Modell W-6.*

Technische Daten

Hersteller: International Harvester
Standort: Chicago, Illinois, USA
Modell: W-4
Typ: Allzweck
Antrieb: Vierzylindermotor
Leistung: 22 PS (16,3 kW)
Getriebe: Vierganggetriebe
Gewicht: 2583 kg
Produktionsbeginn: 1940

International Harvester stellte das Modell W-4 im Jahr 1940 vor, seine Produktion lief bis 1953. Als Antriebsquelle war ein Vierzylindermotor wahlweise für Benzin/Paraffin oder nur für Benzin erhältlich. Bei den Tests in Nebraska leistete die mit Paraffin oder Destillatöl laufende Version 22 PS (16,3 kW) und der Benzinmotor 24 PS (17,8 kW). Der Traktor hatte ein Vierganggetriebe, optional erhältlich waren verkleidete Beleuchtung, Elektrostarter und gegen Aufpreis Gummibereifung.

Die Produktion wurde offiziell 1953 eingestellt, doch das Nachfolgemodell war im Wesentlichen eine Fortführung des W-4 mit einigen Verbesserungen. Die wichtigste Konstruktionsänderung am Super W-4 gegenüber dem W-4 war ein neues Getriebe mit fünf Vorwärtsgängen.

Oben links: *International Harvester brachte den McCormick W-4 1940 auf den Markt. 13 Jahre später folgte der Super W-4 mit einem neuen Fünfganggetriebe.*

INTERNATIONAL HARVESTER

🛠 **1940 Chicago, Illinois, USA**

INTERNATIONAL HARVESTER W-6

Der W-6 war effektiv die Großversion des McCormick-Deering W-4, und beide Modelle kamen im gleichen Jahr auf den Markt. Der wichtigste Unterschied zwischen beiden war die neu hinzugekommene Dieselversion des W-6.

Rechts: *Der W-6 von International Harvester war ein populärer Mittelklassetraktor und wahlweise mit einem Otto- oder Dieselmotor erhältlich, der rund 35 PS (26 kW) leistete.*

Technische Daten

Hersteller: International Harvester Co.

Standort: Chicago, Illinois, USA

Modell: W-6

Typ: Allzweck

Antrieb: Vierzylindermotor

Leistung: 36 PS (26,6 kW) maximal

Getriebe: Vierganggetriebe

Gewicht: 3455 kg

Produktionsbeginn: 1940

Im Mittelklassesegment des Traktormarktes gab es erst wenige Dieseltraktoren, was zeigt, dass International in diesem Bereich einen Entwicklungsvorsprung gegenüber vielen Konkurrenten besaß. Die Dieselversion des W-6 trug die Bezeichnung WD-6. Otto- und Dieselmotor waren identisch mit den in International T-6 und TD-6-Raupenschleppern und den in Farmall-M-Modellen verbauten Maschinen. Beide Motortypen basierten auf dem gleichen Vierzylinderblock mit einer Bohrung von 9,8 cm und einem Hub von 13,3 cm. Die Benzinversion im W-6 leistete maximal 36,15 PS (26,9 kW), der Dieselmotor des WD-6 setzte 34,75 PS (25,9 kW) frei. Für die Maschinen von T-6 und TD-6 wurden keineswegs überraschend fast identische Werte ermittelt.

Startersystem

Ein besonderes Merkmal des Dieselmotors war das benzinbetriebene Startersystem. Der Motor war mit einem Vergaser und Magnetzünder zur Verbrennung von Benzin beim Kaltstart ausgestattet. Sobald eine ausreichende Betriebstemperatur erreicht war, wurde auf Diesel umgeschaltet und die Benzinzufuhr abgeschaltet.

Das Vierganggetriebe im W-6 erlaubte ein gemächliches Maximaltempo von 8 km/h. Zur Standardausstattung gehörten Stahlräder, gegen Aufpreis war Gummibereifung erhältlich.

MASSEY-HARRIS

1941 Racine, Wisconsin, USA

MASSEY-HARRIS 81

Die Traktormodelle 81 und 82 waren während des Krieges Teil der Massey-Harris-Produktlinie. Für das Modell 81 brachte der Krieg bedeutende Bestellungen von der Royal Canadian Air Force, die den Traktor als Zugfahrzeug auf Militärflughäfen einsetzte.

Technische Daten

Hersteller: Massey-Harris Co.	
Standort: Racine, Wisconsin, USA	
Modell: 81	
Typ: Allzweckschlepper	
Antrieb: Vierzylindermotor	
Leistung: 26 PS (19,24 kW) maximal	
Getriebe: Viergangetriebe	
Gewicht: 1314 kg	
Produktionsbeginn: 1941	

Oben: *Das während des Kriegs von Massey-Harris veröffentlichte Publicityfoto zeigt eine akkurat ausgerichtete Reihe von Modell-81-Traktoren, bereit zur Lieferung an die Royal Canadian Air Force.*

Die Produktion des Modells 81 begann 1941. Es war eine schwierige Zeit für Massey-Harris – ebenso wie für andere Traktorenhersteller in Nordamerika und Europa. Massey-Harris versuchte, die Produktionszahlen für Traktoren und landwirtschaftliche Geräte aufrechtzuerhalten und gleichzeitig eine breite Palette von Ausrüstung für die Streitkräfte zu produzieren, darunter Panzer, Schwingen für Mosquito-Flugzeuge und 50000 gepanzerte Fahrzeugkarosserien für die britische Armee.

Konstruktionsmerkmale

Der 81 war mit normaler Radanordnung und als Reihenanbau-Modell erhältlich. Massey-Harris verbaute im 81 einen Continental-Vierzylindermotor mit 7,62 cm Bohrung und 11,1 cm Hub, der mit Benzin als Treibstoff beim Test unter Maximalbelastung in Nebraska 26 PS (19,4 kW) leistete. Die maximale Kraft an der Zugstange, ein wichtiger Faktor für den Einsatz bei der Luftwaffe, betrug im niedrigsten Gang 1314,3 kg, die Höchstgeschwindigkeit im vierten Gang 25,7 km/h. Damit ist klar, dass zur Standardausstattung des 81 natürlich Gummireifen gehörten.

In den Kriegsjahren lief die Fertigung des Modells 81 weiter und endete erst 1948, als Massey-Harris mit der Einführung einer neuen Traktorenserie befasst war.

OLIVER

1944 **Cleveland, Ohio, USA**

OLIVER HG

Als die Firma Oliver 1944 die kränkelnde Cleveland Tractor Co. übernahm, gingen auch die Cletrac-Raupenschlepperserie und der Kleintraktor General in ihren Besitz über. Der General GG fuhr als erster Cletrac-Traktor auf Rädern, war aber unter der Bezeichnung HG auch als Raupenschlepper erhältlich. Gerade die HG-Version schien die neuen Besitzer zu interessieren.

Rechts: *Der HG erhielt nach der Übernahme durch Oliver neue Lackierung und Embleme.*

Oben: *Oliver setzte weiter einen Hercules-Motor in der HG-Serie ein, die mit dem Kauf der Cleveland Tractor Co. in den Besitz der Firma übergegangen war.*

Technische Daten

Hersteller:	Oliver
Standort:	Cleveland, Ohio, USA
Modell:	HG
Typ:	Raupenschlepper
Antrieb:	Hercules-Vierzylindermotor
Leistung:	24,7 PS (18 kW) maximal
Getriebe:	Dreiganggetriebe
Gewicht:	1899 kg
Produktionsbeginn:	1944

Die Produktion des Cletrac General und des Modells HG hatte ursprünglich 1939 begonnen, sodass beide Modelle bei der Übernahme 1944 durch Oliver noch relativ auf der technischen Höhe ihrer Zeit waren.

Neues Modell

Die neuen Besitzer verpassten dem Raupenmodell eine neue Lackierung und verkauften es als Oliver HG. Aber in mechanischer Hinsicht gab es wenig Unterschiede zu den späten Versionen des Cletrac HG einschließlich des Hercules-L-Kopf-Motors. Er besaß eine Bohrung von 8,2 cm, einen Hub von 10,1 cm und eine maximale Leistung von 24,7 PS (18 kW).

Gewicht

Auch das Dreiganggetriebe mit 8 km/h Höchstgeschwindigkeit stammte aus der Cletrac-Version. An irgendeinem Punkt muss sich der Wechsel von Cletrac zu Oliver auf das Gewicht des HG ausgewirkt haben, denn es wuchs von 1592 kg der Vorversion auf 1899 kg in den Farben von Oliver.

Wann genau der HG aus der Oliver-Produktlinie gestrichen wurde, ist unklar, doch es kann höchstens drei Jahre gedauert haben. Trotz der Übernahme von Cletrac entwickelten sich Raupentraktoren niemals zu einem Schwerpunkt in der Oliver-Palette. Oliver selbst wurde 1960 von White Motors aufgekauft.

FORDSON

1945 **Dagenham, Essex, England**

FORDSON E27N MAJOR

Eigentlich war der E27N nur ein Lückenfüller, der von einem fast 30 Jahre alten Motor angetrieben wurde, entwickelte sich jedoch zu einer Erfolgsstory. Die Ingenieure in Dagenham arbeiteten bereits an einem völlig neuen Projekt, aber es war noch Jahre von der Serienreife entfernt. Das Unternehmen benötigte jedoch ein neues Modell, um die Fertigungsstraßen auszulasten.

Die Antwort war der Fordson Major, der mit neuer Formgebung und größerem Raddurchmesser stattlicher und beeindruckender als bisherige Fordsons wirkte. Es gab auch einen Farbwechsel: vom Grün des Kriegsmodells N zu einem neuen dunkelblauen Farbton. Unter dem neuen Lack fanden sich jedoch starke verwandtschaftliche Beziehungen zu den über 750000 Model F und N Fordsons, die seit 1917 in den USA, Irland und England gebaut worden waren.

Der Motor

Die Maschine basierte auf dem Triebwerk des Model F von 1917, lief aber mit 1450 U/min, um die Nennleistung bei der Benzin/Paraffin-Version auf 28,5 PS (21 kW) zu erhöhen. Die wichtigste mechanische Änderung war, dass der Schneckenrad-Achsantrieb wegfiel. Dies war eine wichtige Verbesserung, weil der alte Antrieb teuer in der Fertigung war, das neue Stirnradgetriebe effizienter arbeitete und weniger Leistung schluckte.

Oben: *Viele Hauptkomponenten des Fordson E27N Major stammten vom Fordson Model N und vom Model F.*

Der Major erhielt eine Einplattenkupplung, und der bisherige Luftfilter wurde durch eine effizientere Konstruktion ersetzt. Ein Abscheidungsgefäß erleichterte es, den Treibstoff auf Verunreinigungen zu prüfen. Der Motor besaß einem Zahnkranz, an dem ein Anlassermotor angebracht werden konnte. Lenkbremsen waren nur beim preiswertesten Modell des Major aufpreispflichtig.

Weitere Entwicklungen

Eine andere wichtige Entwicklung während der Produktionszeit war die hydraulische Dreipunkt-Gerätekopplung. Außerdem wurde der Major als erster Fordson ab Werk mit einem Dieselmotor angeboten. Ein Ford-Diesel befand sich bereits in Entwicklung, war aber noch nicht verfügbar, sodass Ford sich für einen Perkins-P6-Motor mit 45 PS (33,5 kW) Nennleistung entschied.

Der neue Fordson Major kam zu einer Zeit auf den Markt, in der die Nachfrage nach Traktoren in England und Übersee rapide anstieg. Er erwarb sich schnell den Ruf großer Zuverlässigkeit. Die Produktion erreichte 1948 mit über 50 000 Einheiten ihren Spitzenwert. Der Fordson Major war noch bis zur Einführung des New Major Ende 1951 erhältlich.

Technische Daten

Hersteller: Ford Motor Co.
Standort: Dagenham, Essex, England
Modell: Fordson E27N Major
Typ: Allzweck
Antrieb: Vierzylindermotor
Leistung: 28,5 PS (21 kW)
Getriebe: Dreiganggetriebe
Gewicht: 2085 kg (mit Stahlrädern)
Produktionsbeginn: 1945

Links: *Als immer mehr Kunden die Dieselversion bestellten, wurde die Perkins-Plakette am E27N bald zum vertrauten Anblick.*

Oben: *Das dekorative Deckblatt der original Verkaufsbroschüre für den Fordson E27N Major.*

OPPERMAN

1946 **Borehamwood, Hertfordshire, England**

OPPERMAN MOTOCART

Der Motocart wurde 1945 von einem Farmer konstruiert. Er glaubte, dass ein kleines, für unebenes Gelände geeignetes Transportfahrzeug dem Pferdegespann überlegen sein müsse.

Der in der Werkstatt seiner Farm entstandene Prototyp war so erfolgreich, dass er die Idee dem Unternehmen S. E. Opperman zur Verwertung antrug. Die Firma stellte Stollen und Klappgreifer für Traktorräder her, die bei schwierigen Bodenbedingungen die Traktion verbesserten.

S. E. Opperman verbesserte die Grundkonstruktion des Transporters, nannte ihn Motocart und begann 1946 mit der Produktion.

Konstruktion

Die Konstruktion war einfach. Ein Vorderrad mit großem Durchmesser lieferte die Traktion und steuerte das Fahrzeug. Der kleine, luftgekühlte Motor war an der Außenseite des Rads angebracht. Die Hinterräder verfügten über Trommelbremsen. Der Fahrer saß vorn auf dem Fahrzeug zwischen Vorderrad und Ladefläche.

Der Einzylinder-Viertaktmotor lieferte 8 PS (6 kW) und trieb das Vorderrad an. Die Kraftübertragung erfolgte mittels Kette und Zahnrad an eine Einplattenkupplung. Das kompakte Vierganggetriebe erlaubte auf der Straße eine Höchstgeschwindigkeit von 17,7 km/h.

Die maximale Zuladung des Motocart betrug 1,52 Tonnen. Lasten konnten wahlweise auf einer festen Ladefläche oder in einer Kipppritsche transportiert werden.

Oben: *Die Anfangsidee eines Transporttraktors für Farmen wurde von der Firma Opperman im Motocart übernommen.*

Technische Daten

Hersteller: S. E. Opperman
Standort: Borehamwood, Hertfordshire, England
Modell: Motocart
Typ: Transportschlepper
Antrieb: luftgekühlter Einzylindermotor
Leistung: 8 PS (6 kW)
Getriebe: Vierganggetriebe
Gewicht: 1500 kg
Produktionsbeginn: 1946

BEAN

1946 **Brough, Yorkshire, England**

BEAN TOOL CARRIER

Der Bean-Geräteträger wurde vom englischen Gemüsebauer Mr. Bean aus Yorkshire, England, konstruiert. Seine erste Maschine baute er etwa um 1945 für den Eigenbedarf. Als andere Gemüsebauern Interesse daran zeigten, stellte er weitere Exemplare für den regionalen Verkauf her.

Unten: *Ein Gemüsebauer aus Yorkshire konstruierte den Bean-8-PS-Geräteträger (6 kW) und Spezialgeräte für den Reihenanbau.*

Technische Daten

Hersteller: Humberside Agricultural Products
Standort: Brough, Yorkshire, England
Modell: Bean
Typ: Geräteträger
Antrieb: Ford-Vierzylindermotor
Leistung: 8 PS (6 kW)
Getriebe: Dreiganggetriebe
Gewicht: 610 kg
Produktionsbeginn: 1946

Weil die Nachfrage anstieg, traf Mr. Bean 1946 eine Vereinbarung mit Humberside Agricultural Products zwecks Übernahme der Produktion, die zehn Jahre weiterlief.

Zwei Versionen

Der Geräteträger war als Version mit drei oder vier Rädern erhältlich, wobei der Dreiradträger das beliebtere Modell war. Beide Versionen basierten auf einem rechteckigen Stahlrahmen mit zwei großen Antriebsrädern hinten. Der Dreiradträger besaß vorn ein einzelnes Rad mit Deichsellenkung. Über den Hinterrädern war als Antrieb ein kleiner 8-PS-Ford-Industriemotor (6 kW) montiert, der seine Kraft über ein Ford-Dreiganggetriebe übertrug. Der Fahrersitz befand sich vor dem Motor, sodass die Sicht in Fahrtrichtung und auf Zwischenachsgeräte unverstellt blieb. Geräte wie Hacken oder leichte Eggen konnten auch an der Rückseite des Rahmens montiert werden.

Die Bean-Geräteträger kamen vorwiegend bei der Arbeit im Gemüseanbau zum Einsatz, auch für die Unkrautbekämpfung auf Zuckerrübenfeldern. Neben Zwischenreihen-Kultivatoren und Hacken umfasste die Geräteliste eine Spritzmaschine, eine 6-Reihen-Sämaschine und einen Düngemittelstreuer.

ALLIS-CHALMERS
1947 Milwaukee, Wisconsin, USA

ALLIS-CHALMERS MODEL G

Die meisten Hersteller rücken bei ihren Traktoren die Vielseitigkeit in den Vordergrund, um sich einen möglichst großen Käuferkreis zu erschließen. Mit dem Model G ging Allis-Chalmers den umgekehrten Weg und baute eine Maschine für einen sehr begrenzten und speziellen Anwendungsbereich.

Technische Daten

Hersteller: Allis-Chalmers
Standort: Milwaukee, Wisconsin, USA
Modell: G
Typ: Geräteträger
Antrieb: Vierzylindermotor
Leistung: 8 PS (6 kW)
Getriebe: Vierganggetriebe
Gewicht: 636 kg
Produktionsbeginn: 1947

Oben: *Der in den USA und Frankreich gebaute Model G mit 8-PS-Motor (6 kW) war Allis-Chalmers' Beitrag zum Geräteträger-Markt.*

Der Model G war ein Geräteträger-Traktor für die Arbeit mit hinten montierten Hackrahmen, Zwischenachs-Hackrahmen und anderen Geräten, wie sie meist im Reihenanbau Verwendung finden. Voraussetzungen für diese Arbeiten sind große Bodenfreiheit für Zwischenachsgeräte und Sicht nach vorn, damit der Fahrer genau zwischen den Pflanzreihen steuern kann. Geringes Gewicht reduziert die Bodenverdichtung beim Arbeiten.

Gute Sicht

Der Model G erfüllte alle Voraussetzungen, insbesondere was die gute Sicht vom Fahrersitz aus betraf. Sie wurde begünstigt durch den hinten am Traktor montierten Motor. Sogar das Lenkrad wies oben eine Einbuchtung auf, um den Blick nach vorn nicht zu behindern. Mit 636 kg war der Traktor ein Leichtgewicht und dennoch gut ausgestattet. Der wassergekühlte Vierzylinder-Benzinmotor leistete lediglich 8 PS (6 kW). Das Vierganggetriebe verfügte über einen sehr groß übersetzten ersten Gang mit einer Vorwärtsgeschwindigkeit von nur 2,5 km/h, wie man sie für langsam fahrende Präzisionsgeräte wie Setzmaschinen braucht.

Ein weiteres wichtiges Konstruktionsmerkmal für den Reihenanbau ist die in weitem Rahmen verstellbare Spurbreite. Der Model-G-Traktor bot acht verschiedene Spureinstellungen zwischen 1,21 und 1,62 m für Vorder- und Hinterachse.

DAVID BROWN

1947 **Meltham, Yorkshire, England**

DAVID BROWN CROPMASTER

Der Cropmaster wies eine wesentliche Ähnlichkeit mit seinem Vorgänger VAK 1A auf, aber es gab auch wichtige Unterschiede zwischen den beiden Traktoren, zum Beispiel die Produktionszahlen. Der VAK 1A wurde 3500-mal verkauft, der Cropmaster brachte es auf stolze 60 000 Exemplare.

Rechts: *David Brown führte seinen ersten Dieselmotor 1949 als 34-PS-Antrieb (25,3 kW) für den Cropmaster-Traktor ein.*

Oben: *Die ersten Traktoren der neuen Cropmaster-Serie waren eine bedeutende Bereicherung der David-Brown-Palette und ersetzten das Vorgängermodell VAK 1A.*

Technische Daten

Hersteller: David Brown Tractors
Standort: Meltham, Yorkshire, England
Modell: Cropmaster
Typ: Allzweck
Antrieb: Vierzylindermotor
Leistung: 35 PS (26 kW)
Getriebe: Sechsganggetriebe
Gewicht: 1500 kg
Produktionsbeginn: 1947

David Brown begann 1947 mit der Produktion der Cropmaster-Serie, die ein Standardmodell und das Sondermodell 4S umfasste. Die ersten Serientraktoren wurden von einem David-Brown-Benzin/Paraffinmotor angetrieben, der 35 PS (26 kW) leistete. Ab 1949 stand der neue David-Brown-Dieselmotor auf der Optionsliste für den Cropmaster und sorgte für einen Popularitätszuwachs.

Neuer Motor

Der Dieselmotor stammte aus der neuen Generation leicht startender, hochdrehender Traktortriebwerke, die zur Revolutionierung der mechanisierten Landwirtschaft in England beitrugen. Er leistete 34 PS (25,3 kW) bei einer Nenndrehzahl von 1800 U/min und bot ebenso wie die Konkurrenzprodukte von Perkins und Ford neue Standards hinsichtlich Drehmomentreserve und Treibstoffersparnis.

Verkaufsargumente

Ein wichtiges Verkaufsargument für den Cropmaster war das zweistufige Getriebe, das sechs Vorwärts- und zwei Rückwärtsgänge bot. Anfänglich nur als Option angeboten, gehörte es nach knapp zwei Jahren zur Standardausstattung, wie auch ein extrabreiter Sitz für zwei Personen. Als spätere Versionen des Cropmaster folgten 1953 die Modelle 25 und 25 D.

FERGUSON

1946 Coventry, Warwickshire, England

FERGUSON TE-20

Als die in Amerika produzierten Ford-9N-Traktoren mit dem Ferguson-System ein außerordentlicher Verkaufserfolg wurden, erwartete Ferguson, dass Ford die Produktion auf das englische Werk in Dagenham ausdehnen würde.

Warum dies nicht geschah, ist unklar. Möglicherweise gab es praktische Probleme mit der Produktionsumstellung während der Kriegsjahre, möglicherweise sperrten sich auch die Ford-Direktoren in Dagenham gegen eine Zusammenarbeit mit Ferguson, der, berechtigt oder nicht, als schwieriger Zeitgenosse galt. Stattdessen ersetzte man nach Ende des Zweiten Weltkrieges den Model-N-Traktor durch den Fordson E27N Major.

Ferguson und Standard

Harry Ferguson begriff, dass er für den Bau eines Ferguson-System-Traktors in England eigene Wege gehen musste, und er unterzeichnete einen Vertrag mit der Standard Motor Company, einem bedeutenden Automobilbauer. Es war eine gute Wahl, denn Standard verfügte im Werk Banner Lane, Coventry, über reichlich Platz und war für gute Qualität bekannt. Die Vereinbarung glich Fergusons frühe-

Ganz oben: *Das Ferguson-Dreipunkt-Kopplungssystem am Heck eines TE-Traktors aus dem Werk Banner Lane.*

Oben: *Ferguson-Traktoren wurden im Werk Banner Lane nahe Coventry als Vertragsproduktion von der Standard Motor Co. gefertigt.*

ren Verträgen mit David Brown und Henry Ford. Ferguson kontrollierte Konstruktion und Marketing, während sein Partner die Fabrik stellte und sich um die Fertigung kümmerte.

Produktion

Die Serienproduktion in kleinem Maßstab begann Ende 1946. Der Ferguson TE-20 erinnerte stark an den in Amerika gebauten Ford 9N. Beide waren grau lackiert und ähnelten sich auch in der Form. Wesentlicher Unterschied war das Vierganggetriebe des Ferguson und sein in den beiden ersten Produktionsjahren von Continental gelieferter Motor mit hängenden Ventilen. Seine 1996 cm^3 Hubraum erzeugten eine maximale Leistung von 24 PS (17,8 kW). Der Continental-Motor wurde später durch ein Standard-Triebwerk vergleichbarer Größe und Leistung ersetzt, das auch als Antrieb für Autos, Pritschenwagen und Transporter der Marke Standard Vanguard diente.

Als 1951 ein Dieselmodell in die TE-Serie aufgenommen wurde, wählte Ferguson einen neuen, von Standard gebauten Motor, und der Traktor trug fortan die Bezeichnung TE-F20.

Entwicklungen

Ein Vertrag über die Serienfertigung von Ferguson-Traktoren in Frankreich führte dazu, dass der vor Ort gebaute Ferguson schnell den Renault als den in Frankreich meistverkauften Traktor ablöste.

Ein großes Überseeprojekt wartete schon in den USA: Fords Entscheidung, keine Traktoren mehr für Fergusons nordamerikanische Marketingfirma herzustellen, hatte Ferguson dort ein großes Händlernetz ohne Traktoren für den Verkauf beschert. Jetzt konnte Ferguson Schlepper der TE-Serie aus England liefern, während er in Detroit selbst neue Produktionsstätten errichtete.

Der in Amerika gebaute Ferguson trug den Namen TO-20. Er basierte auf der TE-Konstruktion, war aber mit einem Continental-Motor und mit amerikanischen Komponenten ausgestattet.

Technische Daten

Hersteller: Standard Motor Co.
Standort: Coventry, Warwickshire, England
Modell: Ferguson TE-20
Typ: Allzweck
Antrieb: Vierzylindermotor
Leistung: 24 PS (17,8 kW) maximal
Getriebe: Vierganggetriebe
Gewicht: 1117 kg
Produktionsbeginn: 1946

Unten: *Dies war der erste im Werk Banner Lane gebaute Traktor der TE-Serie. Er wurde als leichtes Werksfahrzeug eingesetzt und ist heute restauriert im Werksmuseum zu besichtigen.*

FERGUSON

1946 Coventry, Warwickshire, England

ANTARCTIC FERGUSONS

Die meisten Traktoren verrichten ihre Arbeit auf den Feldern, aber drei Ferguson-Traktoren mussten mit extremen Herausforderungen kämpfen: Sie gehörten zu den zwölf Fergusons, die in den 1950er-Jahren zu britischen und neuseeländischen Lagern in der Antarktis verschifft wurden.

Links: *Die Kabinen für die in die Antarktis verschifften Ferguson-TE-Traktoren wurden im britischen Basiscamp montiert, um die Fahrer vor den extrem niedrigen Temperaturen zu schützen. Ein Traktor der Polarexpedition gelangte später zurück nach England und ist jetzt Ausstellungsstück im Werk Banner Lane, Coventry, wo er ursprünglich gebaut wurde.*

Technische Daten

Hersteller: Standard Motor Co.
Standort: Coventry, Warwickshire, England
Modell: Ferguson TE-20
Typ: Allzweck
Antrieb: Vierzylindermotor
Leistung: 28 PS (20,7 kW)
Getriebe: Vierganggetriebe
Gewicht: 1144 kg
Produktionsbeginn: 1946

Zum Forschungsprogramm 1957/58 gehörte eine 1931 km weite Fahrt zum Südpol unter Leitung des Neuseeländers Sir Edmund Hillary. Neben den drei Fergusons setzte das Team auch speziell für Fahrten über Schnee und Eis entwickelte Fahrzeuge ein, doch sie wurden wegen mechanischer Probleme aufgegeben, sodass nur die drei Traktoren die Reise durch eine der erbarmungslosesten Gegenden der Erde vollendeten. Die Traktoren mussten Temperaturen von -55 °C und 60 cm tiefen Pulverschnee aushalten. Sie überquerten ein in 3048 m Höhe liegendes Plateau, wo die dünne Luft die Motorleistung um über 40 Prozent reduzierte. Auf einigen Streckenabschnitten waren die Traktoren mit Seilen verbunden, falls einer von ihnen in eine Spalte rutschen sollte.

Bei den gelieferten Fergusons handelte es sich um überarbeitete Standardmodelle mit Benzinmotor. Ihre Modifikationen umfassten eine kältebeständige Kabelisolierung, für niedrige Temperaturen geeignete Batterien sowie wasserdichte Bremsen, um das Eindringen von Pulverschnee zu verhindern. Es waren besonders konstruierte Raupenketten und Halbketten aufmontiert.

JOHN DEERE

1947 **Dubuque, Iowa, USA**

JOHN DEERE MODEL M

Der erste komplett neue Nachkriegstraktor von John Deere war der Model M. Als Kleintraktor sollte er die Modelle L, LA und H ersetzen. Es war auch der erste Traktor, der im neuen Werk in Dubuque, Iowa, vom Band lief.

Rechts: *Dieser Model M besitzt eine normale Radanordnung. Es waren auch Raupen-, Industrie- und Reihenanbau-Versionen erhältlich.*

Oben: *Dies ist einer aus einer Reihe von Model-M-Industrietraktoren, die im John-Deere-Werk eine Sonderlackierung nach speziellen Kundenanforderungen erhalten hatten.*

Technische Daten

Hersteller: Deere & Co.	
Standort: Dubuque, Iowa, USA	
Modell: M	
Typ: Allzweck	
Antrieb: vertikaler Zweizylindermotor	
Leistung: 18,2 PS (13,5 kW)	
Getriebe: Vierganggetriebe	
Gewicht: 1223 kg	
Produktionsbeginn: 1947	

Auch der M setzte die John-Deere-Tradition der Zweizylindermotoren fort. Anstatt liegend angeordnet zu sein, standen die Zylinder aber diesmal senkrecht wie bei den Modellen L und LA. Bohrung und Hub betrugen identische 10,1 cm, was den Model M zu einen der wenigen John-Deere-Traktoren mit so genanntem „square"-Zweizylindermotor machte. Er leistete bei 1650 U/min Nenndrehzahl 18,2 PS (13,5 kW).

Ausstattung

Für einen Kleintraktor Mitte der 1940er-Jahre war der Model M gut ausgestattet. Er besaß eine Zapfwelle und einen Elektrostarter, das Getriebe verfügte über vier Vorwärtsgänge. Der M war zudem als erster Traktor mit dem neuen John-Deere-Touch-O-Matic-Hydrauliksystem ausgestattet, einer neuen Einrichtung zur Kontrolle montierter Geräte. Die spätere Dual-Touch-O-Matic besaß eine Zusatzkontrolle zum Ausrichten angekoppelter Geräte.

Die M-Traktoren waren in verschiedensten Versionen erhältlich, darunter als Industriemodell MI und als MT mit wahlweise einem einfachen oder Zwillings-Vorderrad oder mit verstellbarer vorderer Spurweite. Es gab auch ein Raupenmodell MC, das bei der früheren Fabrik Lindeman montiert wurde, mit Raupenbreiten von 25,4, 30,4 oder 35,5 cm.

FORD

⚒ **1947 Dearborn, Michigan, USA**

FORD 8N

Henry Ford lenkte weiter die Geschicke des Konzerns, den er aufgebaut hatte. Erst 1945, im Alter von 82 Jahren, übergab er die Zügel an seinen Enkel, Henry Ford II. Als der Einfluss von Henry Ford sen. im Unternehmen abnahm, ging auch seine Partnerschaft mit Harry Ferguson in ihre Schlussphase.

Im Jahr 1945 machte der Ford-Konzern Verluste, und harte Entscheidungen standen an, um wieder profitabel zu arbeiten. Eine dieser Entscheidungen war es, den „Vertrag durch Handschlag" zwischen Ford sen. und Ferguson zu beenden. Durch ihn waren die N9- und N2-Traktoren entstanden, von Ford mit der Ferguson-System-Hydraulik gebaut und vermarktet von einer Firma, die Ferguson kontrollierte.

Der Rechtsstreit

Fords amerikanisches Traktorengeschäft war eines der Problemfelder, die beim Kassensturz 1945 und 1946 ausgemacht wurden. Ende 1946 kündigte Henry Ford II an, mit sechsmonatiger Kündigungsfrist keine Traktoren mehr an die Ferguson Marketing Company zu liefern und die N9/N2-Modelle durch ein neues Modell zu ersetzen.

Das führte zu einer Klage von Harry Ferguson, der Ford auf Patentverletzung und Schadensersatz verklagte. Der Prozess beschäftigte 200 Anwälte und erzeugte über eine Million Schriftsätze. Das Gericht gab Ferguson Recht, sprach ihm aber nur $ 10 Millionen zu, statt der $ 340 Millionen, auf die er geklagt hatte.

Ganz oben: *Der neue 8N-Traktor hatte eine leichte Ähnlichkeit mit dem alten 9N. Auch die kompletten Geräteanschlüsse und die Hydraulik waren von Ferguson übernommen.*

Oben: *Der Start des Ford 8N beendete die Ford-Ferguson-Partnerschaft in einem äußerst erbitterten und teuren Rechtsstreit.*

Weiteres Ergebnis des Rechtsstreits war eine Vereinbarung, das Design des neuen Ford-Traktors so zu verändern, dass Fergusons Patente nicht mehr verletzt wurden. Der neue Traktor war der Ford 8N, der ab Juli 1947 den 9N/2N ersetzte. Das Modell war dabei in mehr als 20 Punkten verbessert worden.

Der 8N ging mit den Heckgeräteanschlüssen und der Hydraulik des Ferguson-Systems auf den Markt, das später dem Urteil folgend modifiziert wurde. Die von Furguson genehmigte graue Lackierung wurde durch Blassgrau und Rot ersetzt, und Harry Fergusons Dreiganggetriebe des Vorläufermodells wurde beim neuen Ford-Traktor durch ein Vierganggetriebe ersetzt.

Erfolg

Trotz des Rechtsstreits und der Modifikationen war der 8N einer der größten Erfolge der Branche mit einem jährlichen Produktionshöchststand von über 100 000 Traktoren in den Jahren 1948 und 1949. Der einzige andere Traktor, der die Grenze von 100 000 verkauften Exemplaren im Jahr durchbrach, war Henry Fords Fordson Model F. Allerdings erreichte auch Harry Ferguson vergleichbare Zahlen, wenn man die Gesamtproduktion seiner TE-Traktoren-Serie britischer Herstellung und ihres amerikanischen TO-Gegenstücks zusammenzählt.

Der 8N wurde bis 1953 hergestellt, als schließlich der neue NAA-Traktor zu Fords goldenem Jubiläumsfest herauskam.

Technische Daten

Hersteller: Ford Motor Co.	**Gewicht:** 1230 kg
Standort: Dearborn, Michigan, USA	**Produktionsbeginn:** 1947
Modell: 8N	
Typ: Allzweck	
Antrieb: Vierzylindermotor	
Leistung: 21 PS (15,5 kW)	
Getriebe: Vierganggetriebe	

Links: *Diese PR-Aufnahme aus den Ford-Archiven zeigt Ford-8N-Traktoren am Ende der 8N-Fertigungsstraße im Ford-Werk in Dearborn, Michigan.*

MARSHALL

1947 Gainsborough, Lincolnshire, England

FIELD MARSHALL SERIE II

Vor 50 Jahren war der charakteristische Auspuffklang des Einzylindermotors von Field-Marshall-Traktoren ein vertrautes Geräusch auf vielen englischen Farmen. Diese Traktoren wurden zur Erfolgsstory für die Firma Marshall.

Technische Daten

Hersteller: Marshall Sons & Co.	
Standort: Gainsborough, Lincolnshire, England	
Modell: Field Marshall Serie II	
Typ: Allzweck	
Antrieb: Einzylinder-Zweitakt-Dieselmotor	
Leistung: 40 PS (30 kW)	
Getriebe: Dreiganggetriebe	
Gewicht: 5550 kg	
Produktionsbeginn: 1947	

Oben: *Der Einzylindermotor der Field-Marshall-Traktoren spielte eine große Rolle für die gesteigerte Popularität von Dieselantrieben auf englischen Farmen.*

Die erste Version des Marshall-Traktors mit Einzylindermotor nahm in einer Gruppe von Diesel-Traktoren 1930 an den World-Tractor-Trials nahe Oxford, England, teil. Von den fünf Traktoren, die an dieser Veranstaltung teilnahmen, war der Marshall der einzige, der in den 1930er-Jahren noch hergestellt wurde und der nach dem Krieg noch zu kaufen war.

Serie I und II

Das Interesse an dieselgetriebenen Traktoren stieg während des Krieges stark an, was vermutlich auch die Nachfrage nach dem Marshall-Traktor verstärkte, der heute als der Field Marshall bekannt ist. Das 1945 als Serie I angekündigte Modell hatte denselben liegenden Zweitakter-Dieselmotor wie das Vorkriegsmodell M und auch eine schwere, außen liegende Schwungscheibe für größere Laufruhe des Einzylindermotors. Die Leistung betrug 40 PS (30 kW) bei einer Drehzahl von 750 U/min verglichen mit 700 U/min beim M-Modell.

Field Marshalls der Serie II waren ab 1947 auf dem Markt. Im Vergleich zu früheren Modellen waren vor allem Getriebe, Bremsen und Kupplung verbessert worden. Das neue Modell hatte größere Hinterräder und einen bequemeren Fahrersitz. Außerdem gab es ein besser ausgestattetes Sondermodell mit höherer Straßengeschwindigkeit und Scheinwerfern.

MASSEY-HARRIS

🛠 **1948 Manchester, England**

MASSEY-HARRIS 744PD

Der in Amerika hergestellte Massey-Harris-44K-Traktor wurde auch in England gebaut, nachdem die Firma beschlossen hatte, dort zu produzieren. Der Traktor wurde hier als 744PD bekannt. Allen Modellnummern von in England hergestellten Massey-Harris-Produkten wurde damals eine 7 vorangestellt. Das PD nach der Nummer stand für Perkins-Diesel.

Rechts: *Massey-Harris wählte einen Perkins-Dieselmotor für seine in England hergestellte Modell-44-Version aus, die anfangs als 744PD bekannt wurde.*

Oben: *Diese Frontansicht eines Massey-Harris 744PD zeigt die auffällige Perkins-Fabrikmarke als Hinweis auf den P6-Dieselmotor.*

Technische Daten

Hersteller: Massey-Harris	
Standort: Manchester, England	
Modell: 744PD	
Typ: Allzweck	
Antrieb: Sechszylinder-Dieselmotor	
Leistung: 46 PS (34 kW)	
Getriebe: Fünfganggetriebe	
Gewicht: 2339 kg	
Produktionsbeginn: 1948	

Massey-Harris entschloss sich, für den in England hergestellten Traktor standardmäßig Dieselantrieb zu verwenden. Da der firmeneigene Dieselmotor 1948 zu Beginn der Produktion in Manchester noch nicht ausgereift war, wurde der Sechszylinder-Perkins P6 mit 46 PS (34 kW) Nennleistung eingesetzt.

Enttäuschende Verkaufszahlen

Die Kombination des MH44-Traktors mit seinem überlegenen Fünfganggetriebe und dem ausgezeichneten P6-Motor hätte ein großer Erfolg werden können, aber die Verkaufszahlen waren enttäuschend. Nach den ersten 16 im Manchester-Werk hergestellten Traktoren verlegte Massey-Harris die Produktion ins neue Werk in Kilmarnock, Schottland, und vereinfachte die Modellnummer zu 744D.

Nachdem Massey-Harris 1954 Fergusons Traktorfirma gekauft hatte, wurde die Produktion des 744D eingestellt: In sechs Jahren waren nur 17000 Exemplare verkauft worden. Der 744D wurde durch den neuen 745 ersetzt, der von einem Perkins-L4-Motor angetrieben wurde und mehr Leistung bei geringerem Kraftstoffverbrauch brachte als der P6.

URSUS

1947 **Ursus, Warschau, Polen**

URSUS C45

Ursus-Traktoren kamen erstmals in den frühen 1920er-Jahren auf den Markt. Das erste Modell war ein Lizenznachbau des International Harvester Titan 10-20. Die Herstellung von Traktoren war eine der Prioritäten im Nachkriegswiederaufbau der polnischen Industrie, und die Ursus-Werke begannen ab 1947, wieder Traktoren zu bauen.

Oben: *Ein komplett gepolsterter Sitz auf einer Sprungfeder gehörte zum Komfortpaket für den Fahrer des in Polen hergestellten Ursus C45.*

Oben, links: *Dieses Foto eines Ursus-C45-Traktors mit Halbdieselantrieb zeigt, wie sehr die Konstruktion einem Lanz-Traktor ähnelte.*

Das Ursus-Modell von 1947 war der C45, der, wie auf dem Foto zu sehen, einem Lanz-Bulldog sehr ähnlich sah. Tatsächlich glichen sich die zwei Traktoren so stark, dass Bulldog-Ersatzteile beim Ursus passten.

Glühkopfmotor

Der C45 war mit seinem veraltenden Bulldog-Design ein sehr häufiger und gern gesehener Gast auf polnischen Bauernhöfen. Der Antrieb war der Lanz-Glühkopf- oder Halbdieselmotor, die Standardversion sah noch die übliche Lötlampe vor, um den Zylinderkopf vorzuheizen, und das Lenkrad mit dem Holzgriff diente gleichzeitig als Andrehkurbel für den Traktormotor.

Kunden, die nur ungern bis zu 20 Minuten für den Kaltstart aufwenden wollten, konnten als Zusatzausstattung einen Elektroanlasser wählen. Dieses System verwendete eine Kontakthammerspule zur Funkenerzeugung, um Benzin zu zünden. Der Motor lief auf Benzin, bis der Zylinderkopf heiß genug war, um mit Diesel oder Paraffin weiterzulaufen.

Das Benzin- und Anlassersystem beschleunigte den Anlassvorgang, aber es verringerte nicht die recht hohe Wahrscheinlichkeit, dass der Motors rückwärts lief. Das ist charakteristisch für Halbdieselmotoren; beim C45 wurden in diesem Falle die vier Vorwärtsgänge und der eine Rückwärtsgang zu vier Rückwärtsgängen und einem Vorwärtsgang.

Fahrerkomfort

Am C45 erkennt man einige Anzeichen dafür, dass Fahrerkomfort und Bequemlichkeit langsam zu wichtigeren Konstruktionsmerkmalen wurden. Der Sitz des C45-Traktors hängt an einer Sprungfeder, um senkrechte Bewegungen zuzulassen, und er ist gepolstert – obwohl die Polster auf dem Foto links nicht original sind. Die Fahrerposition ist auch von der Mitte weg versetzt, was die Sicht nach vorn verbessert und mehr Platz beim Aufsitzen bietet. Das allererstaunlichste Komfortmerkmal ist die Blattfederaufhängung unter der Frontachse.

Der Ursus C45 wurde bis weit in die 1950er-Jahre gebaut, als dann modernere Konstruktionen seinen Platz einnahmen. Doch die Politik, auf importierte Technologie zu vertrauen, die mit dem Titan und dem Bulldog begonnen hatte, wurde fortgesetzt. Es gab enge Verbindungen zwischen Ursus und der Firma Zetor aus der Tschechoslowakei. In den 1980er-Jahren lieferte Massey Ferguson das Know-how für den Bau eines neuen Ursus-Werks, in dem dann einige MF-Modelle und Perkins-Motoren in Lizenz hergestellt wurden.

Unten: *Ein massiver, quer befestigter Blattfedersatz unter der Frontachse des Ursus C45 war ein wesentlicher Beitrag für erhöhten Fahrerkomfort.*

Technische Daten

Hersteller: Ursus	**Getriebe:** Vierganggetriebe
Standort: Ursus, Warschau, Polen	**Gewicht:** nicht bekannt
Modell: C45	**Produktionsbeginn:** 1947
Typ: Allzweck	
Antrieb: Halbdieselmotor	
Leistung: 45 PS (33,3 kW)	

COUNTY
1948 **Fleet, Hampshire, England**

COUNTY FULL TRACK

Die engen Verbindungen zwischen County Commercial Cars und der Ford Motor Company begannen 1929, als County seinen ersten LKW umrüstete. Damals wurde ein Dreiachser aus einem Ford-AA-Serienchassis entwickelt.

Technische Daten

Hersteller: County Commercial Cars	
Standort: Fleet, Hampshire, England	
Modell: County Full Track	
Typ: Raupenschlepper	
Antrieb: Vierzylindermotor	
Leistung: 45 PS (33,3 kW) (Dieselversion)	
Getriebe: Dreiganggetriebe	
Gewicht: nicht bekannt	
Produktionsbeginn: 1948	

Oben: *County war berühmt für seine Umbauten von Ford-Traktoren auf Vierradantrieb, aber der CFT-Raupenschlepper war der erste kommerzielle Erfolg.*

Countys erster Ausflug auf den Traktorenmarkt begann 1948 mit dem Umbau eines Fordson-Major-Traktors zum County Full Track, später abgekürzt CFT. Er bot zusätzliche Zugkraft, den verringerten Bodendruck eines Raupenschleppers und die Zuverlässigkeit sowie internationale Verfügbarkeit von Ersatzteilen eines Fordson. Die Kombination war so erfolgreich, dass der CFT Grundstein von Countys späterer Entwicklung zu einer spezialisierten Traktorenfirma wurde.

Konstruktionsmerkmale

Die Raupenbreite des CFT betrug 30,48 cm, was einen Bodendruck von 316 g/cm^2 ergab. Später wurden alternativ noch andere Raupengrößen angeboten.

Ein Merkmal der Konstruktion waren das hohe Frontrad und das hohe Antriebskettenrad. Das verbesserte die Leistung auf unebenem Boden, verringerte den Bewegungswinkel für die Raupenplatten und somit Abnutzung und Belastung. Die obere Raupenführung lag sehr hoch, was dem CFT und späteren Modellen ein unverwechselbares Äußeres verlieh, aber dem Fahrer erschwerte, in den Sitz zu klettern. Die CFT-Fertigung begann mit einem Standard-Fordson-Motor, der aber später durch einen Perkins-Dieselmotor ersetzt wurde, was die Leistung auf 45 PS (33,3 kW) steigerte.

TURNER

1949 Wolverhampton, Staffordshire, England

TURNER „YEOMAN OF ENGLAND“

Als die Turner Manufacturing Company sich entschloss, ihre Produktion auf Traktoren auszuweiten, produzierte sie ein Modell mittlerer Leistung und platzierte es in der oberen Preisklasse. Die Fertigung begann 1949, und der Traktor war eine Spitzenattraktion, als er erstmals auf der Royal Show der Royal Agricultural Society of England gezeigt wurde.

Rechts: *Turners „Yeoman of England“ war ein ehrgeiziger Versuch, einen Mittelklasse-Dieseltraktor in der oberen Preisklasse zu platzieren.*

Oben: *Freeman Sanders entwarf den Dieselmotor für den Turner-Traktor. Er wählte eine V-Vier-Anordnung, die seitlich unter der Motorhaube hervorragte.*

Technische Daten

Hersteller: Turner Manufacturing Co.	
Standort: Wolverhampton, Staffordshire, England	
Modell: Yeoman of England	
Typ: Allzweck	
Antrieb: Vierzylinder-V-Motor	
Leistung: 34 PS (25 kW)	
Getriebe: Vierganggetriebe	
Gewicht: nicht bekannt	
Produktionsbeginn: 1949	

Zunächst wurde der Traktor lediglich als der „Turner-Traktor“ bezeichnet. Der Name „Yeoman of England“ wurde erst später auf einem auffälligen Messingschild hinzugefügt. Ein besonderes Merkmal des Traktors war sein Dieseltriebwerk. Statt sich an einen bekannten Dieselmotorenhersteller zu wenden, entschied sich Turner für einen eigenen Motor. Er wurde von Freeman Sanders entworfen, einem Ingenieur, der vorher Motorenentwickler für Fowler-Traktoren war, wo er eine neue Brennkammer eingeführt hatte, die Treibstoffeffizienz und Laufruhe erhöhte.

Seine Konstruktion für den Turner-Motor mit einem paarigen Vierzylinder-V-Motor im 68-Grad-Winkel war unüblich. Der Hubraum betrug 3271 cm^3 und die Nennleistung 34 PS (23,5 kW). Durch seine Größe und Form ragte der Motor unter der Motorhaube hervor und erzeugte so den Eindruck von Kraft.

Schlechte Verkaufszahlen

Trotz des wohl guten Motors erreichte der Turner-Traktor nicht die nötigen Verkaufszahlen, und die Produktion wurde nach acht Jahren eingestellt. Die Nachfrage litt unter anfänglichen Problemen mit der Mechanik, außerdem war der Traktor überteuert, wenn man bedenkt, dass Zapfwelle, Hydraulik, Gummibereifung und Riemenscheibe Extras waren.

JOHN DEERE

1949 Waterloo, Iowa, USA

JOHN DEERE MODEL R

Als die ersten Model-R-Traktoren 1949 in den Ausstellungsräumen von Händlern auftauchten, waren sie ein Meilenstein in der Traktorengeschichte von John Deere. Der R war so wichtig, weil er das letzte John-Deere-Modell war, das mit einem Buchstaben gekennzeichnet wurde. Seither wurden Zahlen verwendet.

Oben: *Die meisten Model-R-Traktoren hatten Gummibereifung, aber die Hinterräder dieser Stahlradversion waren mit speziellen Stollen für den Reisanbau versehen.*

Links: *Diese Schnittansicht eines R-Modells zeigt den Zwillingszylinder-Dieselmotor und das Fünfganggetriebe – beides Innovationen von John Deere.*

Der Model R war der erste John-Deere-Traktor, der optional mit Stahlkabine zu haben war und ein Fünfganggetriebe hatte. Die wichtigste Neuerung beim R-Modell war der erste Dieselmotor in einem John Deere-Traktor. Die Firma hatte seit den frühen Kriegsjahren mit Dieselantrieben experimentiert, und als der Motor auf den Markt kam, war er einer der besten Diesel, die man kaufen konnte. Der R-Motor stellte bei einem Test in Nebraska einen neuen Sparsamkeitsrekord beim Treibstoffverbrauch auf und einen weiteren als leistungsstärkster Motor.

Der Motor

Der neue Motor behielt die bewährte liegende Zweizylinderkonstruktion mit einer Bohrung von 14,6 cm, einem Hub von 20,3 cm und einer Maximalleistung von 51 PS (38 kW). Um den Dieselmotor anzulassen, wählte John Deere einen kleinen Zweizylinder-Boxer-Benzinmotor. Er teilte sich das Kühlsystem mit dem großen Diesel, wodurch die Hitze des Anlassermotors das Dieseltriebwerk mit anwärmte und so das Anlassen erleichterte.

Ein kleiner, batteriegetriebener Elektromotor startete den Benzinmotor. Für den Fall einer leeren Batterie gab es allerdings auch noch die Möglichkeit, den Motor mit der Hand anzulassen. Trotz dieser komplizierten Prozedur zeigte die Leistung des R-Modells, dass John Deere bei der Entwicklung von Dieselantrieben für landwirtschaftliche Fahrzeuge an führender Stelle lag. Als Zubehör war ein unabhängiger Zapfwellenantrieb mit separater Kupplung zum Betrieb von landwirtschaftlichem Zusatzgerät erhältlich.

Die Produktion erreichte ihren Höchststand 1953, und im Jahr darauf rollte das letzte R-Modell von der Fertigungsstraße.

Technische Daten

Hersteller:	Deere & Co.
Standort:	Waterloo, Iowa, USA
Modell:	R
Typ:	Allzweck
Antrieb:	Zwillingszylinder-V-Motor
Leistung:	51 PS (38 kW)
Getriebe:	Fünfganggetriebe
Gewicht:	3452 kg
Produktionsbeginn:	1949

INTERNATIONAL HARVESTER

1949 Doncaster, Yorkshire, England

I.H. FARMALL BM

International Harvester baute 1938 sein erstes Werk in England, aber im Krieg wurden die Anlagen zur Munitionsherstellung requiriert. Die Firma musste bis 1946 warten, ehe sie ihre Produktionsstätten wieder nutzen und Maschinen für den britischen Markt und den Export bauen konnte.

Rechts: *Die Traktorproduktion im International-Harvester-Werk in England begann mit dem BM, der britischen Version des äußerst erfolgreichen, in Amerika hergestellten Farmall M.*

Technische Daten

Hersteller: International Harvester Co.
Standort: Doncaster, Yorkshire, England
Modell: BM
Typ: Allzweck
Antrieb: Vierzylindermotor
Leistung: 36,7 PS (27 kW)
Getriebe: Fünfganggetriebe
Gewicht: 2540 kg
Produktionsbeginn: 1949

Eine wichtige Veränderung für das Werk kam durch die Entscheidung, die Fertigung auf Traktoren auszuweiten. Der erste Traktor, der 1949 vom damaligen britischen Landwirtschaftsminister von der Fertigungsstraße gefahren wurde, war ein Farmall M.

Das neue Modell war im Prinzip eine britische Version des bekannten M-Modells, das seit 1939 in den USA auf dem Markt war. Es wurde in der Folgezeit als BM bezeichnet, um seine Herstellung in England hervorzuheben.

Der Farmall M wurde von einem in Amerika gebauten Vierzylindermotor mit hängenden Ventilen und 4 Liter Hubraum angetrieben. Die Leistung gemessen am Treibriemen betrug 36,7 PS (27 kW).

Die Dieselversion

1952 wurde eine BMD genannte Dieselversion in die Produktpalette aufgenommen. 1953 waren der BM und der BMD Grundlage für die neuen BT6- und BTD6-Modelle, die ersten Kettenschlepper aus Doncaster. Die letzte Phase in der Geschichte der BM und BMD begann 1953, als beide Modelle auf den neuesten Stand gebracht wurden.

BROCKHOUSE

1950 **Southport, Lancashire, England**

BMB PRESIDENT

Als der Traktorenmarkt in England nach dem Zweiten Weltkrieg expandierte, drängte eine wachsende Anzahl von Firmen mit Kleintraktoren auf den Markt. Viele der neuen Kompaktmodelle, die Ende der 1940er- und Anfang der 1950er-Jahre herauskamen, waren schlecht konstruiert und hatten wenig Erfolg auf dem Markt. Doch der BMB President war eine Ausnahme.

Technische Daten

Hersteller: Brockhouse Engineering Co.	
Standort: Southport, Lancashire, England	
Modell: BMB President	
Typ: Minitraktor	
Antrieb: Morris-Vierzylindermotor	
Leistung: 14 PS (10,4 kW)	
Getriebe: Dreiganggetriebe	
Gewicht: 817 kg	
Produktionsbeginn: 1950	

Oben: *Brockhouse Engineering wählte einen 14-PS-Morris-Automotor (10,4 kW) für seinen President-Traktor. Er wurde sieben Jahre lang produziert.*

Er wurde von der Brockhouse Engineering Co. produziert, dem arrivierten Hersteller eines Sortiments von handgeführten Kultivatoren. Der President war ihr erster Traktor und für kleine Höfe, Gemüseanbaubetriebe und Gärtnereien entwickelt worden.

Konstruktionsmerkmale

Antriebseinheit des BMB President war ein Morris-Automotor, der auf Paraffinbetrieb umgestellt werden konnte. Er hatte einen Hubraum von 919 cm^3, und die Leistung bei einer Nenndrehzahl von 2500 U/min betrug 16 PS (11,9 kW) bei Benzin- und 14 PS (10,4 kW) bei Paraffinbetrieb. Das Dreiganggetriebe war serienmäßig, aber die Zapfwelle und die Dreipunktkopplungen waren Extras.

Obwohl einer der besten der neuen Minitraktorengeneration, waren die Verkaufszahlen enttäuschend. Die Einführung des Obstanbaumodells erzeugte kein große Nachfrage, und 1957 wurde der President von der H. J. Stockton Co. in London übernommen. Eine neue Version wurde 1957 auf der Smithfield Show in London vorgestellt – mit neuem Styling und Petter-Doppelzylinder-Dieselmotor. Doch dieser Versuch der Wiederbelebung entpuppte sich schon nach einem Jahr als Misserfolg.

JOHN DEERE

1952 Dubuque, Iowa, USA

JOHN DEERE 40

Die alte, noch mit Buchstaben gekennzeichnete Traktoren-Modellreihe lief aus und wurde durch neue, nummerierte Modelle ersetzt. Der Übergang dauerte zwei Jahre und war bis zu diesem Zeitpunkt die größte Modellumstellung bei John Deere.

Rechts: *Der 40 war das kleinste Modell im neuen, mit Nummern gekennzeichneten Sortiment von John Deere.*

Oben: *Der Model-M-Motor mit zwei stehenden Zylindern kam im neuen 40 wieder zum Einsatz, aber eine höhere Betriebsdrehzahl steigerte die Leistung.*

Technische Daten

Hersteller: Deere & Co.
Standort: Dubuque, Iowa, USA
Modell: 40
Typ: Allzweck
Antrieb: Zweizylinder-Motor
Leistung: 22,7 PS (16,8 kW)
Getriebe: Vierganggetriebe
Gewicht: 1461 kg
Produktionsbeginn: 1952

Die erste Reihe neuer Modelle kam 1952 heraus, darunter auch der 40, der kleinste Traktor im neuen Programm. Er ersetzte das Model M und wurde, wie der Vorgänger, im Dubuque-Werk von John Deere gebaut.

Vererbtes

Der neue 40 erbte den Model-M-Motor mit zwei stehenden Zylindern und gleichem Hub und Bohrung. Die Nenndrehzahl des neuen Traktors war jedoch um 200 auf 1850 U/min angehoben worden, was die Motorleistung auf 4,5 PS (3,3 kW) erhöhte.

Das Styling beruhte wie bei den anderen neuen Nummernmodellen auf dem Dreyfuss-Design der späten 1930er-Jahre. Allerdings war es aktualisiert worden, um dem neuen Aussehen des Model R zu folgen. Ebenso teilte der 40 mit den anderen neuen Modellen einige Merkmale, die den Fahrkomfort erhöhten, darunter eine verbesserte Sitzkonstruktion und eine leichtgängigere Steuerung.

Eine als 40C bekannte Kettenversion war vom früheren Lindeman-Werk erhältlich, und der John Deere 40 wurde für den Reihenanbau auch als Breitspurversion 40S angeboten.

Kapitel 6

Der Kampf um Pferdestärken

Obwohl es viele neue Firmen gab, die während der 1950er-Jahre in die Traktorenindustrie drängten, war dies auch eine Zeit, in der einige etablierte Hersteller durch Fusionen und Übernahmen verschwanden. Die größte Übernahme war der Verkauf von Fergusons Traktorenproduktion an die Massey Harris Company.

Oben: *Für den britischen Markt gebaute Fordson Dexta-Traktoren hatten alle Dieselmotoren, aber für den Export konnten auch Ottomotoren geliefert werden.*

Links: *Das Perkins-Diesel-Firmenlogo erschien auf immer mehr Traktoren, hier bei einem Howard-Platypus-Raupenschlepper.*

Harry Fergusons Verkaufsentscheidung war erstaunlich. Er war höchstwahrscheinlich sehr reich und verkaufte eines der weltweit erfolgreichsten Traktorenwerke, obwohl er immer noch voller Ideen und Enthusiasmus steckte. Trotzdem wollte er anscheinend unbedingt verkaufen. Das Ergebnis der Fusion war das Massey-Ferguson-Traktorensortiment.

Direkte Auswirkungen des Ferguson-Verkaufs waren neue und aktualisierte Modelle, da die Firma versuchte, die Sortimente von Massey-Harris und Ferguson zu halten. Einige der Modelle kommen in diesem Kapitel vor. Außerdem wird der zunehmenden Verbreitung von Dieselmotoren in England und den USA nachgegangen. Dem skurrilen Doe-Traktor sind natürlich auch einige Seiten gewidmet: Er basierte auf den Ideen eines Farmers und ist ein frühes Beispiel für einen Traktor mit über 100 PS. Diese Formel sollte bald an Bedeutung gewinnen.

Was bei der Traktorentwicklung der 1950er-Jahre fehlte, waren spürbare Fortschritte bei Komfort und Sicherheit. Zahlen belegen, dass bei Unfällen mit Überschlag fehlende Kabinen und andere Sicherheitstechnik zu hohen Todesraten und ernsthaften Verletzungen führten. Dennoch zog die Traktorenindustrie keine Konsequenzen, bis das Gesetz sie dazu zwang.

FORDSON

1951 **Dagenham, Essex, England**

NEW FORDSON MAJOR

Trotz seines Verkaufserfolgs war der Fordson E27N nur ein Behelfsmodell, das eingeführt wurde, um den Verkauf in Gang zu halten, während die Ford-Ingenieure bereits am New Fordson Major arbeiteten.

Sie entwickelten nicht nur einen neuen Traktor, sondern auch einen völlig neuen Dieselmotor. Die Arbeit an dem Projekt war schon 1944 im Ford-Werk in Dagenham begonnen worden, obwohl Teile der Firmenleitung massive Bedenken hatten. Die Gegner wiesen zu Recht darauf hin, dass frühere Bemühungen, dieselgetriebene Radtraktoren zu entwickeln, kaum Erfolg hatten und es keinerlei Hinweis gäbe, dass Landwirte gewillt seien, zum neuen Treibstoff zu wechseln.

Trotzdem wurde das Entwicklungsprogramm fortgesetzt und der neue Traktor 1951 auf der Smithfield Show in London vorgestellt. Die Auslieferung wurde für das folgende Jahr angekündigt. Man bot Käufern drei Motoren an: Benziner, Benzin/Paraffinmotoren oder Diesel. Die Dieselversion hatte 3,6 Liter Hubraum mit einer Kompression von 16:1, der Paraffinmotor hatte denselben Hubraum, aber nur eine Verdichtung von 4,35:1 und der Benziner 3,26 Liter Hubraum mit 5,5:1 Kompression. Die

Oben: *Der New Fordson Major wurde 1951 vorgestellt und die Auslieferung für das Folgejahr angekündigt. Seine Nachfolger waren die Versionen Super Major und Power Major.*

Nennleistung betrug anfangs 40 PS (29,6 kW) bei 1700 U/min, doch bei späteren Modellen wurde sie gesteigert.

Der Siegeszug des Diesels

Der Ford-Diesel wurde ein großer Erfolg. Er gehörte zu der kleinen Gruppe von britischen Motoren, die einer neuen Generation hochtouriger Mehrzylinder-Dieselmotoren zum Durchbruch verhalfen, weil sie größere Laufruhe boten und sich leichter starten ließen. Am Ende der Produktionslaufzeit des New Major und seiner Nachkommen Super Major und Power Major entschieden sich über 90 Prozent der britischen Käufer für die Dieselversion.

Es waren nicht nur die Motoren, die den New Major in den britischen Verkaufsstatistiken nach oben brachten und ihn zum Exportschlager machten. Er bedeutete auch die erste Abkehr vom Originaldesign des Fordson Modell F von 1917, war eine technische Weiterentwicklung und in jeder Hinsicht leistungsfähiger als frühere Modelle. Er verband aktuelles Styling mit technischen Leistungsmerkmalen, zu denen auch ein weich schaltbares Sechsganggetriebe mit zwei Übersetzungsebenen gehörte. Außerdem war er ausgesprochen solide gebaut, und so stand der New Major schon bald im Ruf, zuverlässig und haltbar zu sein.

Der New Major war auch populär als Triebwerk für die wachsende Anzahl von Vierrad- und Raupenketten-Spezialumbauten, wobei Fordson den Motor für Traktoren von County, Doe und Roadless lieferte.

Technische Daten

Hersteller: Ford Motor Co.	**Getriebe:** Sechsganggetriebe
Standort: Dagenham, Essex, England	**Gewicht:** 2409 kg
Modell: New Fordson Major	**Produktionsbeginn:** 1951
Typ: Allzweck	
Antrieb: Ford-Vierzylinder-Dieselmotor	
Leistung: 40 PS (29,6 kW)	

Oben: *Der Fordson Power Major war ab 1958 erhältlich und beruhte auf dem New Major. Diverse technische Details waren verbessert worden.*

Unten: *Gegen Ende der Produktionslaufzeit des Fordson Major entschieden sich über 90 Prozent der englischen Kunden für die Dieselversion.*

PLATYPUS

1952 Basildon, Essex, England

HOWARD PLATYPUS 30

Der Australier Arthur „Cliff" Howard zog Ende der 1930er-Jahre nach England. Dort gründete er die Howard Rotavator Company, um seinen traktorgetriebenen Motorspaten herzustellen. Die Firma war sehr erfolgreich und behauptete einst, der weltgrößte Hersteller landwirtschaftlicher Maschinen zu sein.

Oben: *Die Platypus Tractor Co. war eine Tochter der Howard Rotavator Co., und ihre Raupenschlepper wurden im Werk in Basildon, England, hergestellt.*

Technische Daten

Hersteller: Platypus Tractor Co.
Standort: Basildon, Essex, England
Modell: Howard Platypus 30
Typ: Raupenschlepper
Antrieb: Perkins-P4-Dieselmotor
Leistung: 34 PS (25,2 kW)
Getriebe: zweistufiges Sechsganggetriebe
Gewicht: 2578 kg
Produktionsbeginn: 1952

Oben: *Während der sechsjährigen Produktionslaufzeit waren verschiedene Versionen des Platypus-Traktors erhältlich, alle mit Perkins-Dieselmotoren.*

Die ersten Platypus-Raupenschlepper kamen gegen 1950 auf. Sie wurden von einem gewöhnlichen Benzinmotor angetrieben, und ihr Erfolg ermunterte die Howard Rotavator Company, 1952 ein neues Traktorenwerk in Basildon, England, zu eröffnen.

Die meisten in Basildon hergestellten Traktoren waren mit Perkins-Motoren ausgestattet. Das populärste Modell war der Platypus 30 mit einem P4-Motor von 34 PS (25,3 kW). Es gab auch eine 71-PS-Version (52,9 kW) mit einem Perkins-P6-Motor.

Vermutlich waren es die Familienbande Howards nach Australien, die zu dem Namen Platypus für die Traktoren führte: Ein Platypus (Schnabeltier) ist ein Eier legendes, australisches Säugetier und laut Howards Werbung für den Traktor ist es klein, aber kräftig, emsig und im Wasser wie an Land zu Hause.

Enttäuschende Verkaufszahlen

Trotz des witzigen Namens und der Entwicklung einer Version mit extrabreiten Ketten für die Arbeit auf äußerst weichen, sumpfigen Böden waren die Verkaufszahlen des Traktors enttäuschend. Seine Produktion wurde 1958 eingestellt, als die Entscheidung fiel, das Verlust bringende Werk in Basildon zu schließen.

MAN

1952 **Nürnberg, Deutschland**

MAN AS 440A

Es kam nicht überraschend, dass die Maschinenfabrik Augsburg-Nürnberg ihren Namen zu MAN abkürzte. Er wurde in den 1950er- und 1960er-Jahren zu einem bekannten Markennamen auf dem deutschen Traktormarkt.

Rechts: *In einer weniger sicherheitsbewussten Zeit statteten viele europäische Hersteller ihre Traktoren mit einem Beifahrersitz auf einem Kotflügel aus.*

Technische Daten

Hersteller: MAN AG
Standort: Nürnberg, Deutschland
Modell: AS 440A
Typ: Allzweck
Antrieb: MAN-Vierzylinder-Dieselmotor
Leistung: 40 PS (29,6 kW)
Getriebe: Sechsganggetriebe
Gewicht: 2120 kg
Produktionsbeginn: 1952

Deutschland hat bei der Entwicklung von Dieselmotoren eine lange Tradition, und MAN war stets ein führender Hersteller. Bei der Vorstellung des AS-440A-Traktors 1952 wurde er von einem im MAN-Werk in Nürnberg hergestellten D9214-Reihenvierzylinder-Dieselmotor angetrieben. Die meisten in den 1950er-Jahren in Deutschland gebauten Traktoren waren Modelle mit relativ wenig PS für kleine Landwirtschaftbetriebe, der AS 440A war eine Ausnahme.

Für damaligen Standard war er ein großer Traktor mit einer Motorhöchstleistung von 40 PS (29,6 kW) bei 2000 U/min, wobei er einsatzbereit und voll getankt nur knapp über zwei Tonnen wog.

Versionen

Erhältlich waren Versionen mit Zweirad- oder Vierradantrieb. Zu den Leistungsmerkmalen gehörte ein Sechsganggetriebe mit 27 km/h im höchsten Gang. MAN-Traktoren sind bei deutschen Oldtimer-Traktoren-Fans beliebt. Das abgebildete Modell ist zusätzlich mit Kabinen- und Straßenbeleuchtung ausgestattet. Der Beifahrersitz auf dem linken Kotflügel war während der 1950er-Jahre ein häufig anzutreffendes Zubehör bei europäischen Traktoren.

SINGER
1953 Birmingham, England

SINGER MONARCH

Singer Motors war in den frühen 1950er-Jahren eine kleinere Firma der britischen Automobilindustrie und in finanzieller Hinsicht sicher nicht die stärkste. So war ihr Ausflug in die Traktorenproduktion 1953 wohl ein Versuch, die Produktpalette zu erweitern, um damit höheren Umsatz zu erzielen.

Technische Daten

Hersteller: Singer Motors
Standort: Birmingham, England
Modell: Monarch
Typ: Allzweck
Antrieb: Ford-Vierzylinder-Industriemotor
Leistung: 17 PS (12,6 kW)
Getriebe: zweistufiges Sechsganggetriebe
Gewicht: 649 kg
Produktionsbeginn: 1953

Oben: *Der britische Automobilhersteller Singer machte mit dem Monarch eine Stippvisite auf dem Traktormarkt. Er hatte einen 17 PS (12,6 kW) starken Ford-Industriemotor.*

Der Schritt kam überraschend. Singer kaufte Produktionsrechte für den von der Oak Tree Appliances (OTA) in Coventry hergestellten Monarch-Zweiachstraktor. Er wurde 1949 angekündigt und von einem Ford-Industriemotor mit 17 PS (12,6 kW) bei einer Nenndrehzahl von 2000 U/min angetrieben, der als Benzin- und Benzin/Paraffin-Version erhältlich war. Die Standardleistungsmerkmale für den Monarch beinhalteten ein zweistufiges Getriebe mit sechs Vorwärts- und zwei Rückwärtsgängen. Für den Reihenanbau war seine Spurbreite von 106 bis 152 cm verstellbar.

Obwohl der OTA Monarch durchaus erfolgreich war, war die Entscheidung von Singer Motors, die Produktionrechte an ihm zu kaufen, unter den gegebenen Umständen nicht die klügste. Der Monarch hatte nie einen großen Mengenumsatz, und hinzu kam die Tatsache, dass er konstruktionsbedingt auf den Einbau eines Motors von Singers größtem Konkurrenten in der Automobilbranche ausgelegt war.

Scheitern

Der Monarch trug wenig zu einem günstigeren Schicksal der Singer Company bei. Als die Rootes Group, einer der führenden Automobilhersteller, Singer 1956 aufkaufte, war eine ihrer ersten Amtshandlungen, die unausgereifte Traktorenproduktion einzustellen.

FORD
1953 **Dearborn, Michigan, USA**

FORD NAA „GOLDEN JUBILEE“ MODEL

Um 1953 den 50. Jahrestag der Ford Motor Company würdig zu begehen, produzierte die Traktorenabteilung in den USA einen speziellen „Golden Jubilee“-Traktor. Er trug die Bezeichnung Ford NAA und, da er nur ein Jahr zu haben war, erfreut er sich heute bei Ford-Traktorenfans großer Beliebtheit.

Oben: *Die Hydraulik des Ford-8N-Traktors war für den Einsatz am NAA-Golden-Jubilee technisch verbessert worden.*

Rechts: *Die Antriebskraft für den Golden-Jubilee-Traktor kam vom Red-Tiger-Motor mit seinen 10 Prozent mehr Hubraum, was die Leistung auf 30 PS (22 kW) steigerte.*

Technische Daten

Hersteller:	Ford Motor Co.
Standort:	Dearborn, Michigan, USA
Modell:	NAA „Golden Jubilee“
Typ:	Allzweck
Antrieb:	Ford-OHV-Vierzylinder-Benzinmotor
Leistung:	30 PS (22 kW)
Getriebe:	Vierganggetriebe
Gewicht:	1290 kg
Produktionsbeginn:	1953

Der NAA Traktor behielt das auffällige Blassgrau und Rot des 8N bei, war aber in einem neuen Stil gestaltet, den man bei späteren Modellen übernahm. Auch prunkte er mit einem großen, runden „Golden Jubilee“-Emblem. Doch viele technische Neuerungen bewiesen, dass der NAA mehr als nur ein 8N in neuem Gewand war.

Konstruktionsmerkmale

Die Höchstleistung des NAA-Motors lag bei 30 PS (22 kW), verglichen mit den 25,5 PS (19 kW) des 8N. Den Leistungszuwachs verdankte das neue Modell vor allem dem größeren Hubraum von 2,2 Liter im Vergleich zu 2 Liter beim 8N. Die Motoren waren von Ford, aber der 8N besaß stehende Ventile, während der Red-Tiger-Motor des Golden-Jubilee-Traktors hängende Ventile hatte. Auch die Hydraulik des NAA war besser. Einige Dichtungen wurden hinzugefügt, damit Metallspäne nicht aus dem Getriebe in die Hydraulik gelangen konnten. Außerdem sprach die Hydraulik leichter an als beim 8N, und eine neue Durchflusssteuerung an der Pumpe erlaubte es, das Anbaugerät unterschiedlich schnell zu senken.

NUFFIELD
1954 **Birmingham, England**

NUFFIELD 4DM

Als das Nuffield-Traktorenwerk 1952 Teil der British Motor Corporation (BMC) wurde, war es absehbar, dass die neuen Besitzer einige der Traktormotoren durch eigene ersetzen würden. Welche, stand schon bald fest, und 1954 wurde beim 4DM-Modell das 45 PS (33,1 kW) starke Perkins-P4-Triebwerk durch einen brandneuen, von BMC selbst konstruierten und gebauten Dieselmotor ersetzt.

Unten: *Das Emblem am Kühlergrill weist diesen Traktor als einen späteren Nuffield aus, bei dem der Perkins-Dieselmotor durch ein BMC-Triebwerk ersetzt wurde.*

Der Hubraum des neuen Motors betrug 3,4 Liter, und seine Nennleistung war 45 PS (33,1 kW) bei 2000 U/min. Um die neue Version erkennbar zu machen, wurde die Modellnummer in 4DM geändert. 1957 wurde die Bezeichnung abermals gewechselt: Die Bezeichnung „Universal Four" betonte die Nähe zum neu vorgestellten Universal Three, der kleineren Version des Universal. Er wurde entwickelt, um ein breiteres Marktsegment zu bedienen und mit dem Fordson Dexta sowie zum Massey-Ferguson 35 zu konkurrieren.

Weitere Neuerungen

Doch nicht nur Motor und Bezeichnung wurden geändert, es gab auch neue Leistungsmerkmale. 1956 sah die Liste der Extras beim 4DM ein Hydrauliksystem und eine unabhängige Zapfwelle vor, die separat durch eine handbetätigte Kupplung schaltbar war. Die neue Version verwendete das Fünfganggetriebe weiter, das seit der Einführung des ersten Universal 1948 Teil der Grundausstattung gewesen war. Das Getriebe blieb bis 1964 und wurde dann durch eines mit zehn Gängen ersetzt.

Technische Daten

Hersteller: British Motor Corporation
Standort: Birmingham, England
Modell: 4DM
Typ: Allzweck
Antrieb: BMC-Vierzylinder-Dieselmotor
Leistung: 45 PS (33,1 kW)
Getriebe: Fünfganggetriebe
Gewicht: 2678 kg
Produktionsbeginn: 1954

FIAT
1954 Turin, Italien

FIAT 25R

Der 25R war die dieselgetriebene Version von Fiats Verkaufsschlager Mitte der 1950er-Jahre. Er wurde 1954 angekündigt und war erhältlich, bis Fiat 1959 und 1960 ein komplett neues Sortiment von Traktormodellen ankündigte.

Rechts: *Fiats Werbeabteilung machte diese Aufnahme eines 25R: Er treibt gerade eine Bewässerungspumpe an.*

Oben: *Zu den Leistungsmerkmalen des 25R-Traktor gehörte ein Vierzylinder-Dieselmotor komplett mit Elektrostarter und Glühkerze.*

Technische Daten

Hersteller: Fiat	
Standort: Turin, Italien	
Modell: 25R	
Typ: Allzweck	
Antrieb: Fiat-Vierzylinder-Dieselmotor	
Leistung: 24 PS (17,9 kW)	
Getriebe: Vierganggetriebe	
Gewicht: 1410 kg	
Produktionsbeginn: 1954	

Die Antriebsleistung für den 25R kam von einem Fiat-Diesel, der bei einer Drehzahl von 2000 U/min 24 PS (17,9 kW) leistete. Der Hubraum betrug 1901 cm^3, und die Tatsache, dass er mit elektrischem Anlasser plus Glühkerze für Starts bei kaltem Wetter ausgestattet war, pries die Werbung als wichtigste Errungenschaft. Die Grundausstattung beinhaltete ein Vierganggetriebe, obwohl spätere Versionen des 25R auch mit einem Fünfganggetriebe erhältlich waren.

Dreipunkt-Anschlüsse und Zapfwelle liefen unter Extras für den 25R, Käufer konnten auch eine Riemenscheibe und eine Winde bekommen. Ein eher untypischer Posten auf der Liste der Extras war ein Montiereisen für die Reifenreparatur.

Weitere Optionen

Außer dem Radtraktor bot Fiat auch ein 25C-Raupenmodell an, das es in Versionen für Weinbau, Waldarbeit und Industrie gab. Unter den Extras war auch eine Schutzverkleidung, die am Standardraupenschlepper befestigt werden konnte, um seine Formen an die Bedürfnisse des Obstanbaus anzupassen.

MASSEY-HARRIS

1955 **Detroit, Michigan, USA**

MASSEY-HARRIS MH 50

Einige der Probleme, die beim Verkauf von Harry Fergusons Traktorgeschäft an Massey-Harris im Jahr 1953 entstanden, resultierten aus der Entscheidung, die Händlernetze sowohl von Massey-Harris als auch von Ferguson mit zwei getrennten Traktorsortimenten zu beliefern.

Technische Daten

Hersteller: Massey-Harris-Ferguson
Standort: Detroit, Michigan, USA
Modell: Massey-Harris MH 50
Typ: Allzweck
Antrieb: Continental-Vierzylinder-Benzinmotor
Leistung: 31 PS (23 kW)
Getriebe: Sechsganggetriebe
Gewicht: 1558 kg
Produktionsbeginn: 1955

Oben: *Dieses Werbefoto von 1950 stammt von einer Vorführung, die zeigen sollte, wie wenig Mühe es macht, mit Anbaugerät eine ganze, eingezäunte Fläche zu bearbeiten.*

Das Ergebnis war ein Durcheinander von Traktoreinführungen Mitte der 1950er, als die Firma – die für kurze Zeit Massey-Harris-Ferguson hieß, bevor der Name zu Massey-Ferguson verkürzt wurde – versuchte, sowohl das Massey-Harris- als auch das Ferguson-Netz in den USA gleichwertig zu bedienen.

Neue Leistungsmerkmale

Der Massey-Harris MH 50 war eine der Folgen dieser Politik. Januar 1955 hatten die Ferguson-Händler begonnen, den TO-35-Traktor zu verkaufen, eine aktualisierte Version des alten TO-30-Modells. Obwohl der neue Traktor das gewohnte Ferguson-Styling beibehielt, verfügte er über technische Verbesserungen wie eine lastschaltbare Zapfwelle, ein verbessertes Getriebe mit sechs statt wie beim Vormodell vier Gängen, und auch der Continental-Motor war eine größere Version mit mehr Leistung.

Nun waren die Massey-Harris-Händler an der Reihe, und das neue Modell erschien Ende 1955: der MH 50. Er trug den Namen und das Emblem von Massey-Harris, aber unter dem rot lackierten Äußeren entsprachen viele mechanische Teile denen des Ferguson TO-35, darunter der 31 PS (23 kW) starke Continental-Z134-Motor, das Sechsganggetriebe, die komplette Ferguson-Systemhydraulik und die Dreipunkt-Anschlüsse mit Zugkontrolle.

FERGUSON

1955 **Detroit, Michigan, USA**

FERGUSON F40

Fergusons F40-Traktor war ein weiteres Modell, das produziert wurde, weil Massey-Harris-Ferguson unterschiedliche Traktorensortimente für beide Händlernetze anbieten wollte.

Rechts: *Der Ferguson F40 wurde eingeführt, um das US-amerikanische Ferguson-Händlernetz mit seinem eigenen Breitspurtraktor zu versorgen.*

Technische Daten

Hersteller: Massey-Harris-Ferguson	
Standort: Detroit, Michigan, USA	
Modell: Ferguson F40	
Typ: Allzweck	
Antrieb: Continental-Vierzylinder-Benzinmotor	
Leistung: 31 PS (23 kW)	
Getriebe: Sechsganggetriebe	
Gewicht: 1734 kg	
Produktionsbeginn: 1955	

Als Ende 1955 der MH-50-Traktor unter dem Markennamen Massey-Harris auf den Markt kam, bot er den früheren Massey-Harris-Händlern eine Art Breitspurmodell, das sie exklusiv verkaufen konnten.

Die Ferguson-Händler beschwerten sich verärgert, dass sie keinen derartigen Traktor hätten, und so wurde dem Sortiment der F40 hinzugefügt, um ihnen eine Entsprechung für den beliebten MH 50 bieten zu können.

Ähnlichkeiten

Der Ferguson F40 und der Massey-Harris MH 50 ähnelten sich zwar oberflächlich betrachtet eher nicht, aber die beiden Modelle wurden von demselben Continental-2,19-Liter-Motor mit einer Nenndrehzahl von 2000 U/min angetrieben, besaßen dasselbe Sechsganggetriebe und weitere identische Bauteile.

Optionale Extras

Der Model 40 illustrierte auch die Tatsache, dass Harry Fergusons Einfluss bei Massey-Ferguson langsam schwand. Er hatte immer auf Grau für seine Traktoren bestanden und wäre mit dem Cremeweiß des F40 nicht einverstanden gewesen. Der F40 war auch der erste Traktor mit Fergusons Namen, der optional als Dreirad erhältlich war, ein weiteres Unding für Harry Ferguson. Der Ferguson 40 wurde nur ein Jahr lang gebaut. In dieser Zeit wurden 10 000 Stück hergestellt.

DAVID BROWN

1955 **Meltham, Yorkshire, England**

DAVID BROWN 2D

Als die Smithfield Show 1955 in London eröffnete, gehörte der neue 2D-Geräteträger an David Browns Stand zu den Hauptattraktionen. Die unkonventionelle Konstruktion besaß einen Zweizylinder-Dieselmotor, und die Druckluftversorgung für den pneumatischen Geräteaufzug war im Rahmen integriert.

Oben: *Dieses Aufzugssystem für mittig geführte Geräte wurde mit Druckluft betrieben, die in den Stahlrohren des Hauptrahmens des 2D gespeichert wurde.*

Technische Daten

Hersteller: David Brown Tractors
Standort: Meltham, Yorkshire, England
Modell: 2D
Typ: Geräteträger
Antrieb: David-Brown-Zweizylinder-Dieselmotor
Leistung: 12 PS (9 kW)
Getriebe: Viergangetriebe
Gewicht: nicht bekannt
Produktionsbeginn: 1955

Oben links: *Der Rahmen des 2D-Geräteträgers war so konzipiert, dass er mittig Geräte führen konnte und gleichzeitig dem Fahrer einen freien Blick nach vorn bot.*

Geräteträger dienen spurgenauer Reihenkulturpflege. Zu den Anforderungen an die Konstruktion gehören freie Sicht auf Pflanzen vor dem Traktor, geringes Gewicht, um Bodenschäden zu vermeiden, und ausreichende Bodenfreiheit, um mittig Geräte zu führen. Der 2D erfüllte all diese Anforderungen.

Optionen

Das Zentralrohr zum Anschluss von mittig geführtem Gerät war beim 2D Standard, und die Liste der Extras sah einen zweiten Geräteanschlussbalken für das Traktorheck vor, um zwei Bearbeitungsschritte auf einmal erledigen und damit die Effektivität steigern zu können. Die Aufzugszylinder, die die Gerätebalken in die Ruheposition anhoben, waren pneumatisch. Sie nutzten einen Druckluftvorrat, der durch eine kleine Pumpe erzeugt wurde. Die Stahlrohre, aus denen der Rahmen bestand, dienten gleichzeitig als Druckluftbehälter.

Zweizylinder-Diesel

Zu einer Zeit, als sich Dieselmotoren bei großen Traktoren steigender Beliebtheit erfreuten, konstruierte David Brown einen kleinen, nur 12 PS (9 kW) starken Zweizylinder-Diesel mit vier Gängen für den 2D. Die Leistung des Heckmotors wurde später auf 14 PS (10,4 kW) erhöht. Die Produktion wurde jedoch 1961 nach einer Stückzahl von lediglich 2008 gebauten Exemplaren eingestellt.

INTERNATIONAL HARVESTER

1955 Bradford, Yorkshire, England

INTERNATIONAL HARVESTER B250

Außer dem neu ausgerüsteten Werk in Doncaster betrieb International Harvester die Fabrik in Bradford, Yorkshire, wo die Jowett Company vorher noch Autos und leichte Lieferwagen gebaut hatte. Hier wurde der I.H.- McCormick-B250-Traktor hergestellt.

Rechts: *I. H. wurde seine neue Fabrik in Doncaster bald zu klein, und die Produktion des B250-Traktors wurde nach Bradford, Yorkshire, verlagert.*

Oben: *1955, als der B250-Traktor vorgestellt wurde, warb International Harvester noch immer mit dem Markennamen McCormick.*

Technische Daten

Hersteller: International Harvester (Großbritannien)	
Standort: Bradford, Yorkshire, England	
Modell: McCormick B250	
Typ: Allzweck	
Antrieb: I. H.-Dieselmotor mit Direkteinspritzung	
Leistung: 30 PS (22,2 kW)	
Getriebe: Fünfganggetriebe	
Gewicht: nicht bekannt	
Produktionsbeginn: 1955	

Der B250 wurde auf der Smithfield Show 1955 in London vorgestellt, und die Produktion dauerte bis 1961 an. International Harvester beschloss, den B250 ohne optionalen Paraffinmotor, nur mit Dieselantrieb anzubieten. Das war ein klarer Indikator für die rasant wachsende Akzeptanz von Dieselmotoren in der Agrartechnik.

Technische Daten

I. H. wählte für den B250 einen Vierzylinder-Dieselmotor mit direkter Einspritzung. Die Leistung lag bei 30 PS (22 kW) und ließ den B250 laut I. H. zur Mittelklasse gehören. Seine Ausstattung war sehr anspruchsvoll: lastschaltbare Hochdruckhydraulik mit zwei Betriebszuständen, eine automatische Hitchkupplung. Er gehörte zu den ersten Traktoren seiner PS-Klasse mit Differenzialsperre (für größere Bodenhaftung) und mit Scheibenbremsen.

Der B250 hatte ein Fünfganggetriebe, das bei dem 35 PS (26 kW) starken B275-Modell, das ab 1958 erhältlich war, durch ein zweistufiges Achtganggetriebe mit zwei Rückwärtsgängen ersetzt wurde. Der B275 war für drei Jahre neben dem B250 erhältlich und wurde in einer Standard- und einer Hochradversion angeboten. Den B250 gab es nur als Standardmodell.

JOHN DEERE

1956 Waterloo, Iowa, USA

JOHN DEERE 820

Der auffallendste Unterschied zwischen John Deeres neuen Traktoren der „20 series" und den vorherigen Modellen war die markante Farbgebung in Grün und Gelb. Doch es gab auch bedeutende Verbesserungen in den Bereichen Leistung und Fahrerkomfort.

Die ersten beiden Traktoren der „20 series", die Modelle 320 und 420 aus dem John-Deere-Werk in Dubuque, wurden 1955 angekündigt, weitere Modelle folgten 1956. Die Serie bestand aus sechs Modellen, vom 320, dem Kleintraktor für einen Pflug, bis zum 820-Diesel am oberen Ende des Sortiments.

Einsetzbarkeit

Ein stehender kurzhubiger Benzinmotor mit 10,1 cm Bohrung und 10,1 cm Hub trieb den 320 an, den es als Standard- und als Nutzversion gab. Der 420 mit bei Tests in Nebraska gemessenen 27 PS (20,1 kW) war das vielseitigste Modell der „20 series". Es gab ihn als Standardmodell, Nutz-, Reihenanbau-, Hochrad-, Dreirad- und Breitreifenversion sowie als Raupenschlepper mit zwei Raupenbreiten.

Den 520 gab es einfach- und zwillingsbereift sowie als Breitspurversion, den 620 als verkleidetes Obstgarten-Modell, optional für Betrieb mit Flüssiggas. Den 720 gab es als Hochrad-,

Oben: *Das Spitzenmodell von John Deeres neuen „20 series"-Traktoren war während der zweijährigen Bauzeit der dieselgetriebene 820 mit einer erhöhten Motorleistung von 64 PS (47,7 kW).*

Zwillings- oder Einfachreifen- und Breitspurversion.

Der dieselgetriebene 820, den es nur als Standardmodell gab, begann sein Dasein mit demselben Zweizylindermotor wie der „80 model", und auch der kleine, benzingetriebene Anlassermotor des 80 blieb erhalten. Der Motor wurde in seiner zweijährigen Bauzeit jedoch mehrmals aktualisiert und hatte am Ende eine Nennleistung von 64 PS (47,7 kW).

Fahrerkomfort

Ein Hinweis darauf, dass der Fahrerkomfort auf der Prioritätenliste höher kletterte, war der neue „Float-Ride"-Sitz, der auf Torsionsfedern aus Gummi aufgehängt und zur Anpassung an verschieden schwere Fahrer verstellbar war. Außerdem gab es unter dem Sitz einen hydraulischen Stoßdämpfer, Sitz- und Rückenpolster aus Schaumgummi und als Extra gepolsterte Armlehnen. Der Fahrer hatte mehr Beinfreiheit, die Bedienelemente waren nach der Logik ihrer Verwendung neu angeordnet.

Verbesserungen an der Hydraulik, um das Dreipunkt-Anschlusssystem präziser zu machen und bis zu einem gewissen Grad eine Gewichtsverlagerung zu ermöglichen, erhielten die Bezeichnung „Custom Powr-Trol-System". Zu den technischen Weiterentwicklungen an den Motoren gehörten Modifikationen an Zylinderkopf und Kolben, um die Verwirbelung im Brennraum und damit die Leistung zu erhöhen und Kraftstoff zu sparen.

Oben: *Der Zweizylinder-Dieselmotor beim 820 wurde mittels eines kleinen Benzinmotors angelassen, was einen zweiten Tank erforderte.*

Technische Daten

Hersteller: Deere & Co.
Standort: Waterloo, Iowa, USA
Modell: John Deere 820
Typ: Allzweck
Antrieb: liegender Deere-Zweizylinder-Dieselmotor
Leistung: 72,8 PS (59 kW) maximal
Getriebe: Sechsganggetriebe
Gewicht: 3963 kg
Produktionsbeginn: 1956

Unten: *Der kleinste Traktor der „20 series" mit ihrer Lackierung in zwei Farben war der in Dubuque hergestellte, 1955 vorgestellte 320.*

MARSHALL

1956 **Gainsborough, Lincolnshire, England**

MARSHALL MP6

Mit der Entwicklung des MP6-Traktors wollte die Marshall Company an die Spitze des damaligen Radtraktormarktes. Das Vorhaben war ehrgeizig, aber schon der Anfang misslang, als das Vorserienmodell 1954 bei der Smithfield Show in London gezeigt wurde. Das Interesse an dem Traktor war zwar geweckt, aber es war noch zu früh, weil die Entwicklungsarbeiten bis zum Produktionsbeginn noch zwei Jahre dauerten.

Oben: *Überraschenderweise war ein Sechszylinder-Leyland-Dieselmotor das Triebwerk des neuen MP6-Traktors von Marshall.*

Technische Daten

Hersteller: Marshall Sons & Co.	
Standort: Gainsborough, Lincolnshire, England	
Modell: MP6	
Typ: Allzweck	
Antrieb: Leyland-Sechszylinder-Dieselmotor	
Leistung: 69 PS (51 kW)	
Getriebe: zweistufiges Sechsganggetriebe	
Gewicht: 5720 kg	
Produktionsbeginn: 1956	

Oben links: *Mit dem schwergewichtigen MP6-Traktor versuchte Marshall, sich am PS-starken Ende des Marktes zu platzieren, aber die Verkaufszahlen des Modells waren enttäuschend.*

Ein Teil der anfänglichen Entwicklungsarbeit wurde mit einem Vierzylinder-Meadows-Dieselmotor durchgeführt. In dieser Phase hieß der Traktor noch MP4, aber das Triebwerk wurde später durch einen Sechszylinder-Leyland U/E350 ersetzt, und der Trakor hieß fortan MP6. Als ein produktionsreifes Modell in Silsoe vom National Institute of Agricultural Engineering getestet wurde, betrug das Gewicht 5720 kg, der Maximalzug am Zughaken lag bei fast 3175 kg. Der Motor leistete 69 PS (51 kW) bei 1700 U/min.

Spitzeneinsetzbarkeit

Für 1950 waren die Werte beeindruckend, aber wenige britische Farmer wollten einen so großen, teuren Traktor. Wie von Marshall erwartet, waren die meisten Bestellungen für den Export. Einige MP6-Traktoren wurden als Zugmaschinen für Zuckerrohrplantagen in die Karibik geliefert. Exporte gingen auch nach Australien und Spanien, doch der Gesamtumsatz war gering. Als es eine Version mit langem Achsstand für die Waldarbeit gab, brachte das neue Aufträge. 1960 lief die Produktion aus.

MASSEY-HARRIS-FERGUSON

1956 Racine, Wisconsin, USA

MASSEY-HARRIS MH 333

Das verwirrende Angebot neu eingeführter Traktoren in der Zeit nach der Übernahme von Ferguson führte bei Massey-Harris zu einem breiten Traktorensortiment im unteren bis mittleren PS-Bereich. Käufern größerer Modelle bot man nur Aktualisierungen der alten Modelle MH 33, 44 und 55 an.

Rechts: *Massey-Harris schickte aktualisierte 33-, 44- und 55-Modelle in den Wettbewerb um den US-Traktorenmarkt für den mittleren und hohen PS-Bereich, während seine neuen Modelle erst noch entwickelt wurden.*

Technische Daten

Hersteller: Massey-Harris-Ferguson
Standort: Racine, Wisconsin, USA
Modell: Massey-Harris MH333
Typ: Allzweck und Reihenanbau
Antrieb: Massey-Harris-Vierzylinder-Diesel- und Benzinmotor
Leistung: 37 PS (27,4 kW) (Diesel)
Getriebe: zweistufiges Zehngang-getriebe
Gewicht: 2762 kg
Produktionsbeginn: 1956

Die neuen Massey-Harris-Modelle 333, 444 und 555 kamen 1956 heraus. Wie die Traktoren, die sie ersetzten, wurden sie im Massey-Harris-Werk in Racine, Wisconsin, gebaut. Sie behielten nicht nur das alte Styling bei, sondern auch das alte Depth-O-Matic-Hydrauliksystem. Servolenkung gehörte zu den kostenpflichtigen Extras.

Einsatzfähigkeit

Eine wichtige Veränderung war das Vorschalten eines Zusatzgetriebes zum Fünfganggetriebe, wodurch sich die Zahl der Gänge bei allen drei Modellen auf zehn erhöhte. Noch eine Verbesserung fand sich unter den Optionen, und zwar Dieselmotoren für den MH 333 und 444.

Der von Massey-Harris produzierte Vierzylinder-Dieselmotor des MH 333 leistete maximal 37,15 PS (27,7 kW) und ermöglichte eine Höchstgeschwindigkeit von 22,5 km/h im zehnten Gang. Die Treibstoffwirtschaftlichkeit bei einer Nenndrehzahl von 1500 U/min lag bei 2,9 kW/h pro Liter. Die entsprechenden Zahlen für den Benzinmotor waren 39,84 PS (29,7 kW) Höchstleistung und 2,42 kW/h pro Liter, was ein weiteres Beispiel für die unleugbare Sparsamkeit von dieselgetriebenen Traktoren darstellte.

LANZ

1956 **Mannheim, Deutschland**

LANZ ALLDOG A1806

Die erste Version des Alldog-Geräteträgers von Heinrich Lanz war der A1205. Er war ab 1951 erhältlich und wurde von einem 12 PS (8,9 kW) starken Benzinmotor angetrieben. Als sich die Leistung als nicht ausreichend erwies, baute Lanz 1952 eine neue A1305-Version mit einem Einzylinder-Dieselmotor, was die Leistung auf 13 PS (9,7 kW) steigerte.

Ein PS mehr anzubieten war nicht gerade überzeugend, und die Einsatzfähigkeit im Feld änderte es auch nicht sonderlich. Aber zumindest war der neue Motor ungewöhnlich, weil luftgekühlt. Lanz hatte ihn als Einzylinder mit einer Nenndrehzahl von 2800 U/min konstruiert. Obwohl er auf Diesel ausgelegt war, hatte er eine Zündkerze im Zylinderkopf zum Anlassen mit Benzin.

Die Endversion

Bei der Endversion des Alldog mit der Modellbezeichnung A1806 löste Lanz schließlich das Leistungproblem: Er wählte einen MWN-Dieselmotor mit Flüssigkühlung und 18 PS (13,3 kW) Leistung. Der erste A1806 Alldog wurde 1956 gebaut, und die Produktion setzte sich fort, bis Lanz von John Deere übernommen wurde. Die Verbindung mit John Deere

Oben: *Obwohl fast über die ganze Produktionsspanne untermotorisiert, war der Lanz Alldog zweifellos der vielseitigste Geräteträger.*

erklärt, warum einige der letzten Alldogs bei Verlassen des Werks grün lackiert waren, obwohl sie noch den Namen Lanz führten.

Der Alldog war eine der ungewöhnlichsten und vielseitigsten Konstruktionen in der Traktorindustrie. Wäre er nicht die längste Zeit seiner Produktionsspanne erheblich untermotorisiert gewesen, hätte er noch mehr Erfolg haben können. Der Traktor war auf einem rechteckigen Stahlrohrrahmen aufgebaut, auf dem Fahrersitz und Motor am gleichen Ende angebracht waren, so war der Großteil des Rahmens frei für verschiedene Anbau- und Zusatzgeräte.

Ausrüstung

Lanz ermöglichte eine immense Bandbreite von Ausrüstung zur Befestigung auf, unter, vor oder hinter dem Alldog. Es gab über 50 Zusatzgeräte, die fast alle Arbeiten auf Ackerbau- und Viehzuchtbetrieben abdeckten. Ziel war, den Alldog zur universalen Antriebseinheit für nahezu jede Aufgabe auf dem Hof zu machen. Zum Sortiment gehörten ein mittig geführter Pflug, ein Düngerstreuer, ein Zuckerrübenbunkerköpfroder und eine Melkmaschine.

Die Rundumsicht vom Traktorsitz war hervorragend wegen des offenen Rahmens, aber der schwache Motor war nicht der einzige Konstruktionsfehler des Alldog. Die Nähe des Sitzes zum Motor dürfte ein Lärmproblem für den Fahrer gewesen sein, besonders bei der Arbeit mit dem luftgekühlten Dieselmodell.

Oben: *Mit seinem luftgekühlten Motor direkt neben dem Fahrersitz war das Fahren des Lanz Alldog sicher eine laute Angelegenheit.*

Technische Daten

Hersteller: Heinrich Lanz
Standort: Mannheim, Deutschland
Modell: Alldog A1806
Typ: Geräteträger
Antrieb: MWM-Dieselmotor
Leistung: 18 PS (13,3 kW)
Getriebe: Fünfganggetriebe
Gewicht: nicht bekannt
Produktionsbeginn: 1956

Unten: *Dieses Bild zeigt das Stahlrechteck, das den Hauptrahmen des Alldog-Geräteträgers bildete und Platz für Geräte über und unter dem Rahmen bot.*

MASSEY-HARRIS-FERGUSON

1956 Coventry, England

FERGUSON FE-35

Als erstes neues Modell wurde 1953 – nach der Übernahme von Ferguson durch Massey-Harris – im neuen Traktorenwerk Banner Lane bei Coventry der Ferguson FE-35 hergestellt. Er war ab 1956 erhältlich, und seine Blechteile waren in Harry Fergusons bevorzugtem Grauton lackiert. Aber Motor, Getriebegehäuse und andere größere Baugruppen hatten einen markanten und unüblichen Kupferton.

Über 500 000 Traktoren von Harry Fergusons TE-Serie waren im Banner-Lane-Werk produziert worden, was ihn zu einem der erfolgreichsten jemals gebauten Traktoren machte. Deshalb trat der FE-35 ein schweres Erbe an. Nicht nur die Farbgebung, normalerweise als grau-golden bezeichnet, war neu, auch das Styling: runde Linien, eine schwenkbare Verkleidung für einen leichten Zugang zu Batterie und Kühler- und Tankverschlüssen.

Konstruktive Details

Hinter dem neuen Aussehen verbargen sich viele Ähnlichkeiten zwischen dem FE-35 und dem in den USA gebauten Ferguson TO-35. Beide Modelle hatten dasselbe zweistufige Sechsganggetriebe und auch eine verbesserte Hydraulik mit mehr Pumpendruck, um den Durchsatz und die Belastbarkeit des Hubwerks am Heck zu erhöhen. Der Hauptunterschied bestand darin, dass der Continental-Benzinmo-

Ganz oben: *Flotte Linienführung und eine untypische grau-kupferne Farbgebung sollten helfen, den FE-35 zu einem beliebten Ersatz für den TE-Series-Traktor zu machen.*

Oben: *Der FE-35 wurde im Banner-Lane-Werk gebaut und hatte als Antrieb Benzin- und Dieselmotoren von der Standard Motor Company.*

tor des TO-35 bei den Banner-Lane-Traktoren durch Standard-Triebwerke ersetzt wurde. Die Dieselversion entwickelte 37 PS (27,4 kW) und hatte einen Hubraum von 2258 cm³, der Benzinmotor mit 2186 cm³ ebenso viel und 30 PS (22 kW) bei Betrieb mit Paraffin oder Traktorenkraftstoff.

Verkaufspolitik

Der FE-35 war nur kurze Zeit käuflich zu erwerben. Die Politik, zwei Sortimente unter zwei Markennamen zu unterhalten, war zu kompliziert und zu teuer. Deshalb wurde 1957 die Produktion eingestellt.

In Zukunft sollten alle Traktoren rot und grau lackiert werden und den Markennamen Massey-Ferguson tragen – bzw. „Massey Ferguson", als der Bindestrich 30 Jahre später offiziell aus dem Markennamen gestrichen wurde.

Ende 1957 wurde der grau-goldene Ferguson FE-35 durch den neuen grau-roten Massey-Ferguson MF 35 ersetzt, obwohl die Technik dieselbe blieb. Eine wichtige Änderung fand statt, als Massey-Ferguson Anfang 1959 den Motorenhersteller Perkins aufkaufte. Ab Ende dieses Jahres wurden die Dieselversionen des MF 35 mit Perkins-P3- statt mit Standard-Motoren angetrieben, obwohl Standard weiterhin die Benzinmotoren für den 35 lieferte.

Technische Daten

Hersteller: Massey-Harris-Ferguson

Standort: Coventry, England

Modell: Ferguson FE-35

Typ: Allzweck

Antrieb: Vierzylinder-Dieselmotor von Standard

Leistung: 37 PS (27,4 kW) (Diesel)

Getriebe: zweistufiges Sechsganggetriebe

Gewicht: nicht bekannt

Produktionsbeginn: 1956

Unten: *Der FE-35 war Ergebnis der offiziellen Politik, die Sortimente von Ferguson und Massey-Harris nach Erwerb der Ferguson Company parallel zu verkaufen.*

FIAT

1957 Turin, Italien

FIAT 18 LA PICCOLA

Wie schon sein Name andeutet, war der Piccola ein Kleintraktor. Er war ein wichtiges Modell, weil Fiat durch ihn vom mittelständischen Betrieb zu einem Großunternehmen wurde, und fortan mit führenden europäischen Traktorherstellern wie Renault konkurrieren konnte.

Technische Daten

Hersteller: Fiat
Standort: Turin, Italien
Modell: 18 La Piccola
Typ: Allzweck
Antrieb: Fiat-Zweizylinder-Dieselmotor
Leistung: 16,5 PS (12,2 kW)
Getriebe: Sechsganggetriebe
Gewicht: nicht bekannt
Produktionsbeginn: 1957

Oben: *Diese Werbeaufnahme zeigt einen Fiat 18 mit einem für damals typischen Landwirt am Steuer.*

Die Produktion begann 1957. In drei Jahren wurden 20000 Stück hergestellt. Diese Traktoren hatten einige technisch hochwertige Konstruktionsmerkmale, die in dieser PS-Klasse selten waren. Das Triebwerk war ein Fiat-Zweizylinder-Dieselmotor, der 16,5 PS (12,2 kW) an der Riemenscheibe und, laut Herstellerangabe, 14 PS (10,4 kW) am Zughaken bei einer Nenndrehzahl von 2200 U/min lieferte. Der Motor hatte eine Vorkammer und 1135 cm^3 Hubraum.

Die Kraftübertragung erfolgte über ein zweistufiges Getriebe mit sechs Vorwärts- und zwei Rückwärtsgängen und einer Höchstgeschwindigkeit von 20,4 km/h im höchsten Gang. Allradantrieb war eine untypische Option zu einer Zeit, als die meisten Hersteller nur Zweiradantrieb anboten. Den Fiat 18 gab es auch als Weinbau-, Obstgarten- und Stelzenversion.

Optionen

Eine Riemenscheibe war an Traktoren der 1950er-Jahre noch immer ein wichtiger Bestandteil. Bei dem kleinen Fiat saß sie direkt über der Zapfwelle, wo sie rechts für den Betrieb gegen den Uhrzeigersinn oder links für Drehung im Uhrzeigersinn angeschlossen werden konnte.

ALLIS-CHALMERS

1958 **Essendine, Stamford, Lincolnshire, England**

ALLIS-CHALMERS D272

Viele der großen nordamerikanischen Traktorfirmen begannen, nach Kriegsende 1945 in England Traktoren zu bauen, darunter auch Allis-Chalmers. Die erste Fabrik lag nahe Southampton, Hampshire, aber Mitte der 1950er wurde es dort zu eng, und das Werk zog auf ein größeres Gelände nach Stamford, Lincolnshire um. Hier wurde der Nachfolger des Model B gebaut.

Unten: *Diese Studioaufnahme aus der Allis-Chalmers-Werbeabteilung zeigt die großen Ähnlichkeiten zwischen dem Model B und seinem Nachfolger D272.*

Technische Daten

Hersteller: Allis-Chalmers (GB)
Standort: Essendine, Stamford, Lincolnshire, England
Modell: D272
Typ: Reihenanbautraktor
Antrieb: (Dieselversion) Perkins-P3-Motor
Leistung: 31 PS (22,9 kW)
Getriebe: Viergangetriebe
Gewicht: nicht bekannt
Produktionsbeginn: 1958

Er hieß D270 und war ab 1955 erhältlich, bis er 1958 vom D272 abgelöst wurde. Nachfolger eines so großen Erfolgs wie des Model B zu sein war nicht einfach. Aber unter dem neuen Styling des D270 hatten die Entwickler die besten Eigenschaften des alten Modells erhalten und dabei noch Verbesserungen hinzugefügt. Zum Beispiel eine lastschaltbare Zapfwelle, die es erlaubte, den Radantrieb zu trennen, ohne die Zapfwelle anzuhalten. Zum D270 gehörte auch ein Viergang- statt des Dreiganggetriebes des Model B.

Auch bei dem neuen Modell konnte aus den drei Motortypen des Model B gewählt werden, einschließlich des Perkins-P3-Dieselmotors, dessen spätere Version 31 PS (22,9 kW) bei 1900 U/min freisetzte. Beim D272-Modell behielt Allis-Chalmers denselben Stil bei und übernahm die Reihenanbau-Konstruktionsmerkmale des Model B. Das D272-Modell bot auch dieselbe Auswahl an Motoren, nur hatte die Benzin-/Paraffinversion 4 PS mehr, und die Hydraulik wurde verbessert. Ein Nachfolger für den D272 kam 1960 heraus.

FORDSON

1958 **Dagenham, Essex, England**

FORDSON DEXTA

Da der neue Fordson Major den – nach damaligen Vorstellungen – mittleren bis schweren Bereich des Traktormarktes in Großbritannien und einigen Exportländern dominierte, war Fords nächstes Ziel das untere Marktsegment.

Er kündigte 1957 den neuen Fordson Dexta an, die Produktion begann ein Jahr später. Das Styling des Dexta hatte eine starke Familienähnlichkeit mit dem äußerst erfolgreichen neuen Major, und wie bei diesem lag die Betonung auf der Dieselkraft. Der Dextamotor war eine Spezialversion des Perkins-P3 mit 32 PS (23,7 kW). Ein Benzinmotor war erst 1960 erhältlich, allerdings nur für den Export.

Technik

Zu einer der Entwicklung entsprechenden Technik gehörte ein zweistufiges Getriebe mit sechs Vorwärts- und zwei Rückwärtsgängen. Außerdem war der Dexta der erste Traktor, der eine Hydraulik mit umfassender Zugkraftregelung besaß. Es gab eine Basisversion für die Industrie und eine Version mit Zweifachkupplung für die lastschaltbare Zapfwelle und Hy-

Oben: *Weil er gerade über keinen passenden Motor eigener Herstellung verfügte, wählte Ford eine Spezialversion des Perkins-P3-Dreizylinder-Dieselmotors für seinen neuen Fordson Dexta.*

draulik. Besonders ausgestattet war das Modell Highway Dexta für die kommunale Straßenpflege. Eine spezielle Rasenversion für Golfplätze und andere Freizeiteinrichtungen wurde entwickelt, und ein schmaler Dexta für Weinbau und Obstgärten kam 1960 heraus. Im gleichen Jahr gab es erste größere Konstruktionsänderungen mit Verbesserungen an Getriebe und Hydraulik. Außerdem änderte man den Stil, der sich nun am neuen Major mit den Scheinwerfern im Kühlergrill anlehnte.

Konstruktionsänderungen

Stärker modifiziert wurde der Traktor 1961, als die Palette um den Super Dexta erweitert wurde. Er war erkennbar an seiner neuen Frontgestaltung, und der Hubraum des Motors wurde von 2360 cm^3 beim ursprünglichen Modell auf 2500 cm^3 beim Super Dexta vergrößert. Damit erhöhte sich die Leistung des Motors von 32 auf 39 PS (29 kW).

Das letzte Kapitel der Dexta-Story begann 1963 mit aktualisierten Modellen für den britischen Markt – obwohl sie schon ein Jahr zuvor in den USA verkauft wurden. Das Sortiment hieß New Performance und war erkennbar an einer neuen, blau-grauen Farbgebung. Die PS-Zahl des Motors war noch einmal gesteigert worden, diesmal auf 44,5 PS (33,1 kW).

Ende einer Ära

Obwohl die New-Performance-Traktoren nur ein Jahr lang erhältlich waren, war es eine wichtige Phase in Fords Traktorengeschichte. Es waren die letzten Traktoren, die in Dagenham gebaut wurden, ehe die Produktion nach Basildon verlegt wurde. Sie waren auch die letzten mit dem Namen Fordson.

Technische Daten

Hersteller:	Ford Motor Co.
Standort:	Dagenham, Essex, England
Modell:	Fordson Dexta
Typ:	Allzweck
Antrieb:	Perkins-Dreizylinder-Dieselmotor
Leistung:	32 PS (23,7 kW)
Getriebe:	zweistufiges Sechsganggetriebe
Gewicht:	1540 kg
Produktionsbeginn:	1958

Links: *Das Scheinwerferpaar im Kühlergrill kennzeichnet diesen Traktor als einen späteren Dexta, der nach den Konstruktionsänderungen von 1960 gebaut wurde.*

Oben: *Das neue Fordson-Emblem, das für die New-Major-Serie gestaltet wurde, prangte auch über dem Kühler des Dexta.*

JOHN DEERE
1958 Waterloo, Iowa, USA

JOHN DEERE 730

Der größte Unterschied zwischen den alten Traktoren der „20 series" und der sie ablösenden, 1958 angekündigten „30 series" waren die Hinweise darauf, dass Fahrersicherheit, Fahrerkomfort und leichte Handhabung immer wichtigere Faktoren bei der Traktorkonstruktion wurden.

Oben: *Der Tank für den Start-Benzinmotor der 730- und 830-Dieseltraktoren lag neben dem linken Kotflügel. Optional war ein elektrischer Anlasser erhältlich.*

Technische Daten

Hersteller: Deere & Co.	
Standort: Waterloo, Iowa, USA	
Modell: 730	
Typ: Allzweck	
Antrieb: liegender Zweizylinder-Dieselmotor von Deere	
Leistung: 56,66 PS (41,9 kW)	
Getriebe: Sechsganggetriebe	
Gewicht: 3586 kg	
Produktionsbeginn: 1958	

Oben links: *Verglichen mit dem Vorläufersortiment, boten die Traktoren der „30 series" einige Verbesserungen bei Fahrerkomfort und -sicherheit.*

Bei der „30 series" bedeutete das zum Beispiel in angenehmem Abstand platzierte Stufen und Griffe für mehr Sicherheit beim Einstieg. Die Straßen- und Arbeitsbeleuchtung war ebenfalls verbessert worden, Sitz und Lehne waren neu konstruiert, um mehr Komfort zu schaffen, und auch die Anzeigen und Bedienelemente waren besser angeordnet.

Elektroanlasser

Bei allen außer den zwei kleinen Modellen der „30 series" aus Dubuque waren die Kotflügel verbreitert für besseren Schutz vor Dreck und Staub, was auch den Fahrer vor zufälligem Kontakt mit den Hinterrädern während der Fahrt schützte und Verletzungen vorbeugte.

Mechanisch gab es kaum Unterschiede bei den neuen 730- und 830-Modellen. Die Dieselmotoren beider Modelle konnten nun mit druckknopfbetätigtem elektrischem Anlasser ausgerüstet werden, statt – wie früher – nur mit Benzin-Startermotoren. Das ist ein Beispiel dafür, wie sich Dieselmotoren in Traktoren durch Konstruktionsverbesserungen leichter starten ließen.

Die Motorleistung beim 730 war dieselbe wie beim 720, und zwar 57 PS (42,5 kW), gemessen an der Riemenscheibe.

COCKSHUTT

1958 Brantford, Ontario, Kanada

COCKSHUTT 550

Das Cockshutt-Werk in Brantford, Ontario, war Kanadas größter Hersteller für Traktoren im niedrigen bis mittleren PS-Bereich. Mitte der 1950er-Jahre brachte die starke Konkurrenz durch US-Traktoren, die inzwischen in diesem Sektor herrschte, die Firma in Bedrängnis.

Rechts: *Cockshutts 550-Traktor war eines der letzten Modelle, das die kanadische Firma herausbrachte, bevor sie Teil der amerikanischen White Farm Equipment wurde.*

Technische Daten

Hersteller: Cockshutt Farm Equipment
Standort: Brantford, Ontario, Kanada
Modell: Cockshutt 550
Typ: Allzweck
Antrieb: Hercules-Vierzylinder-Benzin- und Dieselmotoren
Leistung: 38 PS (28 kW)
Getriebe: Sechsganggetriebe
Gewicht: 2586 kg
Produktionsbeginn: 1958

Ihre Antwort bestand 1958 in einem ehrgeizigen Programm – der Entwicklung eines verbesserten Traktorensortiments mit neuer Technik, neuem Styling und mit Motoren von Perkins und Hercules. Angeboten wurde das Mittelklassemodell 550 mit wahlweise Benzin- oder Dieselmotor, beide von Hercules. Obwohl die Leistung des Dieselmodells bei nur 38 PS (28 kW) lag, beschrieben die Cockshutt-Werbetexte den 550 – mit einem Hauch Optimismus – als einen Dreipflug-Traktor.

Ausrüstung

Cockshutt bot seinen Käufern beim 550 eine umfassende Standardausstattung. Die Ausrüstungsliste enthielt einen Elektroanlasser, eine Zapfwelle und, mit den Worten des Herstellers, das beste je von Cockshutt gebaute Getriebe. Der 550 war bis 1962 erhältlich. In diesen vier Jahren erreichte die Gesamtproduktion 2930 Stück, was in dieser – sehr beliebten – PS-Klasse für ein neues Modell ein eher enttäuschendes Verkaufsergebnis war.

Bis 1962 hatten sich Cockshutts finanzielle Probleme verstärkte, und die Firma wurde von der US-basierten White Farm Equipment Company übernommen. White war zu der Zeit schon Eigentümer der Oliver Company und kaufte später noch die Firma Minneapolis-Moline dazu.

DOE

1958 **Ulting, Essex, England**

DOE TRIPLE-D

Mitte der 1950er-Jahre, als selbst ein Großtraktor nur 60 PS (44,7 kW) leistete, hatten englische Farmer, die mehr PS wollten, keine große Auswahl. Das Beste war wohl ein Raupenschlepper, aber in einer Zeit stählerner Raupenketten bevorzugten doch viele Farmer die Gummireifen.

Vor diesem Problem stand George Pryor, Landwirt in Essex. Er brauchte viele PS zum Bearbeiten seines schweren Lehmbodens. Seine Antwort war der Bau eines eigenen Traktors: Er kaufte zwei Fordson-Major-Traktoren und koppelte sie: Er entfernte beide Vorderachsen und verband die Front des einen mit dem Heck des anderen mittels einer stabilen Drehscheibe, was die Lenkbarkeit über hydraulisch getriebene Schubstangen ermöglichte.

Zwei Motoren

Pryors Traktor hatte zwei Motoren, die über 80 PS (59 kW) freisetzten und zwei Getriebe mit Allradantrieb über gleich große Räder. Der Fahrer nahm auf dem Sitz des hinteren Traktors Platz und bediente ein Pult für beide Triebwerke. Obwohl er kompliziert und ungelenk aussah, funktionierte der Aus-zwei-mach-eins-Traktor gut, übertraf jeden damals erhältlichen Radtraktor hinsichtlich der Leistung und war

Ganz oben: *Das hydraulisch gesteuerte Gelenk oder Scharnier zwischen den zwei Traktoreinheiten sorgte für die Lenkbarkeit des Triple-D.*

Oben: *Dieser schön restaurierte, 130 PS starke Doe 130 aus zwei Ford-5000-Traktoren ist Teil der Sammlung der Doe Company.*

durch die Knicklenkung über das Mittelgelenk verhältnismäßig gut manövrierbar.

Ernest Doe & Sons, der ansässige Fordson-Händler, interessierte sich für Pryors Traktor und schloss mit ihm einen Vertrag über den Bau einer verbesserten Version. Der erste Doe-Traktor wurde 1958 fertig gestellt und hieß Doe Dual Power, später wurde er in Doe Dual Drive umbenannt und dann schließlich zu Triple-D abgekürzt.

Gerät

Der Triple-D erregte beträchtliches Interesse bei Landwirten und Vertragshändlern. Der Mangel an tauglichem Anschlussgerät für solch einen kraftvollen Traktor bedeutete, dass Doe & Sons Pflüge und Grubber konstruieren, herstellen und zusammen mit den Traktoren verkaufen mussten.

Der Einsatz von Fordson-Power-Major-Fahrwerken holte über 100 PS (74 kW) aus dem Triple-D heraus, der Wechsel zu Ford-5000-Traktormotoren von 1964 brachte 130 PS (96,9 kW). Damals wurde er in Doe 130 umbenannt. Der Doe 150 erzeugte mit zwei Ford 7000 sogar gut 150 PS (111,8 kW).

Mitte der 1960er-Jahre gab es wachsende Konkurrenz von Traktoren mit über 100 PS (74 kW) seitens führender Traktorenhersteller und Allradspezialisten wie County und Muir Hill. Ihr großer Vorteil verglichen mit dem Doe-Traktor bestand in nur einem Triebwerk, das bedient und gewartet werden musste. Das überzeugte und führte zur Einstellung der Produktion des Doe-Traktors, nachdem über 300 Stück gebaut worden waren.

Technische Daten

Hersteller: Ernest Doe & Sons
Standort: Ulting, Essex, England
Modell: Doe Triple-D
Typ: Allzweck
Antrieb: zwei Ford-Vierzylinder-Dieselmotoren
Leistung: 103 PS (76,2 kW) (Power-Major-Version)
Getriebe: zwei Sechsganggetriebe
Gewicht: 5169 kg
Produktionsbeginn: 1958

Unten: *Hier sieht man einen Doe-Triple-D-Traktor ein Feld in Ulting, Essex, pflügen, in der Nähe des Firmenstandorts der Doe Company.*

FORD

🛠 **1958 Dearborn, Michigan, USA**

FORD POWERMASTER 801

Eine größere Neuorganisation von Fords US-Traktorprogramm wurde 1957 angekündigt. 1958 sollte ein neues Modellsortiment in Produktion gehen. Hinzu kamen neue Vertriebsabkommen und eine neue Farbgebung.

Technische Daten

Hersteller: Ford Motor Co.	
Standort: Dearborn, Michigan, USA	
Modell: Powermaster 801	
Typ: Allzweck	
Antrieb: Ford-Vierzylinder-Benzinmotor	
Leistung: 44 PS (32,6 kW)	
Getriebe: Fünfganggetriebe	
Gewicht: 1353 kg	
Produktionsbeginn: 1958	

Oben: *Ein Ford Powermaster 801 in bestem Zustand mit der neuen Farbgebung und dem optionalen Kühlerschutz.*

Unter dem neuen Vertriebsabkommen war das Traktorensortiment in zwei verschiedene Serien aufgeteilt. Zum einen die Workmaster-Serie mit dem 2,2-Liter-Ford-Motor, zum anderen die Powermaster-Serie mit dem stärkeren 2,8-Liter-Ford-Motor.

Außer der Teilung des Sortiments in zwei neue Serien beinhaltete das aufpolierte Marketingprogramm auch eine augenfällige Lackierung in zwei Farben, um den Traktoren ein moderneres Image zu verleihen.

Konstruktionsänderungen

Die Powermasters basierten auf der 1955 eingeführten, 40 PS (29,8 kW) starken „800 series", wobei Ford inzwischen die Leistung des 2,8-Liter-Motors für die neuen Modelle auf 44 PS (32,6 kW) gesteigert hatte. Abgesehen von den Änderungen am Motor, sah die Liste der Konstruktionsverbesserungen bei der Powermaster-Reihe einen größeren Treibstoffbehälter für längere Betriebszeiten zwischen den Tankstopps und eine deutlich besser ablesbare Instrumentenanzeige vor.

Zur Grundausstattung des Powermaster gehörte auch ein neues Fünfganggetriebe. Die Servolenkung, die Servospurverstellung und ein zweistufiges Getriebe mussten allerdings extra bezahlt werden.

Der Dieselantrieb durch einen 2,8-Liter-Ford-Motor mit 56 PS (41,7 kW) stand ab 1959 auf der Liste der Optionen.

COUNTY

1958 **Fleet, Hampshire, England**

COUNTY HI-DRIVE

Countys internationaler Ruf auf dem Traktormarkt beruhte auf seinen Raupenschleppern und Allradumbauten von Fordson- und Ford-Fahrwerken, sodass leicht vergessen wird, dass die Firma auch eine kleine Anzahl von zweiradgetriebenen Spezialmodellen herstellte.

Rechts: *Die hochbeinigen County-Hi-Drive-Traktoren basierten auf Fordson-Major-Traktoren.*

Oben: *Diese Heckansicht eines Hi-Drive zeigt, wie Hinterradachse und Radantrieb für eine höhere Bodenfreiheit modifiziert wurden.*

Technische Daten

Hersteller: County Commercial Cars	
Standort: Fleet, Hampshire, England	
Modell: Hi-Drive	
Typ: Hochradtraktor	
Antrieb: Ford-Vierzylinder-Dieselmotor	
Leistung: 51 PS (37,7 kW) (Power-Major-Version)	
Getriebe: Sechsganggetriebe	
Gewicht: 2600 kg	
Produktionsbeginn: 1958	

Ein Beispiel ist der County-Hi-Drive. Er wurde auf Grundlage eines Fordson-New-Major-Triebwerks gebaut und auf Bestellung von Zuckerrohrherstellern auf den Westindischen Inseln entwickelt. Da das Verkaufsvolumen nicht groß genug war, um Ford zur Herstellung eines speziellen Stelzentraktors zu bewegen, entwickelte und baute County den neuen Traktor und nannte ihn Hi-Drive.

Andere Märkte

Obwohl die Zuckerplantagen den größten Absatzmarkt für den Hi-Drive darstellten, bestand auch Bedarf bei spezialisierten Gemüsebauern in England und anderswo, denen die Gelegenheit, einen relativ großen und „hochbeinigen" Traktor zu kaufen, entgegenkam.

Die von County durchgeführten Änderungen an der Konstruktion hoben die Achsenhöhe auf 76,2 cm an, was am Traktorheck durch Montage der Räder auf Achsschenkel geschah. Der so entstandene Zwischenraum wurde durch ein gekapseltes Zahnrad überbrückt.

County bot den Hi-Drive als kompletten Traktor an, hatte aber auch Umbausätze, mit denen Traktorenbesitzer ihren Fordson zu einem Hochradtraktor umrüsten konnten. Die Produktion wurde 1964 eingestellt.

DAVID BROWN

1958 **Meltham, Yorkshire, England**

DAVID BROWN 950

Die Produktion des 950-Traktors begann 1958, nur zwei Jahre nach Einführung des Vorgängers 900, den er ersetzte. Beide Traktoren waren sich im Grunde sehr ähnlich, denn der 950 war lediglich die aktualisierte Version des 900.

Technische Daten

Hersteller: David Brown Tractors
Standort: Meltham, Yorkshire, England
Modell: 950
Typ: Allzweck
Antrieb: David-Brown-Vierzylinder-Diesel-, Benzin- und Paraffinmotoren
Leistung: 42,5 PS (31,45 kW) (Diesel)
Getriebe: Sechsganggetriebe
Gewicht: 2096 kg
Produktionsbeginn: 1958

Oben: *Die Herstellung der verschiedenen 950-Versionen erreichte in weniger als fünf Jahren eine Stückzahl von fast 24 000 Traktoren.*

Der verbesserte David Brown 950 bot mehr Leistung. Seine modifizierte Einspritzanlage brachte dem Dieselmotor 42,5 PS (31,45 kW), also 2,5 PS (1,8 kW) mehr als beim entsprechenden 900-Modell. Die Leistungserhöhung beim Standardbenzinmotor fiel mit einer Steigerung von 40 auf 42 PS (29,8 auf 31,3 kW) etwas geringer aus. David Brown verbesserte am 950 auch die Konstruktion der Lenkung und des Zughakens.

Die neue Version

Nur ein Jahr nach der Markteinführung des 950-Traktors führte David Brown das neue 950-Implematic-Model mit größeren Verbesserungen an den Heckanschlüssen und der Hydraulik ein. Besonders geworben wurde mit der Möglichkeit, angeschlossenes Gerät mit automatischer Lastübertragung und wahlweise mit Zugkraft- oder Lageregelung zu benutzen.

Eine weitere Anzahl von Verbesserungen wurde 1961 angekündigt, als die 950-Traktoren der Serien V und W auftraten. Sie hatten erhöhte Bodenfreiheit an der Vorderachse und eine mehrstufige Zapfwelle, die bei den Standarddrehzahlen 540 U/min und 1000 U/min betrieben werden konnte.

Die Herstellung der verschiedenen 950-Versionen hielt von 1958 bis 1961 an und erreichte eine Stückzahl von 23 699 Traktoren.

FORD

1959 Dearborn, Michigan, USA

FORD WORKMASTER 541

Die Traktoren der Workmaster-500-Serie kamen 1958 als Teil von Fords Wiedereinführungskampagne in den USA heraus, die auch die Powermaster-Modelle einschloss. Zur Workmaster-Serie gehörten die kleineren Modelle mit dem 2,2-Liter-Motor, der schon früher das Ford-NAA-„Golden Jubilee"-Modell angetrieben hatte.

Rechts: *Das Bild zeigt eine seltene Version des Ford Workmaster mit seinem seitlich versetzten Motor.*

Oben: *Auf der Frontansicht des Workmaster 541 ist die versetzte Motorposition gut zu erkennen. Sie ermöglichte dem Fahrer bessere Sicht.*

Technische Daten

Hersteller:	Ford Motor Co.
Standort:	Dearborn, Michigan, USA
Modell:	Workmaster 541
Typ:	Reihenanbauschlepper
Antrieb:	Ford-2,3-Liter-Dieselmotor
Leistung:	43 PS (31,8 kW)
Getriebe:	Vierganggetriebe
Gewicht:	nicht bekannt
Produktionsbeginn:	1959

Die Leistung war bei der Workmaster-Version des Motors um Bescheidene 2 auf 32 PS (23,8 kW) statt der vorherigen 30 PS (22,3 kW) gesteigert worden. Die neuen Traktoren profitierten auch von anderen Verbesserungen, wie zum Beispiel übersichtlicher angeordneten Armaturen, einem vergrößerten Treibstofftank und der neuen Farbgebung.

Weitere Entwicklungen

1959 kündigte Ford weitere Entwicklungen für das Workmaster-Sortiment an. Das waren neue Versionen in der „500 series" sowie zum ersten Mal ein optionaler Dieselmotor. Die Traktoren der „500 series" waren auf Reihenkulturen ausgelegt, zum ersten Mal in Fords Sortiment mit seitlich versetzter Position des Motors, wie es auf den beiden Fotos an dem 541-Modell gut zu sehen ist.

Dieser Workmaster 541 ist besonders untypisch, weil er zusätzlich zur versetzten Position auch den neuen Ford-Dieselmotor hat. Er basierte auf Fords Red-Tiger-Ottomotor, war aber immerhin mit Direkteinspritzung und elektrischer Heizung für Kaltstarts ausgerüstet.

Ford erhöhte den Hubraum des Dieselmotors beim Workmaster auf 2,3 Liter, was die Leistung auf 43 PS (31,8 kW) steigerte.

DAVID BROWN
DAVID BROWN
SELECTAMATIC
1200

Kapitel 7

Innovationen der 1960er-Jahre

Die 1960er-Jahre waren eine Zeit der Innovationen und Experimente. Einige Ideen erlangten nur wenig oder keine wirtschaftliche Bedeutung, wie Brennstoffzellen, Gasturbinen oder der außergewöhnliche Schwimmtraktor Sea Horse. Andere jedoch hatten langfristige Auswirkungen auf die Traktortechnik.

Oben: *Im Sortiment von John Deere breitete sich der Dieselantrieb mit der Einführung des 435-Traktors, der einen Motor von General Motors besaß, auch auf die kleineren Modelle aus.*

Links: *David Brown war die erste britische Traktorenfirma, die offiziell zugelassene Kabinen produzierte, die den neuen Sicherheitsrichtlinien entsprachen.*

Der Vierradantrieb war eine der wichtigsten Innovationen, die sich in den 1960er-Jahren durchsetzten. Er war zwar keine völlig neue Entwicklung, aber der Druck, die Landwirtschaft effizienter zu machen, stieg, und der Vierradantrieb erlaubte es, mit besserer Bodenhaftung schneller zu arbeiten.

Die Notwendigkeit schneller zu arbeiten, führte auch zu den ersten Power-Shift-Getrieben, die Gangwechsel erlaubten, ohne den Kraftfluss zu unterbrechen. Um größere Flächen in kürzerer Zeit bearbeiten zu können, war höhere Leistung notwendig. Der nahe liegende Weg dahin war ein größerer Motor. Einen bereits existierenden Motor mit Turbolader zu versehen, steigert die Leistung auch um etwa 25 Prozent, und genau das tat man in den 1960ern bei Traktoren zum ersten Mal.

Eine andere Entwicklung war die frontmontierte Fahrerkabine bei Countys Forward-Control-Traktor, einer frühen Form der Systemtraktoren. Die Kabine vorn zu platzieren, erlaubte es, hinten Ausrüstung wie Feldspritzentank oder Düngerbehälter anzubringen. Kabinen überhaupt waren eine Neuerung, die erstaunlich lang auf sich warten ließ. Gelegentlich waren sie schon während der ersten 80 Jahre der Traktorengeschichte zu sehen. 95 Prozent der Fahrer waren jedoch ständig dem Wetter ausgesetzt, und riskierten schwere Verletzungen, falls sich der Traktor überschlug.

PORSCHE-DIESEL

1957 Friedrichshafen, Deutschland

PORSCHE-DIESEL JUNIOR L-108

Einige Hersteller von flotten und teuren Sportflitzern konstruierten auch Traktoren. Beispiele dafür sind die Lamborghini-Auto- und Traktorenmodelle in Italien und David Brown, dem in England die gleichnamige Traktorenfirma und Aston Martin gehörte. In Deutschland entwarf Ferdinand Porsche sowohl Autos als auch Traktoren.

Technische Daten

Hersteller: Porsche-Diesel	
Standort: Friedrichshafen, Deutschland	
Modell: Junior L-108	
Typ: Allzweck	
Antrieb: Einzylinder-Dieselmotor	
Leistung: 16 PS (11,8 kW)	
Getriebe: Sechsganggetriebe	
Gewicht: 1169 kg	
Produktionsbeginn: 1957	

Oben: *In Deutschland und England erkannten die Landwirte sehr schnell die Vorteile von Dieselmotoren. Im Porsche-Diesel-Junior arbeitete ein Einzylinder-Dieselmotor.*

Ferdinand Porsche hatte nach dem Zweiten Weltkrieg zehn Jahre lang enge Verbindung zu Allgaier-Traktoren, und 1955 wandelte sich der Firmenname zu Porsche. Der Namenswechsel war von einem Farbwechsel von Allgaiers Orange zum strahlenden Porsche-Rot begleitet, das Styling blieb allerdings gleich.

Kleinstes Modell

Der kleinste Traktor aus dem Allgaier-Sortiment war der A111, angetrieben von einem luftgekühlten Einzylinder-Dieselmotor. Er wurde unter dem Markennamen Porsche zum Porsche-Diesel Junior L-108. Die Leistung stieg um 4 PS (2,9 kW), weil die Nenndrehzahl auf 2250 U/min erhöht wurde. Der Einzylindermotor hatte eine Bohrung von 9,4 cm Durchmesser und 11,5 cm Hub, das Getriebe bot sechs Vorwärtsgänge.

Nach der Übernahme des Namens Porsche folgte ein exportorientierter Werbefeldzug hauptsächlich in den USA und England. Es erstaunt, dass man in der Kampagne nicht auf die kraftvolleren Traktoren setzte, sondern eher auf das Junior-Modell. Viele Käufer wurden wohl durch die niedrige PS-Zahl abgeschreckt, denn nur wenige Porsche-Traktoren wurden im Ausland verkauft.

ALLIS-CHALMERS
⚒ 1957 **Milwaukee, Wisconsin, USA**

ALLIS-CHALMERS D-14

Als 1957 das neue Model D-14 angekündigt wurde, zeigte sich wieder, dass die Traktorenhersteller dem Fahrerkomfort immer mehr Rechnung trugen. Eine der Neuerungen, die dem Mann – oder der Frau – auf dem Fahrersitz das Leben erleichtern sollten, war der Zigarettenanzünder am Armaturenbrett. Sehr viel wichtiger allerdings war die neuartige Sitzkonstruktion.

Unten: *Der D-14 bot dem Fahrer einen neuartigen Sitz mit eigenem Federungssystem und der Möglichkeit, den Sitz an Größe und Gewicht des Fahrers anzupassen.*

Technische Daten

Hersteller: Allis-Chalmers Manufacturing Co.	
Standort: Milwaukee, Wisconsin, USA	
Modell: D-14	
Typ: Allzweck	
Antrieb: Vierzylindermotor	
Leistung: 35,6 PS (26,3 kW)	
Getriebe: Achtganggetriebe	
Gewicht: 1893 kg	
Produktionsbeginn: 1957	

Aus unerfindlichem Grund hieß der neuartige Sitz „Center-Ride", und laut Werbebroschüre bot er „... den größten Fahrkomfort, den Sie je hatten!" Der Mechanismus ließ sich der Größe und dem Gewicht des Fahrers anpassen und der Stoßdämpfer hatte folgende Eigenschaften: „Schluckt Stöße. Erlaubt sanftes Fahren über holperigen Untergrund."

Konstruktionsmerkmale

Allis-Chalmers beschrieb den D-14 als einen „Drei-Pflug-Traktor", was bedeutete, dass er auch unter schwierigen Bedingungen drei Furchen zugleich ziehen konnte. Der„Power Cracter"-Vierzylinder-Benzinmotor hatte eine Nenndrehzahl von 1650 U/min, und die an der Riemenscheibe gemessene Leistung lag bei 35,6 PS (26,3 kW). Servolenkung war Standard, außerdem hatte der D-14 eine lastschaltbare Zapfwelle und ein Achtganggetriebe.

Auf der Liste der Merkmale stand auch der „Allis-Chalmers Power Shift": Damit konnte durch Motorkraft die Spurweite der Hinterräder an die Bedürfnisse von Reihenkulturen angepasst werden. Die hohe Bodenfreiheit erlaubte es, mittig montierte Anbauten zu nutzen. Eine Eigenschaft, die der D-14 vom B-Model geerbt hatte.

ALLIS-CHALMERS

1959 Milwaukee, Wisconsin, USA

ALLIS-CHALMERS FUEL CELL TRACTOR

Schon in den späten 1950er-Jahren führte Allis-Chalmers Forschungen über Brennstoffzellen als Traktorantrieb durch und entwickelte mehrere Prototypen. Seine Forschungen könnten in Zukunft Probleme mit versiegenden Erdölquellen und steigenden Treibstoffpreisen lösen.

Oben: *Diese Werbeaufnahme von Allis-Chalmers zeigt einen Brennstoffzellen-Versuchstraktor in Aktion. Das Projekt wurde auf finanziellen Druck hin eingestellt.*

Das Prinzip der Brennstoffzelle wurde schon 1839 von einem britischen Wissenschaftler formuliert, aber damals als Kuriosität abgetan. In den 1950er-Jahren lebte das Interesse daran wieder auf, und Allis-Chalmers begann, Brennstoffzellenforschung zu betreiben.

Brennstoffzellen

Die Funktion einer Brennstoffzelle ähnelt der einer Batterie: Sie wandelt chemische in elektrische Energie um. Chemikalien werden der Zelle als Brennstoff zugesetzt, der gewöhnlich eine Mischung von Gasen wie Propan oder Methan ist und fest oder flüssig sein kann. Der Brennstoff erzeugt in einer Redox-Reaktion Strom. Im Gegensatz zu einer Batterie kann die Brennstoffzelle den erzeugten Strom aber nicht speichern. Die gewonnene Energie muss sofort verbraucht werden, z.B. um damit einen Elektromotor zu betreiben.

Brennstoffzellen haben eine Reihe von Vorteilen: Sie können eine breite Palette unterschiedlicher Brennstoffe, einschließlich solcher aus erneuerbaren Quellen, nutzen, und die Stromerzeugung läuft mit hohem Wirkungsgrad ab: Die Energieverluste bei der Verbrennung von Treibstoff in einem Benzin- oder Dieselmotor betragen mehr als 50 Prozent, in einer Brennstoffzelle aber höchstens 10 Prozent. Dabei müssen allerdings noch die Verluste des Elektromotors berücksichtigt werden. Brennstoffzellen und Motor machen kaum Lärm, allerdings waren in den 1950er-Jahren die Zellen und der Brennstoffvorrat schwer und nahmen viel Platz ein.

Versuchstraktoren

Allis-Chalmers baute einige Brennstoffzellentraktoren für Versuchszwecke. Darunter befand sich einer, der auf einem D-12-Traktor basierte. 1959 konstruierte die Firma einen speziellen Versuchstraktor für das Forschungsprogramm. Anstelle des Motors fanden sich 1008, in vier Reihen angeordnete Brennstoffzellen unter der Haube, die mit Propan und anderen mitgeführten Gasen betrieben wurden.

Die katalysierte chemische Reaktion in den Brennstoffzellen erzeugte den Strom, der einen 20 PS (15 kW) starken Gleichstrommotor antrieb, der seinerseits die Traktorräder in Bewegung setzte.

Eine Presseerklärung von Allis-Chalmers betonte die Vorteile der Brennstoffzellen und des Elektromotors. So fehlte ein Getriebe, weil die Fahrtgeschwindigkeit durch Variation der Strommenge gesteuert wurde, und Vorwärts- oder Rückwärtsgang über Wechsel der Polarität „eingelegt“ wurden.

Technische Daten

Hersteller: Allis-Chalmers Manufacturing Co.
Standort: Milwaukee, Wisconsin, USA
Modell: Fuel-cell tractor
Typ: Versuchstraktor
Antrieb: Elektromotor
Leistung: 20 PS (15 kW)
Getriebe: Direktantrieb
Gewicht: nicht bekannt
Produziert: 1959

Unten: *Eine Reihe von 1008 Brennstoffzellen erzeugte ausreichend Strom, um einen 20 PS (15 kW) starken Elektromotor anzutreiben. Brennstoffzellen gelten heute noch als Energiequelle der Zukunft.*

JOHN DEERE

1959 Waterloo, Iowa, USA

JOHN DEERE 435

Weil er eines der wenigen Modelle vor 1961 ist, das nicht über den beliebten liegenden Zweizylindermotor verfügte, neigen einige John-Deere-Fans dazu, den 435 abzulehnen.

Oben: *Der 435 war das letzte John-Deere-Modell vor dem Bau einer neuen Traktorserie 1960.*

Technische Daten

Hersteller: Deere & Co.
Standort: Waterloo, Iowa, USA
Modell: 435
Typ: Allzweck
Antrieb: Zweizylinder-Zweitakt-Dieselmotor
Leistung: 32,9 PS (24,3 kW)
Getriebe: Fünfganggetriebe
Gewicht: 1862 kg
Produktionsbeginn: 1959

Oben links: *Mit seinem 32,9 PS (24,3 kW) starken General-Motors-Zweitakt-Dieselmotor war der 435 kein typischer John-Deere-Traktor der 1960er-Jahre. Er wurde nur zwei Jahre lang produziert.*

Obwohl mit dem „falschen" Motortyp ausgestattet, war der 435 ein wichtiges Modell. Denn er war der erste John-Deere-Diesel, der nicht für das obere Marktsegment, sondern für die Klein- und Mittelklasse gebaut wurde. Außerdem besaß er als erster Traktor der Firma eine zweistufige Zapfwelle mit wahlweise 540 oder 1000 U/min.

Zapfwelle

Seine Modellnummer 435 sollte ihn vermutlich von dem 430-Modell unterscheiden, auf dessen Basis er entwickelt wurde. Die Motorisierung unterschied den 435 von den anderen Modellen der „30 series": Sein General-Motors-Dieselmotor mit zwei stehenden Zylindern bot 32,9 PS (24,3 kW) Leistung.

Der 435 war der erste Traktor, bei dem die Leistung nicht an der Riemenscheibe sondern an der Zapfwelle gemessen wurde. Diese Verfahrensänderung trug der Tatsache Rechnung, dass immer weniger Farmer ihre Zusatzgeräte über die Riemenscheibe antrieben und die Zapfwelle inzwischen die übliche Quelle mechanischer Kraft war.

Mit dem Ende der Produktion nach nur zwei Jahren verschwanden allmählich die traditionellen Zweizylindermodelle und machten einer neuen Traktorenserie mit Vier- und Sechszylindermotoren Platz.

JOHN DEERE

1960 Waterloo, Iowa, USA

JOHN DEERE 3010

1960 kündigte John Deere vier neue Modelle an, mit denen die Serie der „New Generation of Power"-Traktoren startete. Die nagelneue Reihe verdrängte alle alten und gewohnten Zweizylindermodelle.

Rechts: *Die Modelle John Deere 3010 und 4010 wurden 1960 eingeführt. Sie hatten ein vollkommen neues Hydrauliksystem und die ersten Hydraulikbremsen.*

Technische Daten

Hersteller: Deere & Co.	
Standort: Waterloo, Iowa, USA	
Modell: 3010 Diesel	
Typ: Allzweck	
Antrieb: Vierzylinder-Dieselmotor	
Leistung: 59,5 PS (44 kW)	
Getriebe: Achtganggetriebe	
Gewicht: 2970 kg	
Produktionsbeginn: 1960	

Sie hatten neues Styling, Vierzylindermotoren, und alle Modelle waren auch mit Dieselmotor zu haben. Das war ein wichtiger Hinweis auf den Wandel in der Traktortechnik: Paraffin- und Destillatölantrieb wurden fast schlagartig verdrängt.

Mit 59,5 PS (44 kW) an der Zapfwelle wurde der 3010 als „Vierpflugtraktor" beschrieben. Eines der stärksten Verkaufsargumente für ihn war die neue Hydraulik, die er mit dem 4010, dem Spitzenmodell des neuen Sortiments, gemeinsam hatte. Die Bremsen arbeiteten hydraulisch, angeblich zum ersten Mal bei einem Traktor. Darüber hinaus besaß die neue Hydraulik bis zu drei unabhängige Druckölkreisläufe für diverses Zusatzgerät.

Andere Versionen

Der 3010 wurde als Diesel mit einer Nennleistung von 59,5 PS (44 kW) bei 2200 U/min, als Benziner und mit Flüssiggasmotor angeboten. Die Motoren erbrachten 51 bzw. 55,4 PS (38 und 41,3 kW). Die Verdichtung lag bei 16,4:1 beim Dieselmotor und 7,5 und 9,0:1 beim Benzin- und Flüssiggasmotor. Der 3010 hatte ein Achtganggetriebe, und die Vorderachse war entweder als Normal- oder optional als Reihenanbau-Version erhältlich.

ALLIS-CHALMERS

1960 **Essendine, Lincolnshire, England**

ALLIS-CHALMERS ED-40

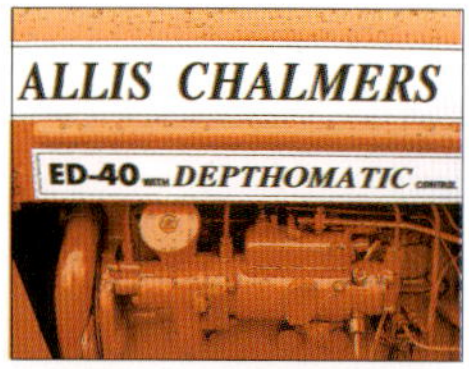

Der Erfolg des Model-B-Traktors ermutigte Allis-Chalmers, ein Werk in Großbritannien zu eröffnen. Als die Produktion von Model B auslief, folgten die Modelle D270 und D272 nach.

Die Verkaufszahlen des D270 und D272 waren enttäuschend, und Allis-Chalmers brauchte ein erfolgreicheres Modell, um die Fabrik in Lincolnshire auszulasten. So wurde der ED-40 entwickelt, dessen Gestaltung die Familienähnlichkeit mit dem D-14 und anderen neuen Modellen aus dem Werk in den USA fortführte.

Aufgrund der dortigen Marktlage bot sich für den in England gebauten Traktor ein Dieselmotor ohne zusätzliche Benzin- oder Benzin/Paraffin-Versionen an. Es lag nahe, einen Motor von Perkins einzusetzen, jener Firma, die bereits die Vorgängermodelle der in England gebauten Allis-Chalmers-Traktoren ausgestattet hatte. Doch der Auftrag ging nicht an Perkins, vermutlich weil Massey-Ferguson im Jahr zuvor Perkins aufgekauft hatte, um seinen eigenen Bedarf an Motoren zu decken. Allis-Chalmers beschloss verständlicherweise, den

Ganz oben: *Das obere Geräteanschlussstück beim Depthomatic-System des ED-40 fungierte als Fühler für die Zugkraft, was die Lageregelung verbesserte.*

Oben: *Statt den vorher üblichen Perkinsmotoren verwendete Allis-Chalmers für die neue ED-40-Serie ab 1960 Standard-Dieselmotoren.*

Motor nicht ausgerechnet von einer Firma zu kaufen, die seinem größten Rivalen gehörte.

Stattdessen entschied man sich für eine verbesserte Version des 23C-Dieselmotors, den Standard Motor Co. eigentlich für den Ferguson-35-Traktor entwickelt hatte. Die Verbesserungen hatte Standard dann eingebracht, um den Motor für einen eigenen Traktor verwenden zu können, der dann aber doch nicht produziert wurde. So konnte Allis-Chalmers das Aggregat für den ED-40 nutzen.

Der neu entwickelte Zylinderkopf erhöhte das Drehmoment, und eine Glühkerze an jedem Zylinder erleichterte das Anlassen bei Kälte. Die Leistung des Standard-Dieselmotors betrug 37 PS (27,4 kW), als die Produktion 1960 anlief. Drei Jahre später überarbeitete man den Traktor und erhöhte dabei auch die Motorleistung auf 41 PS (30,5 kW).

Eine weitere Verbesserung der ED-40-Version von 1963 war die Depthomatic-Zugkraftregelung, die die obere Verbindung des Dreipunktanschlusses für eine deutlich genauere Lageregelung beim Pflügen ausnutzte.

Spätere Verbesserungen

Von seinem berühmten Vorgänger Model B hatte der ED-40 die große Bodenfreiheit geerbt, die es erlaubte, mittig montiertes Gerät einzusetzen. Diese Eigenschaft war, wie auch beim Model B, serienmäßig und nicht, wie bei anderen Marken, auf spezielle, hochgelegte Versionen beschränkt.

Die Produktion des ED-40 in Essendine, Lincolnshire, lief bis 1968. Er war der letzte Allis-Chalmers, der in England gebaut wurde, obwohl noch einige Jahre Maschinen im Werk produziert wurden.

Technische Daten

Hersteller: Allis-Chalmers Manufacturing Co.
Standort: Essendine, Lincolnshire, England
Modell: ED-40
Typ: Allzweck
Antrieb: Standard-Vierzylinder-Dieselmotor
Leistung: 37 PS (27,4 kW)
Getriebe: Achtganggetriebe
Gewicht: 1626 kg (Versandgewicht)
Produktionsbeginn: 1960

Links: *Zu den Heckanschlüssen des ED-40 gehörte das Depthomatic-System, das die Arbeitstiefe heckmontierter Geräte automatisch regelte.*

INTERNATIONAL HARVESTER
1961 Chicago, Illinois, USA

I.H. GASTURBINEN-TRAKTOR

Gasturbinen erregten in den späten 1950er-Jahren großes Interesse, als die meisten führenden Autohersteller damit experimentierten. Man ging damals davon aus, dass sie in Zukunft generell Kolbenmaschinen im Kraftverkehr ersetzen könnten.

Technische Daten

Hersteller: International Harvester	
Standort: Chicago, Illinois, USA	
Modell: HT-340	
Typ: Experimental	
Antrieb: Gasturbine	
Leistung: gedrosselt auf 40 PS (29,8 kW)	
Getriebe: hydrostatisch	
Gewicht: nicht bekannt	
Produktionsbeginn: 1961	

Oben: *Der International Harvester HT-340 Versuchstraktor wurde von einer Gasturbine angetrieben. Das Hydrogetriebe ermöglichte stufenlose Geschwindigkeitsregelung.*

Bei einer Gasturbine wird vorne Luft eingesaugt und durch verbrennenden Treibstoff erhitzt. Das Gas dehnt sich aus, wird mit hoher Geschwindigkeit durch den Auslass der Wärmekraftmaschine gepresst und treibt damit die Schaufeln einer Turbine an. Gasturbinen sind kompakt und leicht – nicht sehr wichtig für ein eher plumpes Arbeitsgerät –, aber sie laufen ruhiger als Hubkolbenmotoren und sind deutlich zuverlässiger. Nachteilig sind die große Lautstärke, der hohe Treibstoffverbrauch und die fehlende Motorbremse.

Hydrogetriebe

International Harvester ging 1961 erstaunlich offen mit diesen Problemen um, als der HT-340-Versuchstraktor präsentiert wurde. Eine Tochterfirma von International Harvester entwickelte Gasturbinen für Hubschrauber und eine davon wurde wurde von 80 PS (59,6 kW) auf 40 PS (29,8 kW) gedrosselt und versuchsweise an einem Traktor getestet. Die Turbine war an ein Hydrogetriebe gekoppelt, das über eine Pumpe und einen Druckölkreislauf die Räder des Traktors antrieb.

Das Hydrogetriebe erwies sich später als relevanter für die Traktortechnik als die Gasturbine. Mit ihm konnte auf ein Schaltgetriebe verzichtet werden, und es ermöglichte stufenlose Geschwindigkeitsregelung, ohne die Motordrehzahl zu beeinflussen. Hydrogetriebe sind verlässlich und einfach zu handhaben.

FORD

🛠 **1962 Birmingham, Michigan, USA**

FORD 4000 SELECT-O-SPEED

1962 ersetzte Ford die auffällige Farbgebung der Workmaster- und Powermaster-Traktorserien durch eine neue und international einheitliche blau-graue Farbkombination.

Rechts: *Fords in den USA produzierte 4000-Traktorserie ersetzte die Powermaster-Serie durch Drei- und Vierzylindermotoren.*

Technische Daten

Hersteller: Ford Motor Co.
Standort: Birmingham, Michigan, USA
Modell: 4000 Select-O-Speed
Typ: Allzweck
Antrieb: Vierzylinder Benzinmotor
Leistung: 45,4 PS (33,6 kW)
Getriebe: Zehnganggetriebe
Gewicht: 2218 kg
Produktionsbeginn: 1962

Über das neue Erscheinungsbild des Traktors hinaus wollte Ford mit dieser neuen Serie sein allzu kompliziertes US-amerikanisches Kleintraktorensortiment vereinfachen. Die verschiedenen Workmaster Modelle für Landwirtschaft und Industrie kamen zur neuen 2000-Serie, und es gab außerdem eine neue 4000-Serie, die auf den früheren Powermaster-Modellen basierte.

Versionen

Trotz der angestrebten Vereinfachung blieben die beiden Sortimente für die Kunden verwirrend. Bei der 4000er-Serie bot sich die Wahl zwischen Drei- und Vierzylindermotoren, einschließlich einer Dreizylinder-Dieselversion, sowie zwischen verschiedenen Getrieben. Die Käufer konnten zwischen einem Achtganggetriebe und einem kurz zuvor eingeführten Select-O-Speed-Lastschaltgetriebe mit zehn Vorwärtsgängen wählen, das es erlaubte zu schalten, ohne zu kuppeln.

Die Maximalleistung des Vierzylinder-Benzinmotors wurde bei den Tests in Nebraska an der Zapfwelle gemessen und lag bei 45,5 PS (33,6 kW). Der 3200-cm^3-Motor hatte eine 11,1-cm-Bohrung und 10,6 cm Hub. An der Zugstange blieben noch 39 PS (29 kW) Motorleistung übrig.

Ein Dreizylinder-Benziner leistete 46,3 PS (34,5 kW) an der Zapfwelle, der 4000-Vierzylinder-Dieselmotor brachte es auf 46,7 PS (34,8 kW) bei seiner Nenndrehzahl und auf 39,4 PS (29,3 kW) an der Zugstange.

MASSEY-FERGUSON
1962 Detroit, Michigan, USA

MASSEY-FERGUSON SUPER 90

Die Übernahme der Harry-Ferguson-Traktorenfirma duch Massey-Harris brachte zwar eine neue und attraktive Auswahl von Klein- und Mittelklasse-modellen, aber nichts für Käufer, die sich möglichst viel PS wünschten.

Oben: *Der Super-90-Traktor war eines der großen 90er-Modelle, die schnell auf den Markt kamen, um Massey-Fergusons Position im rasch wachsenden PS-starken Sektor zu festigen.*

Oben links: *Massey-Fergusons Super-90-Traktor mit seinem starken Perkins-Dieselmotor, der 68,5 PS (50,7 kW) leistete, soll einer der stärksten Traktoren mit Ferguson-System gewesen sein, die damals auf dem Markt waren.*

Technische Daten

Hersteller:	Massey-Ferguson
Standort:	Detroit, Michigan, USA
Modell:	Super 90 Diesel
Typ:	Allzweck
Antrieb:	Vierzylinder-Dieselmotor
Leistung:	68,5 PS (50,7 kW)
Getriebe:	Achtganggetriebe
Gewicht:	3289 kg
Produktionsbeginn:	1962

Leider waren es die größeren Traktoren, deren Verkaufszahlen vor allem auf dem US-Markt am schnellsten stiegen, und Massey-Ferguson-Vertragshändler liefen Gefahr, ihre Kunden zu verlieren, weil sie den Kaufinteressierten mit großen Ackerflächen nur alte Massey-Harris-Modelle anbieten konnten. Um diese Lücke zu füllen, führte Massey-Ferguson die 90-Traktorserie ein. Außerdem kaufte man neue Modelle von Konkurrenzfirmen auf, was allerdings Komplikationen hervorrief.

Angekaufte Traktoren

G-507-Traktoren von Minneapolis-Moline wurden unter Massey-Fergusons Emblem und Farben als MF-97 in den USA und als MF-95 in Kanada verkauft, die Firma Oliver steuerte 500 Dieseltraktoren unter dem Namen MF-98 bei. Als angekaufte Traktoren verfügten diese Modelle aber nicht über die Anschlüsse und die Hydraulik des Ferguson-Systems.

Der Super 90 war eine Massey-Ferguson-Entwicklung, deren Dieselmotor von Perkins stammte. Die Produktion des Super 90 lief 1962 an, die Leistung der Dieselversion lag an der Zapfwelle bei 68,5 PS (50,7 kW), was sie zum PS-stärksten Traktor mit Ferguson-System machte. Die Nenndrehzahl des Vierzylindermotors betrug 2000 U/min, das Getriebe hatte acht Vorwärtsgänge.

MASSEY-FERGUSON

1964 **Coventry, Warwickshire, England, und Detroit, Michigan, USA**

MASSEY-FERGUSON MF-135

Das DX-Projekt hatte das Ziel, eine neue Traktorserie zu entwickeln. Sie sollte in Massey-Fergusons Werken in den USA, Großbritannien und Frankreich produziert werden. Der Umfang des Projekts lässt sich daran ermessen, dass die Konstruktionsabteilung eine Million Arbeitsstunden aufwandte, um Prototypen zu entwerfen, zu bauen und zu testen.

Rechts: *Mitte der 1960er-Jahre waren die MF-135-Modelle mit Abstand die meistverkauften Traktoren von Massey-Ferguson.*

Oben: *Das DX-Entwicklungsprojekt brachte ein neues Sortiment von Massey-Ferguson-Traktoren hervor, darunter auch der beliebte MF-135.*

Technische Daten

Hersteller:	Massey-Ferguson
Standort:	Coventry, Warwickshire, England, und Detroit, Michigan, USA
Modell:	MF-135
Typ:	Allzweck
Antrieb:	Dreizylinder-Dieselmotor
Leistung:	37,8 PS (28 kW)
Getriebe:	Zwölfganggetriebe
Gewicht:	1655 kg
Produktionsbeginn:	1964

Das Ziel war, ein vollständig neues Traktorsortiment auf hohem technischen Niveau zu entwickeln, das weltweit verkauft werden sollte. Der MF-135 war eines der ersten neuen Modelle dieser Serie. Die Produktion lief 1964 in Detroit und ein Jahr später in Coventry an. Die Dieselversion wurde von einem Perkins-Motor angetrieben: Massey-Ferguson hatte Perkins 1959 aufgekauft.

Die Spitzenleistung des Dreizylinder-Dieselmotors an der Zapfwelle lag bei den Tests in Nebraska bei 37,8 PS (28 kW). Standard war ein Zwölfganggetriebe. Für Käufer in den USA gab es den Traktor auch mit einem Continental-Benzinmotor.

Verkaufsschlager

Der MF-135 war Mitte der 1960er-Jahre ein überaus großer Verkaufsschlager des MF-Traktorensortiments. 1965 wurden allein in Detroit 13000 Traktoren produziert, das war mehr als ein Drittel der gesamten Massey-Ferguson-Jahresproduktion in den Vereinigten Staaten. Die 44246 Stück, die 1966 gebaut wurden, machten mehr als die Hälfte der gesamten britischen Jahresproduktion aus.

COUNTY

1964 Fleet, Hampshire, England

COUNTY SEA HORSE

Die Nachfrage nach Schwimmtraktoren war nie sehr groß. 1964 entwickelte County Commercial Cars trotzdem den Sea Horse. Er erregte zwar großes Aufsehen, aber Verkäufe sind keine bekannt geworden.

Oben: *Der County Sea Horse, fotografiert während einer Demonstration als Allradtraktor zu Land.*

Der County Sea Horse basierte auf einem 52 PS (38,5 kW) starken Motor und dem Getriebe eines Fordson-Super-Major-Traktors, aufgesetzt auf einen Allradumbau von County. Es ist unklar, was die Firma zum Bau des Schwimmtraktors veranlasste, doch die Entwicklungsarbeit scheint erstaunlich einfach gewesen zu sein.

Auftriebssystem

Der Auftrieb wurde durch die große Luftmenge in den vier übergroßen Goodyear-Reifen und durch weitere Hohlräume an jedem Rad erzielt. County entwickelte große Schwimmtanks aus Stahlblech, die an Front und Heck des Traktors befestigt werden konnten, um zusätzliche Stabilität bei Sturm und großen Wellen zu erreichen. Die Tanks könne man auch als Ballastcontainer für Einsätze an Land nutzen, erklärte die Firma.

Außer den Lufttanks waren erstaunlich wenige Modifikationen nötig, um den Sea Horse zum Schwimmtraktor zu machen. Es gab keine umständlichen Abdichtungsmaßnahmen, nur die Kupplungsglocke war versiegelt, und die normalen Messstäbe waren durch eingeschraubte ersetzt worden. Alle Getriebegehäuse waren mit Luftöffnungen oberhalb der Wasserlinie ausgestattet.

Der Antrieb war primitiv: Wenn die Reifen sich drehten, fungierte das Profil der vier riesigen Reifen vorwärts und rückwärts wie ein Schaufelrad. Auch die Lenkung funktionierte wie auf dem Land, obwohl natürlich der Wendekreis sehr viel größer war.

Es gab scheinbar nur zwei Probleme: Der Vierradantrieb war zu Wasser viel weniger effektiv als zu Land, was die Geschwindigkeit auf 5,5 km/h im höchsten Gang reduzierte. Das zweite Problem war, dass das Spritzwasser der großen Räder den Fahrer des Sea Horse völlig durchnässte.

Kanaldurchquerung

County machte seinen neuesten Traktor durch eine Überquerung des Ärmelkanals von Frankreich nach England bekannt, wobei die 29 Seemeilen (51,8 km) in sieben Stunden und 50 Minuten bewältigt wurden. Die Firma brachte den Schwimmtraktor sogar nach Florida, wo er noch mehr Aufmerksamkeit erregte, als er zwischen den Vergnügungsbooten bei Fort Lauderdale herumdümpelte.

Wenn County erwartet hatte, dass der Sea Horse sich gut verkaufen würde, war das Ergebnis enttäuschend. Sollte das exotische Fahrzeug lediglich für Publicity sorgen, dann war es ein voller Erfolg.

Technische Daten

Hersteller: County Commercial Cars
Standort: Fleet, Hampshire, England
Modell: Sea Horse
Typ: Amphibienfahrzeug
Antrieb: Vierylinder-Dieselmotor
Leistung: 52 PS (38,5 kW)
Getriebe: Sechsganggetriebe
Gewicht: 5794 kg
Produktionsbeginn: 1964

Links: *Ein Original-Werbefoto des Sea Horse, während er sich zwischen Vergnügungsbooten an der Küste von Florida im Wasser tummelt.*

Links: *Ein weiteres Werbefoto zeigt den Sea Horse bei der Durchquerung des Ärmelkanals von Frankreich nach England.*

JOHN DEERE

1964 Waterloo, Iowa, USA

JOHN DEERE 4020

1963 wurde ein weiteres Mitglied von John Deeres „New Generation of Power"-Sortiment angekündigt: Der 5010 war das neue Spitzenmodell. Weitere Entwicklungen wurden im folgenden Jahr mit der Überarbeitung der 3010- und 4010-Modelle zu den 3020 und 4020 vorgestellt.

Technische Daten

Hersteller:	Deere & Co.
Standort:	Waterloo, Iowa, USA
Modell:	4020
Typ:	Allzweck
Antrieb:	Sechszylinder-Dieselmotor
Leistung:	91 PS (67,3 kW)
Getriebe:	Lastschaltgetriebe
Gewicht:	4061 kg
Produktionsbeginn:	1964

Oben: *Die herausragende Neuerung am neuen John-Deere-4020 war das Lastschaltgetriebe, das einen Gangwechsel ohne Unterbrechung der Motorkraft ermöglichte.*

Der größte Unterschied zwischen den Modellen 3020, 4020 und deren Vorgängern war das zusätzliche Lastschaltgetriebe. Das war ein bedeutsamer Schritt, weil Lastschaltgetriebe allmählich die bevorzugte Getriebeart bei Großtraktoren wurden, 1964 aber noch eher selten waren.

Vorteile des Lastschaltgetriebes

Ein Lastschaltgetriebe hat den Vorteil, dass ohne Kuppeln geschaltet werden kann und während des Schaltvorgangs die Kraftübertragung nicht unterbrochen wird. Dies ist wichtig, wenn der Traktor unter Volllast arbeitet, z.B. wenn er schwere Lasten an Steigungen schleppt oder unter erschwerten Bedingungen pflügt: Wird die Kupplung getreten, ist bei konventionellem Gangwechsel die Kraftübertragung unterbrochen. Lastschaltgetriebe erhöhen nicht nur die Produktivität, sie erleichtern auch dem Fahrer das Leben, weil weniger Muskelkraft für Schaltvorgänge aufgewandt werden muss.

Weitere Neuerungen am 4020-Modell war die hydraulische Differenzialsperre, mit der durch Pedaldruck die Kraft gleichmäßig auf beide Räder übertragen werden konnte, um zu vermeiden, dass sie durchdrehten. Die Leistung wurde auf 91 PS (63,7 kW) gesteigert.

COUNTY

1965 **Fleet, Hampshire, England**

COUNTY FORWARD CONTROL FC1004

Das Forward-Control-Modell des Herstellers County aus dem Jahr 1965 war sowohl für landwirtschaftliche als auch für industrielle und forstwirtschaftliche Zwecke geeignet.

Rechts: *Die Verkaufszahlen von Countys Forward-Control-Modell waren enttäuschend, vielleicht weil das Konstruktionskonzept seiner Zeit zu weit voraus war.*

Technische Daten

Hersteller:	County Commercial Cars
Standort:	Fleet, Hampshire, England
Modell:	FC1004
Typ:	Allzweck
Antrieb:	Sechszylinder-Dieselmotor
Leistung:	102 PS (75,5 kW)
Getriebe:	Achtganggetriebe
Gewicht:	4265 kg
Produktionsbeginn:	1965

Die sehr unkonventionelle Konstruktion basierte, wie auch andere County-Modelle, auf einem Ford-Motor und -Getriebe mit einem County-Allradfahrwerk, das vorn und hinten gleich große Räder besaß.

Weitaus ungewöhnlicher jedoch war die Position des Führerhauses, das ganz nach vorn, noch vor die Vorderräder, gerückt worden war. Der frei gewordene Raum konnte dazu verwendet werden, um Ausrüstung zum Arbeitsort zu transportieren, z.B. eine Feldspritze mit Brühebehälter.
Die Produktion begann mit dem FC654, auf den der FC754 folgte. Doch erst der FC1004 aus dem Jahr 1967 erzielte gute Verkaufszahlen.

Der Antrieb

Angetrieben wurde der FC1004 von einem Ford-2703C-Sechszylinder-Industriemotor mit hängenden Ventilen, 5,9 Liter Hubraum und 102 PS (75,5 kW). Der Motor war an ein Achtgang-Fordgetriebe angeflanscht und ermöglichte maximal 28 km/h.

Traktoren mit Heckladefläche erfreuten sich in den letzten 20 Jahren steigender Beliebtheit, doch in den späten 1960er-Jahren sind sie ihrer Zeit noch weit voraus gewesen. Daher waren die Verkaufszahlen wohl enttäuschend. Der FC1004 wurde noch bis 1977 in kleinen Stückzahlen produziert und anschließend ganz aus dem Sortiment genommen.

DAVID BROWN

1967 Meltham, Yorkshire, England

DAVID BROWN 1200 SELECTAMATIC

David Brown führte 1965 das Selectamatic-Hydrauliksystem ein, um den Dreipunkt-Anschluss benutzerfreundlicher zu machen und so die Arbeit des Fahrers zu erleichtern. Das System war zuerst lediglich auf das Modell 770 beschränkt, aber so erfolgreich, dass bis zum Jahresende alle Modelle des Herstellers damit ausgerüstet wurden.

Oben: *1967 führte David Brown das 67 PS (50 kW) starke 1200-Modell mit dem Selectamatic-Hydrauliksystem ein, das die Bedienung des Heckanschlusses vereinfachte.*

Das neue Hydraulik-System war auch Teil der Serienausstattung für das neue, 1967 angekündigte 1200-Modell. Zwei Jahre zuvor, nämlich 1965 waren die Firmenfarben auf „Orchideenweiß und Schokoladenbraun" umgestellt worden.

Nur wenige Jahre nach der Einführung des 1200 traten neue Bestimmungen der britischen Regierung in Kraft, die geprüfte Sicherheitskabinen oder -rahmen vorschrieben. David Brown war der erste britische Hersteller, der entsprechende Kabinen schon zwei Jahre zuvor entwickelt hatte. Deshalb gingen die ersten drei Zulassungen der Regierung an ihn.

Da es den Traktor sowohl vor als auch nach Inkrafttreten der neuen Bestimmungen zu kaufen gab, zeigen Werbefotos den 1200 mit und ohne Fahrerkabine, die in England zu den Extras gehörte, bevor dort das neue Gesetz erlassen wurde.

Ein weiteres Zeichen für die wachsende Bedeutung von Fahrersicherheit und -komfort war etwas, das die Firma einen „neuen luxuriös gepolsterten Sitz“ nannte – dieser gehörte bei dem Modell 1200 erfreulicherweise schon zur Standardausstattung.

Vierradantrieb

Der 1200 war mit einem David-Brown-Vierzylinder-Dieselmotor ausgestattet. Die Leistung lag zunächst bei 67 PS (50,6 kW), wurde aber schon im zweiten Produktionsjahr auf 72 PS (53,6 kW) erhöht. Zu den besonderen Konstruktionsmerkmalen zählten – ein echtes Novum bei einem David-Brown-Traktor – die separat von Hand zu bedienende Kupplung für die Zapfwelle und der Direktantrieb vorn am Motor für die Hydraulikpumpe.

In den späten 1960er-Jahren war einer der wichtigsten Trends in der britischen Traktorenproduktion der Vierradantrieb. Die Motorkraft sowohl auf die Vorder- als auch die Hinterräder zu übertragen verbesserte die Bodenhaftung und das Schleppverhalten auf nassem oder lockerem Untergrund erheblich. Die Zahl der Farmer, die bereit waren, einen höheren Preis für den Vierradantrieb zu zahlen, stieg deshalb schnell an.

David Brown führte 1970 die Allradversion des 1200-Traktors ein, der 1971 die Möglichkeit erhielt, den Vorderradantrieb während der Fahrt ab- und zuzuschalten.

Technische Daten

Hersteller: David Brown Tractors
Standort: Meltham, Yorkshire, England
Modell: 1200 Selectamatic
Typ: Allzweck
Antrieb: Vierzylinder-Dieselmotor
Leistung: 67 PS (50,6 kW)
Getriebe: Sechsganggetriebe
Gewicht: 2742 kg
Produktionsbeginn: 1967

Unten: *Als die Nachfrage nach Vierradantrieb stieg, führte David Brown 1970 die Allradversion 4WD des 1200-Modells ein.*

NUFFIELD

1967 **Bathgate, Schottland, Großbritannien**

NUFFIELD 4/65

Arbeitsunruhen und andere Probleme in den Werken der British Motor Corporation beeinträchtigten die Gewinnspannen. Eine Folge davon war Geldmangel, der die dringend notwendige Entwicklungsarbeit am Nuffield-Traktorensortiment unmöglich machte.

Technische Daten

Hersteller: British Motor Corporation

Standort: Bathgate, Schottland

Modell: 4/65

Typ: Allzweck

Antrieb: Vierzylinder-Dieselmotor

Leistung: 65 PS (48,4 kW)

Getriebe: Zehnganggetriebe

Gewicht: nicht bekannt

Produktionsbeginn: 1967

Oben: *Der 4/65 war einer der neu gestalteten Nuffield-Traktoren, die 1967 aus der Leyland-Fabrik in Bathgate, Schottland, rollten.*

Mit dem Schwerpunkt auf Exportmärkten war das Nuffield-Sortiment ein großer Erfolg der britischen Traktorenindustrie, doch Mitte der 1960er-Jahre war das Grundkonzept schon fast 20 Jahre alt, und ein neues Sortiment war dringend nötig.

Neue Modelle

Als 1967 die neuen Modelle kamen, ließ die völlig neue Gestaltung sie vollkommen anders als die vorherige Universal-Serie erscheinen. Doch technische Unterschiede gab es kaum. Die neuen Modelle ersetzten den 10/42 durch den 3/45 und den 10/60 mit seinem 60 PS (44,7 kW) starken Motor, der ursprünglich als stärkster britischer Traktor galt, durch den neuen 4/65. In beiden Fällen wurden die vorherigen Motoren und Getriebe beibehalten, allerdings wurde die Leistung beim 10/65 um 5 PS (3,7 kW) auf 65 PS (48,4 kW) erhöht. Die Liste der Verbesserungen am neuen Modell umfasste eine zweite Hydraulikpumpe für die Zugkraftregelung, Veränderungen an den Lenkgelenken und verbesserte Heckanschlüsse durch eine doppelt wirkende obere Anschlussstange an dem 4/65.

LEYLAND

1968 Bathgate, Schottland, Großbritannien

LEYLAND 154

In den 1960er-Jahren ging British Leyland im Zuge der Rationalisierungswelle der britischen Automobil- und Nutzfahrzeugindustrie in der British Motor Corporation auf, und das Nuffield-Traktoren-Werk wechselte den Besitzer.

Rechts: *Als Leyland das Nuffield-Traktoren-Werk übernahm, brachten sie das 4/25-Modell als Leyland 154 – nun in zwei Blautönen – wieder auf den Markt.*

Technische Daten

Hersteller: British Leyland
Standort: Bathgate, Schottland
Modell: Leyland 154
Typ: Allzweck
Antrieb: Vierzylinder-Motor
Leistung: 25 PS (18,5 kW)
Getriebe: Neunganggetriebe
Gewicht: nicht bekannt
Produktionsbeginn: 1968

Der kleinste Traktor im Nuffield-Sortiment war der 4/25-Minitraktor, der bei seiner Markteinführung 1965 mit einem 15 PS (11,1 kW) starken Motor ausgestattet war. Der Hersteller pries ihn als günstige Zugmaschine für Kleinbauern und als Reservetraktor für die Bearbeitung größerer Felder an. Er war mit einem Vierzylindermotor ausgerüstet, und das Getriebe besaß außer drei Gängen noch ein dreistufiges Zusatzgetriebe, sodass das Fahrzeug effektiv neun Vorwärtsgänge hatte.

Wiedereinführung

1968 wurde der Minitraktor als Nuffield 4/25 auf dem Markt erneut eingeführt. Weil Marktanalysen gezeigt hatten, dass ein 15 PS (11,1 kW) starker Motor zu wenig Leistung brachte, steigerte man die Leistung auf 25 PS (18,5 kW) mit Benzin- oder Dieselmotor. Dieser wurde dann ab 1968 als British Leyland verkauft. Ein Jahr später erschien er in den Blautönen, die für das Leyland-Traktorensortiment ausgewählt wurden. Gleichzeitig änderte sich die Modellnummer in 154.

Unter dem British-Leyland-Management wurde der 154 noch zehn Jahre lang produziert. Die Verkaufszahlen waren allerdings schlecht, weil der 154 mit importierten japanischen Kleintraktoren konkurrieren musste. Die Produktion wurde 1979 eingestellt.

KUBOTA
🛠 **1969 Osaka, Japan**

KUBOTA TALENT 25

Es scheint, als hätte Kubota den Talent 25 gebaut, um vor allem viel Aufmerksamkeit in der Öffentlichkeit zu erzielen. Aber der Traktor brachte auch einige interessante Ideen mit, die die Firma möglicherweise für den Einsatz in späteren Modellen erwogen hatte.

Technische Daten

Hersteller: Kubota Iron & Machinery Works
Standort: Osaka, Japan
Modell: Talent 25
Typ: Experimental
Antrieb: Dieselmotor
Leistung: 25 PS (18,5 kW)
Getriebe: nicht bekannt
Gewicht: nicht bekannt
Produziert: 1969

Oben: *Kubota baute 1967 den futuristischen Talent 25 für einen Messestand; außerdem probierte die Firma neue Ideen aus, wie zum Beispiel außenmontierte Kameras.*

Kubota stellte diesen einzigartigen Traktor 1969 fertig und präsentierte ihn 1970 auf seinem Stand der Weltausstellung. An ihm waren einige neuartige Konzepte verwirklicht, von denen mehrere zukunftweisend, andere jedoch praxisfern waren.

Videounterstützung

Eine der interessanten Ideen waren Kameras, die es dem Fahrer ermöglichten, auch tote Winkel einzusehen. Drei Kameras waren beim Talent 25 an einen Bildschirm angeschlossen, und der Fahrer konnte zwischen den jeweiligen Ansichten wechseln.

Dies war im Jahr 1969 noch ziemlich futuristisch, doch wurden seit dieser Zeit tatsächlich einige Traktoren und Selbstfahrer mit derartigen Kameras ausgerüstet, meistens um zusätzliche Sicherheit bei der Fahrt im Rückwärtsgang zu gewährleisten.

Weniger praktisch war die Seitenverkleidung des Talent 25, die über die Reifen ragte und deshalb schnell unter der Einwirkung von Schlamm und Steinen zu leiden gehabt hätte. Am unbrauchbarsten war die Fahrerkabine, die durch zwei Flügeltüren am Heck betreten und verlassen wurde: Selbst für den behendesten Fahrer wäre ein würdevoller Ein- oder Ausstieg schwierig geworden, sobald ein großes, stachelbewehrtes Gerät angehängt würde.

Führende Autohersteller produzieren oft einmalige, futuristisch gestaltete Modelle für ihre Messestände, meist wegen der Öffentlichkeitswirksamkeit und weniger, um die Reaktion auf neue Ideen zu testen. Kubotas Talent 25 gehörte wohl in diese Kategorie.

LELY

1970 **Maasland, Holland**

LELY HYDRO 90

Lely ist als einer der führenden europäischen Hersteller von Landwirtschaftsmaschinen bekannt. Das Unternehmen experimentierte mehrfach mit unterschiedlichen Traktoren, doch setzte sich keiner auf dem Markt durch.

Rechts: *Lely war von den Vorteilen des Hydrogetriebes überzeugt.*

Oben: *Das Modell Hydro 90 wurde von einem Sechszylinder-MWM-Motor angetrieben; sowohl Zweiradals auch Vierradantrieb waren vorgesehen.*

Technische Daten

Hersteller: C Van Der Lely NV	
Standort: Maasland, Holland	
Modell: Hydro 90	
Typ: Experimental	
Antrieb: Sechszylinder-MWM-Dieselmotor	
Leistung: 87 PS (64 kW)	
Getriebe: hydostatisches Getriebe	
Gewicht: 3210 kg	
Produziert: 1970	

Eine der Ideen, die den Ingenieuren im Lely-Hauptquartier in Holland gefiel, war der Einsatz eines hydrostatischen Getriebes. Es kommt ohne konventionellen Getriebeblock und Kupplung aus, die Motorkraft wird über eine Pumpe auf einen Ölkreislauf übertragen, der wiederum Hydroantriebe an den Rädern treibt. Daraus ergibt sich eine ruhige Kraftübertragung und eine stufenlose Geschwindigkeitsregelung bei konstanter Motordrehzahl.

Der Motor

Lelys Hydro 90 mit Hydrogetriebe wurde erstmals 1970 vorgestellt. Er hatte einen MWM-Sechszylinder Dieselmotor mit 4,47 Liter Hubraum und 87 PS (64 kW) Leistung bei einer Nenndrehzahl von 2600 U/min. Das Triebwerk erlaubte eine Höchstgeschwindigkeit von 20,1 km/h im Vorwärts- und 12 km/h im Rückwärtsgang. Den Traktor gab es optional auch mit Vierradantrieb.

So viele Vorteile es aber auch haben mag, der große Nachteil eines Hydrogetriebes liegt im geringeren Wirkungsgrad verglichen mit mechanischen Getrieben. Dies war vermutlich auch der entscheidende Grund, warum Lely das Projekt nach dem Bau von nur wenigen Versuchstraktoren wieder aufgab.

MASSEY-FERGUSON

1970 Detroit, Michigan, USA

MASSEY-FERGUSON MF-1200

Die Knicklenkung war die von den meisten nordamerikanischen Traktorenherstellern bevorzugte Lösung, um bei einem Großtraktor mit gleich großen Vorder- und Hinterrädern einen kleinen Wendekreis zu erzielen.

Unten: *Mit Allradantrieb, Knicklenkung und einer Leistung von 105 PS (78 kW) war der MF-1200 recht beeindruckend.*

Mit der konventionellen Vorderradlenkung würden die großen Räder und Reifen an den Traktorrahmen stoßen, ehe der Einschlagwinkel auch nur annähernd groß genug wäre. Aber die Lenkung über ein Gelenk in der Mitte des Traktors war eine echte Alternative.

Eben eine solche Lenkung wählten die Ingenieure von Massey-Ferguson, als sie den MF-1200 konstruierten. Dieser Traktor sollte Teil des DX-Programms werden, zu dem auch der MF-35 gehörte.

Die Motorleistung

Die Leistung des MF-1200-Sechszylinder-Dieselmotors betrug 105 PS (78,2 kW). Aber als der Traktor als Flaggschiff des MF-Sortiments herauskam, nahmen viele Leute an, dass ein so großer Traktor einen noch größeren Motor haben müsse. Die Kraft des Motors wurde über ein Multipower-Getriebe übertragen. Dieses spezielle Getriebe war eine von Massey-Ferguson patentierte Entwicklung, die ein hydraulisch betätigtes Planetengetriebe nutzte, um jede Übersetzung zu doppeln. Am MF-1200 ergab das insgesamt zwölf Vorwärts- und vier Rückwärtsgänge.

Die Zugmaschine verblieb bis 1980 im Sortiment von Massey-Ferguson. Es gab auch eine MF-1250-Version mit einer eher bescheidenen Leistungssteigerung auf 112 PS (83,5 kW) und einer stärkeren Hydraulik, um die Hebekraft am Heck zu erhöhen.

Technische Daten

Hersteller: Massey-Ferguson

Standort: Detroit, Michigan, USA

Modell: MF-1200

Typ: Allzweck

Antrieb: Sechszylinder-Dieselmotor

Leistung: 105 PS (78,2 kW)

Getriebe: Multipower-Zwölfganggetriebe

Gewicht: nicht bekannt

Produktionsbeginn: 1970

DUTRA

⚒ **1970 Budapest, Ungarn**

DUTRA D4K-B

Dutra-Traktoren wurden in Ungarn produziert. Der Firmenname ist eine Abkürzung für „Dumper and Tractors“ (Kipplader und Traktoren), die Haupterzeugnisse des Herstellers. Dutra erzielte bemerkenswerte Exportabsätze in Ländern wie England, weil sie hohe Leistung zu moderatem Preis anboten.

Rechts: *Einer der wenigen Traktoren der 1970er, die Allradantrieb und 100 PS (74 kW) boten.*

Oben: *Die meisten westeuropäischen Käufer bevorzugten den Perkins-Motor beim D4K. Nur wenige Csepel-getriebene Versionen wurden verkauft.*

Technische Daten

Hersteller: Dutra Traktorenwerke	
Standort: Budapest, Ungarn	
Modell: D4K-B	
Typ: Allzweck	
Antrieb: Sechszylinder-Dieselmotor	
Leistung: 100 PS (74 kW)	
Getriebe: Sechsganggetriebe	
Gewicht: 5100 kg	
Produktionsbeginn: 1970	

In dem D4K-B kamen Motoren mit 100 PS (74 kW) und mehr Leistung zum Einsatz. So viel Leistung boten nur wenige westliche Hersteller. Die große Kraft der Motoren wurde durch den Allradantrieb wirksam eingesetzt. Die Effektivität des Antriebes war deswegen besonders hoch, weil die Vorder- und Hinterräder gleich groß waren.

Perkins-Motoren

Mitte der 1960er-Jahre begann die Firma, bekannte Perkins-Motoren als Alternative zu den in Ungarn hergestellten Csepel-Antrieben anzubieten. Damit kam Dutras Durchbruch im Westen. 1971 konnten Käufer eines 100 PS (74 kW) starken D4K-B-Modells zwischen einem Csepel-DT613S- oder einem Perkins-6354-(TA)-Motor wählen. Beide Motoren hatten sechs Zylinder und waren Viertakt-Dieselmotoren. Aber es war die Perkins-Version, die die höchsten Umsätze verzeichnete.

Die Standardsversion sah am Dutra eine Sicherheitskabine und hydraulische Bremsen an allen vier Rädern vor; das Getriebe hatte sechs Vorwärtsgänge. Die Lenkung lief über Lenkkraftverstärker und konventionell über die Fronträder – mit großen Rädern dürfte der Wendekreis aber recht groß gewesen sein.

FORD

1971 Romeo, Michigan, USA

FORD 7000

Mit dem Projekt 6X sollte das Ford-Traktorensortiment rationalisiert werden und die neuen 1000er-Serienmodelle für den Weltmarkt entwickelt werden. Das neue Programm brachte Fords drei Hauptproduktionsstandorte – Highland Park in den USA, Antwerpen in Belgien und das neue Traktorenwerk in Basildon in England – zusammen. Die erste Aufgabe war, vier neue Modelle für das untere bis mittlere Marktsegment zu produzieren.

Die erste Auslieferung der neuen Traktoren wurde 1964 angekündigt. Es gab vier Modelle: Der Ford 2000 hatte 37 PS (27,5 kW). Der 3000 hatte einen 46 PS (34,3 kW) starken Dieselmotor. Der 4000 war der meistverkaufte Traktor der 1000er-Serie und hatte einen Diesel mit 55 PS (41 kW). An der Spitze des Sortiments stand der mit 65 PS (48,4 kW) motorisierte Ford 5000.

Optionen

Alle Traktoren der 1000er-Serie, außer dem 2000-Modell, hatten ein handgeschaltetes Achtganggetriebe, wobei Fords Select-O-Speed-Getriebe mit zehn Vorwärtsgängen zu den Extras gehörte. Select-O-Speed war eines der ersten Lastschaltgetriebe und erlaubte Gangwechsel, ohne zu kuppeln. Für manche Märkte einschließlich den USA zählten zu den

Ganz oben: *Der 7000 war ein Traktor der 1000er-Serie und wurde für den Weltmarkt im Rahmen von Fords Projekt 6X entwickelt.*

Oben: *Fords 4000 war der meistverkaufte Traktor der 1000er-Serie. Der Traktor im Bild wird immer noch regelmäßig eingesetzt.*

Extras auch Benzinmotoren. Der 4000 war auch in einer Reihenanbauversion erhältlich und hieß in dieser Ausstattung 4200. Kleinere Änderungen an der Konstruktion und mehr PS wurden 1968 eingeführt.

Mehr Leistung

Ein weiterer bedeutender Fortschritt war das 1971 angekündigte 7000-Modell, ein Neuzugang in der 1000er-Serie. Konstruiert wurde es für das Mehr an PS-Leistung, das viele Farmer forderten. Sein Motor basierte auf dem Triebwerk des 5000, für die Extraleistung sorgte ein Turbolader.

Die Aufladung ist ein Verfahren zur Leistungssteigerung von Motoren. Dabei wird ein winziges Flügellaufrad von den Motorabgasen mit hohen Drehzahlen angetrieben und bläst mehr Luft in die Brennkammer des Motors.

Die Turboladung steigert die Leistung eines Dieselmotors gewöhnlich um 20 bis 25 Prozent, weshalb sie auch bei Fords 5000er-Motor eingesetzt wurde. Außerdem wird bei Turboladung der Treibstoff effizienter verbrannt, was den Schadstoffausstoß erheblich reduziert. Verbesserter Emissionsschutz hat die Beliebtheit von Turbomotoren in letzter Zeit steigen lassen, und fast alle neuen Traktormotoren mit mehr als 75 PS (55,9 kW) haben heutzutage einen Turbolader.

Der turboaufgeladene Motor beim Ford 7000 erzeugte 94 PS (69,6 kW) im Vergleich zu den 75 PS (59 kW) des entsprechenden Ford-5000-Saugmotors.

Technische Daten

Hersteller: Ford Tractor Division
Standort: Romeo, Michigan, USA
Modell: 7000
Typ: Allzweck
Antrieb: Vierzylindermotor mit Turbolader
Leistung: 94 PS (69,6 kW)
Getriebe: Achtganggetriebe
Gewicht: nicht bekannt
Produktionsbeginn: 1971

Unten: *Statt für das 7000-Modell einen neuen Motor zu entwickeln, ergänzten die Konstrukteure für mehr Leistung den Serienmotor des 5000er mit einem Turbolader.*

FIATAGRI
F140

Kapitel 8

Mehr Pferdestärken

Größere Traktoren mit mehr PS waren einer der Haupttrends in den 1970er- und 1980er-Jahren, weil Farmer schneller und effizienter arbeiten mussten. Traktorenhersteller reagierten mit größeren, oft turbogeladenen und ladeluftgekühlten Motoren, die noch mehr Leistung hatten. In den USA führte diese Entwicklung zu einer neuen Generation von Riesentraktoren für die größten Farmen.

Oben: *Einige neue Ideen vergaß man bald wieder, so auch den Rädersatz zur Straßenbenutzung von Track Marshall, der die Mobilität seines Britannia-Raupenfahrzeugs erhöhen sollte.*

Links: *Der italienische Automobilhersteller Fiat hoffte, seinen Anteil am europäischen Traktormarkt mit dem Fiat Winner 140 vergrößern zu können.*

Die PS-stärksten Traktoren hatten Allradantrieb. Für bessere Traktion und geringere Erdverdichtung waren sie oft mit Zwillings- oder sogar Drillingsbereifung an jeder Achse ausgestattet. Um ausreichende Manövrierfähigkeit zu gewährleisten, verfügten die Traktoren meist über Knicklenkung, bestanden also aus zwei Blöcken mit einem dazwischen liegenden Gelenk. Die 300 PS (220 kW) starken Motoren kamen gewöhnlich von Spezialisten wie Cummins und Caterpillar; John Deeres Traktorriesen wurden von Motoren eigener Herstellung angetrieben.

Der bedeutendste Fortschritt bei Raupenschleppern in 50 Jahren war wohl Caterpillars neues Raupenfahrzeug der Challenger-Serie mit stahlverstärkten Gummiraupen: Mit Gummiraupen durfte man öffentliche Straßen befahren, und man konnte mit ihnen schneller fahren und arbeiten als mit Stahlketten. Durch drei neue Zugmaschinen lebte das Interesse für Transporttraktoren wieder auf: den „High speed Trantor", den JCB Fastrac und das Versuchsfahrzeug des Silsoe Research Center. Renault entwickelte eine Kabinenfederung, und es gab einen Vorgeschmack auf die Fähigkeiten der Steuerungselektronik, die bald Einzug in die Traktortechnik halten sollte.

LEYLAND

1972 **Bathgate, Schottland, Großbritannien**

LEYLAND 255

Die Nummern, mit denen manche Hersteller ihre Traktorenmodelle kennzeichnen, haben oft keine weitere Bedeutung und scheinen zufällig ausgewählt zu sein. Es gibt allerdings auch Firmen mit Modellnummern, die spezifische Informationen über den Traktor enthalten.

Technische Daten

Hersteller: British Leyland
Standort: Bathgate, Schottland, Großbritannien
Modell: 255
Typ: Allzweck
Antrieb: Vierzylinder-Dieselmotor
Leistung: 55 PS (41 kW)
Getriebe: Zehnganggetriebe
Gewicht: nicht bekannt
Produktionsbeginn: 1972

Oben: *Der Leyland 255 wurde im Jahr 1972 eingeführt und hatte serienmäßig ein Zehnganggetriebe und eine lastunabhängige Zapfwelle.*

Die Nuffield-Traktoren trugen in der Regel Typen-Nummern, die Informationen über das Modell enthielten. Dieses Prinzip blieb auch nach der Fusion mit Leyland erhalten. Nach der Fusion 1967 verkaufte Leyland weiterhin die Nuffield-Modelle mit kleinen Änderungen an der Konstruktion und mit einer neuen blauen Farbe. Die ersten Traktoren, die Leyland selbst konstruiert hatte, kamen erst im Jahr 1972.

Die neuen Traktoren

Zum neuen Sortiment gehörte das Modell 255. Seine Nummer stand für Zweiradantrieb und einen Motor mit einer Leistung von ca. 55 PS (41 kW). Ein späteres Modell war der 472, der Vierradantrieb und einen 72 PS (53,6 kW) starken Motor besaß. Als dieses Modell mit einem Turbolader ausgestattet wurde, um mehr Leistung bieten zu können, änderte man die Modellnummer in 482.

Der 255 war ein beliebter Traktor der Mittelklasse mit einem Vierzylindermotor, der serienmäßig eine lastunabhängige Zapfwelle und Zehnganggetriebe bot. Die Servolenkung gehörte zu den Extras, wurde allerdings 1976 Standard, als der 255 durch das leistungsstärkere Modell 262 ersetzt wurde.

MERCEDES-BENZ

1972 Gaggenau, Deutschland

MERCEDES-BENZ MB-TRAC 65/70

Der Mercedes-Benz MB-trac war Teil einer Gruppe von Systemtraktoren, die in den frühen 1970ern in Deutschland entwickelt wurden. Er wurde 1972 zeitgleich mit dem Deutz Intrac eingeführt.

Rechts: *Der MB-trac bot Allradantrieb mit vier gleich großen Rädern, eine Höchstgeschwindigkeit von 40 km/h und ein Getriebe mit 12 Vorwärts- und Rückwärtsgängen.*

Technische Daten

Hersteller: Daimler-Benz	
Standort: Gaggenau, Deutschland	
Modell: 65/70	
Typ: Allzweck	
Antrieb: Vierzylindermotor	
Leistung: 65 PS (48 kW)	
Getriebe: Zwölfganggetriebe	
Gewicht: nicht bekannt	
Produktionsbeginn: 1972	

Zu den Ähnlichkeiten der beiden Modelle von Mercedes-Benz und Deutz gehörte eine Zapfwelle, Allradantrieb über gleich große Räder, die kleine Ladefläche hinter der Kabine und die Möglichkeit, Gerät vorne und hinten anzubauen.

Der erste MB-trac war der 65/70 mit einem 65 PS (48 kW) starken Mercedes-Motor. Das Getriebe hatte zwölf Vorwärts- und Rückwärtsgänge. Die Höchstgeschwindigkeit im obersten Gang betrug 40 km/h. Beide Achsen verfügten über eine Differenzialsperre für bessere Bodenhaftung unter schwierigen Bedingungen, der Beifahrersitz in der Kabine war ebenso Standard. Spätere Versionen boten bis zu 180 PS (134,2 kW). Die meisten Modelle waren Zweiwegeschlepper, bei denen der Sitz und ein Teil der Bedienelemente um 180 Grad gedreht werden konnten. Das erleichterte es dem Fahrer, Heckanbauten einzusetzen.

Verkaufsschlager

Der MB-trac wurde der meistverkaufte Systemtraktor in den 1970ern und 1980ern. Trotz des Erfolgs zog sich Daimler-Benz aus dem Landwirtschaftstraktorenmarkt zurück und produzierte nur noch den Unimog-Geländelaster weiter.

DEUTZ

1972 **Köln, Deutschland**

DEUTZ INTRAC 2005

In den frühen 1970er-Jahren wurde die meiste Entwicklungsarbeit für Systemtraktoren von deutschen Firmen geleistet. An der Spitze stand Deutz mit seinen Intrac-Traktoren.

Oben: *Als 1972 die Intrac-Modelle angekündigt wurden, galten sie als Muster für die Systemtraktorenentwicklung der Zukunft.*

Beide Intrac-Modelle, der 2002 und der 2005, wurden 1972 auf der DLG-Messe für Agrarmaschinen vorgestellt. Die Konstruktion folgte einer aktuellen Analyse darüber, wie deutsche Landwirtschaftsbetriebe Traktoren einsetzten. Auch Überlegungen darüber, wie sich die Landwirtschaft in den kommenden 20 Jahren entwickeln werde, waren in die Planung eingeflossen.

Systemtraktoren

Das Resultat dieses ehrgeizigen Projekts war der Intrac-Systemtraktor, der den Anforderungen der Landwirte über die 1970er-Jahre hinaus gerecht werden sollte. Das Forschungsteam kam zu dem Schluss, dass Traktoren zunehmend mit mehreren Maschinen gleichzeitig kombiniert würden, um mehrere Arbeitsschritte zugleich erledigen zu können. Um das leisten zu können, besaß der Intrac Geräteanschlüsse und Zapfwellen an Front und Heck. Um Raum für Geräte wie Düngertrichter oder Behälter mit Pflanzenschutzmitteln zu schaffen, wurde die Fahrerkabine, die ausgezeichnete Rundumsicht bot, an das vordere Ende des Traktors gerückt.

Der 2005 besaß ein Hydrogetriebe mit einem langsamen Geschwindigkeitsbereich für die Feldarbeit und einem schnelleren mit bis zu 40 km/h für den Straßenverkehr. Das Hydrogetriebe ermöglicht eine überaus variable Einstellung der Fahrtgeschwindigkeiten vorwärts wie rückwärts, ohne dass sich die Motordrehzahl oder Leistungsabgabe ändern.

Allradantrieb

Vierradantrieb mit gleich großen Rädern an beiden Achsen war am Intrac 2005 serienmäßig. Das kleinere 2002-Modell war mit Allradantrieb erhältlich und hatte nur ein mechanisches Schaltgetriebe. Die Vorderräder waren kleiner als die Hinterräder, und beide Modelle wurden von luftgekühlten Deutz-Motoren angetrieben: der 2005 mit 90 PS (66,6 kW) und der 2002 mit 51 PS (38 kW) Leistung.

Die Intracs weckten enormes Interesse und wurden allgemein als erster Schritt einer erneuten Revolution der Traktortechnik gesehen. Sie hatten zusammen mit einigen anderen frühen Beispielen für Systemtraktoren großen Einfluss auf die zukünftige Entwicklung, was man daran erkennen kann, dass einige Konstruktionsmerkmale dieser frühen Modelle noch heute an aktuellen Traktoren zu finden sind. Trotzdem erzielten die Intracs nicht die Verkaufszahlen, die ihnen allgemein prophezeit worden waren und aus ökonomischer Sicht waren sie kein großer Erfolg.

Technische Daten

Hersteller: Klöckner/Humboldt-Deutz AG
Standort: Köln, Deutschland
Modell: Intrac 2005
Typ: Systemtraktor
Antrieb: Fünfzylinder-Dieselmotor
Leistung: 90 PS (66,6 kW)
Getriebe: Zweistufiges Hydrogetriebe
Gewicht: nicht bekannt
Produktionsbeginn: 1972

Unten: *Eine mittige Kabine und Anschlusspunkte für frontal und hinten geführte Anbaugeräte machten den Intrac äußerst wandlungsfähig.*

CASE

1974 Racine, Wisconsin, USA

CASE TRACTION KING 2670

Mitte der 1970er-Jahre begab sich Case mit der schwergewichtigen Traction-King-Reihe in das PS-starke Segment des Traktormarktes. Die Maschinen folgten der US-amerikanischen Bauart mit Allradantrieb über gleichgroße Räder vorn und hinten, wobei die Case-Modelle allerdings ohne Knicklenkung auskommen mussten.

Technische Daten

Hersteller: J. I. Case
Standort: Racine, Wisconsin, USA
Modell: Traction King 2670
Typ: Zugkraftschlepper
Antrieb: Sechszylinder-Dieselmotor
Leistung: 220 PS (163 kW)
Getriebe: Zwölfgang-Semipowershift-Getriebe
Gewicht: 9448 kg
Produktionsbeginn: 1974

Oben: *Während manche europäische Hersteller sich auf Vielseitigkeit konzentrierten, gab es in den USA große Nachfrage nach PS-starken Zugkraftschleppern wie dem Case 2670.*

Das Case-Modell Traction King 2670 kam 1974 auf den Markt. Sein Sechszylinder-Dieselmotor war ebenfalls von Case entwickelt und leistete an der Zapfwelle 220 PS (163 kW), wie Messungen in Nebraska ergaben. Die Nenndrehzahl des Motors lag bei 2200 U/min, Bohrung und Hub betrugen 11,6 cm bzw. 12,7 cm.

Serienmäßig war die Zugmaschine mit einem modernen Zwölfgang-Semipowershift-Getriebe ausgestattet, das im Straßenverkehr nur eine maximale Fahrtgeschwindigkeit von 23,3 km/h bieten konnte.

Ebenfalls zu den Standards gehörte eine Allradlenkung, die auf Knopfdruck vier verschiedene Betriebsarten bot: eine konventionelle Vorderradlenkung, eine Lenkung nur der Hinterräder – praktisch zum Rangieren des Traktors beim Anschluss an ein Heckgerät. Im Allradlenkmodus schlagen die Vorder- und die Hinterräder in gegensätzliche Richtungen ein, um den kleinsten möglichen Wendekreis zu erreichen. In der vierten Betriebsart schlagen alle vier Räder in dieselbe Richtung ein, um im „Hundegang" nahe an einem Zaun oder Haus manövrieren zu können.

RENAULT

1974 **Le Mans, Frankreich**

RENAULT 851-4

Die späten 1960er-Jahre waren eine wichtige Phase für das Renault-Traktorenwerk in Frankreich. Die Produktion wurde in eine neue Fabrik bei Le Mans verlegt, wo moderne Produktionsanlagen die Produktivität steigerten. 1969, zwei Jahre später, wurde die Traktorenherstellung ein selbstständiger Geschäftsbereich in der staatseigenen Renault-Gruppe.

Rechts: *Renault stellte die Traktormotorenproduktion ein und kaufte bei Zulieferbetrieben. Der Motor des Renault 851-4-Traktors wurde in Deutschland von MWM hergestellt.*

Technische Daten

Hersteller: Renault Agriculture
Standort: Le Mans, Frankreich
Modell: 851-4
Typ: Allzweck
Antrieb: Vierzylinder-Dieselmotor
Leistung: 85 PS (63 kW)
Getriebe: Wendegetriebe mit zwölf Gängen vorwärts wie rückwärts
Gewicht: nicht bekannt
Produktionsbeginn: 1974

Diesen Entwicklungen folgte eine Reihe neu eingeführter Modelle der Firma, zu denen Allradtraktoren und zum ersten Mal auch Dieselmotoren gehörten.

Gleichzeitig ließ Renault die Produktion seiner eigenen Traktormotoren schrittweise auslaufen und ersetzte sie mit Motoren aus fremder Herstellung. Sie waren meist von MWM, aber auch von anderen Firmen wie Perkins.

Neue Modelle

Mitte der 1970er-Jahre führte Renault über einige Jahre verteilt verschiedene neue Modelle ein, die das Leistungsspektrum von 30 bis 145 PS (22,3 bis 108,1 kW) mit deutschen MWM-Motoren abdeckten. Der 851-4 war Bestandteil dieser Kampagne. Jedes Modell trug eine Nummer, die auf die Leistung des Motors und die Anzahl der angetriebenen Räder hinwies. Entsprechend hatte der 851-4 eine Leistung von 85 PS (63 kW) und verfügte über einen Vierradantrieb.

Von den 851-4-Traktoren wurden von 1974 bis 1980 2496 Stück produziert und von der verbesserten 851-4S-Version enstanden in den neun Jahren bis 1989 4227 Stück.

VALMET
1975 Jyväskylä, Finnland

VALMET 1502

Es gibt ausreichend Belege dafür, dass Vierradantrieb auf feuchtem und schlüpfrigem Untergrund bessere Bodenhaftung bietet als Zweiradantrieb. Vergleichbare Hinweise zur Wirkung von sechs angetriebenen Rädern finden sich nicht so häufig.

Technische Daten

Hersteller: Valmet Oy	
Standort: Jyväskylä, Finnland	
Modell: 1502	
Typ: Allzweck	
Antrieb: Sechszylinder-Dieselmotor	
Leistung: 136 PS (100 kW)	
Getriebe: 16-Gang-Getriebe	
Gewicht: 7470 kg	
Produktionsbeginn: 1975	

Oben: *1975 führte Valmet in Finnland, heute bekannt unter dem Namen Valtra, das 136 PS (100 kW) starke Modell 1502 mit Sechsradantrieb ein.*

Die finnische Firma Valmet war wohl der Meinung, dass die Zusatzkosten für einen Sechsradantrieb gerechtfertigt seien. So kündigte sie 1975 ihren ersten und einzigen sechsradgetriebenen Traktor an. Der vordere Teil des Valmet 1502-Traktors besaß eine Achse und zwei Antriebsräder. Der hintere Teil ruhte auf einem Achsaggregat aus vier starr gekoppelten Antriebsrädern.

Der Sechsradantrieb

Die Valmet-Ingenieure entwarfen den hinteren Drehschemel so, dass er dem vorderen Teil möglichst viel senkrechtes Spiel erlaubte. Die Firma gab an, das Fahrzeug biete in schwierigem Gelände bei komfortablerer Fahrzeugführung eine sichere Bodenhaftung. Ein weiterer Vorteil war die deutlich geringere Bodenverdichtung, weil sich das Gewicht des Traktors auf sechs anstelle der üblichen vier Räder verteilte. Der Hersteller bot ein Stahlkettenset für die Hinterräder an, das die Bodenhaftung weiter verbessern und den Boden noch weniger verdichten sollte.

Valmet konstruierte den 1502 für den Bau- und den Forstsektor sowie für die Landwirtschaft. Das Modell verkaufte sich schlecht, denn die Käufer waren scheinbar nicht davon überzeugt, dass die Zusatzkosten für den Sechsradantrieb durch die Vorteile aufgewogen wurden.

STEIGER

1976 Fargo, North Dakota, USA

STEIGER PANTHER ST-325

Als die Gebrüder Steiger 1957 einen PS-starken Traktor für ihre Farm in Minnesota brauchten, beschlossen sie, ihn selbst zu bauen. Sie verwendeten einen 238 PS (117,4 kW) starken Detroit-Dieselmotor. Die Leistung des Eigenbaus führte bald zu Bestellungen von Nachbarn, und 1969 wurde die Firma Steiger in North Dakota gegründet.

Rechts: *Steiger war ein US-amerikanischer Riesentraktoren-Spezialbetrieb. Zum 1970er-Sortiment gehörte der 325 PS (240 kW) starke Panther ST-325.*

Technische Daten

Hersteller: Steiger Tractor Inc.
Standort: Fargo, North Dakota, USA
Modell: Panther ST-325
Typ: Zugkrafttraktor
Antrieb: Caterpillar-Sechszylindermotor
Leistung: 325 PS (240 kW)
Getriebe: Zehnganggetriebe
Gewicht: 14 110 kg
Produktionsbeginn: 1976

Die Firma wuchs enorm: Der Umsatz stieg 1973 von $ 20 Millionen auf $ 104 Millionen im Jahr 1976. Steiger stützte sich auf den Export nach Australien und Kanada und auf das US-Geschäft. Der große Erfolg war zum Teil auch den Panther-Modellen zu verdanken, zu denen der ST-325 gehörte. Er wurde von einem aufgeladenen Caterpillar-Sechszylindermotor angetrieben, die Nenndrehzahl des Motors lag bei 2100 U/min, und die Zylindbohrung betrug 13,7 cm, der Hub 16,5 cm.

Das Getriebe

Standard war ein Zehnganggetriebe, Steiger bot jedoch auch eine CM-325-Version mit 20 Vorwärtsgängen an. Als der Panther in Nebraska auf Herz und Nieren geprüft wurde, konnte die Leistung nicht an der Zapfwelle gemessen werden, weil er keine besaß. Stattdessen wurde die Leistung an der Zugstange gemessen – das wichtigste Maß für die Leistung eines Traktors von diesem Typ. Die Zugmaschine erwies sich als überaus stark: Die maximale Zugkraft des ST-325 im fünften Gang betrug beeindruckende 7498,8 kg, der gemessene Schlupf der Räder lag bei 4,03 Prozent.

Die Steiger Tractor Company wurde 1986 von Case I.H. aufgekauft, worauf ein Farbwechsel von Steigers Lindgrün zum Rot von Case I.H. stattfand.

FORD

1976 **Fargo, North Dakota, USA**

FORD FW-60

Als Ford 1976 beschloss, ganz oben im PS-starken Marktsegment einzusteigen, machte er einen Vertrag mit dem Spezialbetrieb Steiger, der sich bereit erklärte, ein Sortiment aus vier Traktormodellen in Fords Farben unter der Bezeichnung FW-Serie zu liefern.

Unten: *Fords PS-starke Traktoren der FW-Serie wurden von Steiger hergestellt, so auch der 335 PS (248 kW) starke FW-60.*

Die vier Traktoren wurden von Cummins-V-8-Dieselmotoren angetrieben. Dabei ging das Leistungsspektrum von den 210 PS (156,5 kW) des FW-20 bis zu den 335 PS (248 kW) des turboaufgeladenen Motors, der den FW-60 antrieb. Der FW-60 hatte serienmäßig 20 Gänge mit einer Höchstgeschwindigkeit von 35 km/h für den Straßenverkehr. Eine Zapfwelle fehlte, da die großen FWs vor allem als Zugtraktoren konzipiert waren.

Fahrkomfort

Riesentraktoren wie die FW-Modelle werden hauptsächlich auf großen Farmen eingesetzt, wo die Fahrer oft viele Stunden am Steuer verbringen. Deshalb ist Komfort bei solchen Zugmaschinen besonders wichtig. Die Kabine des FW-Traktors hatte getönte Scheiben gegen die grelle Sonne, eine Klimaanlage, Schallisolierung und eine Stereoanlage mit Radio und Achtspurbandgerät. Eine aktualisierte Version des FW-60 mit Änderungen an Styling und Motor kam 1984 heraus. Im Folgejahr war dann ein Zehngang-Automatikgetriebe als Extra erhältlich.

Case I.H. machte 1986 ein erfolgreiches Übernahmeangebot für die Steiger Company, und Ford erwarb 1987 die Versatile Tractor Company aus Kanada, um sein Angebot an PS-starken Traktoren sicherzustellen.

Technische Daten

Hersteller:	Steiger Tractors Inc.
Standort:	Fargo, North Dakota, USA
Modell:	Ford FW-60
Typ:	Zugkrafttraktor
Antrieb:	Cummins-V6-Dieselmotor
Leistung:	335 PS (248 kW)
Getriebe:	20-Gang-Getriebe
Gewicht:	14 119 kg
Produktionsbeginn:	1976

LELY

1977 **Temple, Texas, USA**

LELY MULTIPOWER

Ein Überraschungskonkurrent um den PS-starken Sektor des US-amerikanischen Traktorenmarktes war die Firma Lely aus Holland, die mit einer höchst unkonventionellen Konstruktion aufwartete.

Oben: *Der europäische Maschinenhersteller stieg mit dem Multipower auf dem US-amerikanischen Markt für PS-starke Traktoren ein. Seine Leistung betrug 420 PS (311 kW)*

Technische Daten

Hersteller: C Van Der Lely NV
Standort: Temple, Texas, USA
Modell: Multipower (später: 420)
Typ: Allzweck
Antrieb: Zwei Caterpillar-V8-Dieselmotoren
Leistung: 420 PS (311 kW)
Getriebe: Zwei Zehnganggetriebe
Gewicht: 15 890 kg
Produktionsbeginn: ca. 1977

Als ein führender europäischer Hersteller von zapfwellengetriebenen Maschinen wollte Lely den Absatz dieser Geräte auf die Vereinigten Staaten und Kanada ausweiten. In den 1970er-Jahren hatten jedoch die dort üblichen Großtraktoren weder Dreipunkt-Anschlüsse, noch eine Zapfwelle.

Die Tandemmotoren

Also beschloss Lely, einen eigenen PS-starken Traktor für Zapfwellengerät zu bauen und versammelte für den Bau von Prototypen ein Team von Ingenieuren in seinem US-Auslieferungszentrum in Texas. Das Projekt war nicht billig. Leider war es auch nicht erfolgreich. Zur Konstruktion des Großtraktors gehörte eine Knicklenkung und je ein 210 PS (155,5 kW) starker Motor vorn und hinten.

Der Motor vorne trieb die Vorderräder an und konnte zur Kraftstoffersparnis auch allein betrieben werden, wenn die volle Leistung nicht benötigt wurde. Der Motor hinten trieb die Hinterräder und die Zapfwelle an.

Die Idee mit den Tandemmotoren, zwei Getrieben und zwei Kraftstofftanks war aufwändig und machte den Traktor teuer. Bei der Markteinführung der Maschine drohte Massey-Ferguson mit einer Klage, weil er die Bezeichnung „Multipower" schon geschützt hatte. Lely musste schließlich nachgeben und änderte den Namen seines neuen Traktors in Lely 420. Wir wissen nicht, ob Multipower- oder Lely-420-Traktoren verkauft wurden. Sicher ist jedoch, dass Lely das Projekt bald einstellte und sich wieder auf sein Kerngeschäft der Maschinenherstellung konzentrierte.

VERSATILE

1977 **Winnipeg, Manitoba, Kanada**

VERSATILE 1080 „BIG ROY“

Mitte der 1970er-Jahre war der Konkurrenzdruck auf dem Sektor der PS-starken Traktoren sehr stark, und man rivalisierte um den stärksten Traktor. Die Versatile Company aus Kanada war ein führender Hersteller von großen, allradgetriebenen Traktoren, und Roy Robinson, ihr ehrgeiziger, 1,93 m großer Geschäftsführer, beschloss, durch den Bau des weltgrößten Traktors seine Firma im Leistungswettlauf ganz nach vorne zu bringen.

Mitte der 1970er-Jahre hatten die größten Traktoren um die 350 PS (260 kW), und die Versatile-Ingenieure entschieden sich für einen deutlichen Vorsprung: Ein Cummins-Motor mit 600 PS (444 kW) und 19 Liter Hubraum trieb den Traktor an. So eine hohe Leistung war absolutes Neuland. Man befürchtete Schäden an der Bereifung und eine hohe Verdichtung des Bodens bei solch einem Gewicht auf nur vier Rädern und Reifen.

Traktor mit Knicklenkung

Zur Überwindung dieser Probleme entschieden sich die Konstrukteure für vier Achsen mit insgesamt acht Reifen. Der Traktor bestand aus zwei Teilen mit einem Mittelgelenk für die hydraulische Knicklenkung. Er wurde 1977 fertig gestellt und erhielt zu Ehren von Mr. Robinson den Namen „Big Roy“.

Das Gewicht des gewaltigen Traktors betrug 26,8 Tonnen, die Gesamtlänge maß 10 m. Er

Ganz oben: *Die Versatile Company aus Kanada nannte ihren PS-stärksten Traktor „Big Roy“ nach ihrem Geschäftsführer Roy Robinson.*

Oben: *Eine Überwachungskamera an Big Roys Heck wurde bei Rückwärtsfahrt benutzt, da der 600 PS (444 kW) starke Motor die Sicht nach hinten verstellte.*

war – und ist noch immer – der wohl beeindruckendste Traktor, der jemals gebaut wurde.

Eine Leiter auf jeder Seite führte zur geräumigen Kabine, die von einer Klimaanlage gekühlt wurde, ein seltener Luxus, als Big Roy gebaut wurde. Ein kleiner Bildschirm übertrug das Bild der TV-Kamera am Heck des Traktors: Vom Fahrersitz aus war der Blick nach hinten durch den Motorblock, der sich oben auf dem Heckteil von Big Roy auftürmte, vollkommen versperrt, und der Bildschirm war bei Rückwärtsfahrt und zum Rangieren unabdingbar.

Als der Traktor fertig gestellt war, führte man ihn auf den wichtigen Landwirtschaftsmessen in den USA und Kanada vor. Dort erregte er beträchtliche öffentliche Aufmerksamkeit, und es gab viele Großfarmer, die ihr Interesse am Kauf eines 600 PS (444 kW) starken Traktors bekundeten.

Probleme

Big Roy ging auf eine Vorführtour, und hier offenbarten sich die Probleme. Es gab praktisch keine Anschlussgeräte, die für einen Traktor seines Kalibers und seiner Kraft groß und stabil genug gewesen wären. Außerdem verursachte das Lenken enorme Schäden an den Stollen und der Lauffläche der Reifen.

Die Entwicklung von Big Roy wurde eingestellt und durch ein kleineres Projekt ersetzt – den Bau des 470 PS (350,4 kW) starken Versatile 1150. Big Roy fand ein Zuhause im Agricultural Museum in Brandon, Manitoba, wo er eine der Hauptattraktionen ist.

Technische Daten

Hersteller: Versatile Manufacturing
Standort: Winnipeg, Manitoba, Kanada
Modell: 1080 Big Roy
Typ: Zugkrafttraktor
Antrieb: Cummins-KTA-Sechszylinder-Dieselmotor
Leistung: 600 PS (444 kW)
Getriebe: Sechsganggetriebe
Gewicht: 26 141 kg
Produziert: 1977

Links: *Das Vorder- und das Hinterteil von Big Roy waren durch ein Lenkgelenk verbunden, das von hydraulischen Schubstangen betätigt wurde.*

TRANTOR

🛠 **1978 Stockport, Manchester, England**

TRANTOR SERIES I

Konventionelle Traktoren sind für schwere, langsame Zugarbeiten konzipiert. Tatsächlich werden sie auf vielen Höfen bis zu 75 Prozent der Betriebszeit für Transporte und unspezifische Aufgaben wie den Antrieb von zapfwellenbetriebenem Gerät eingesetzt. Höchste Zeit also für einen Traktor, der für solche Aufgaben konstruiert war.

Stuart Taylor befragte in den 1970er-Jahren Farmer danach, wie sie ihre Traktoren nutzten. Es zeigte sich, dass die konventionellen Traktoren nicht für die Arbeit eingesetzt wurden, für die sie konstruiert waren. Um einen neuen, für Transport und Zapfwellenbetrieb besonders geeigneten Traktortyp zu konstruieren, tat er sich mit Graham Edwards zusammen. Das Ergebnis war der Trantor Series I.

Konstruktionsmerkmale

Da der Trantor zum schnellen Transport und für den Zapfwellenbetrieb konzipiert war, hatte er serienmäßig keinen Vierradantrieb, und die Antriebsräder waren kleiner als an einem normalen Traktor. Er hatte einen 78 PS (58 kW) Perkins-Motor und ein synchronisiertes Zehnganggetriebe mit zwei Rückwärtsgängen, was auf der Straße die für einen Traktor außerge-

Ganz oben: *Der Trantor besaß einen 78 PS starken Motor und war über 95 km/h schnell.*

Oben: *Der Trantor konnte zapfwellenbetriebenes Gerät führen und leichte bis mittelschwere Zugarbeit ausführen.*

wöhnliche hohe Maximalgeschwindigkeit von 96,5 km/h ermöglichte.

Wegen der hohen Fahrgeschwindigkeit hatte der Trantor serienmäßig eine Allrad-Druckluft-Öldruckbremse und eine zusätzliche Druckluftbremse für Anhänger. Zu den Standards gehörte auch eine unabhängige Federung aller vier Räder, eine Hitchkupplung mit eigener Federung, eine zweistufige Zapfwelle und ein Dreipunkt-Geräteanschluss. Die Konstruktion sah auch eine vollkommen integrierte Kabine mit Zentralsitz vor, sowie Beifahrersitze rechts und links.

Series II

Der serienreife Series-I-Trantor wurde schließlich 1978 auf der Royal Show vorgestellt, wo seine unkonventionelle Konstruktion und die hohe Maximalgeschwindigkeit von 96,5 km/h große Aufmerksamkeit erregte. Er wurde besonders von den Farmern bestellt, die eine hohe Transport- und Fahrgeschwindigkeit zu schätzen wussten.

Der Series-II-Trantor hatte bei seiner Markteinführung 1983 einen 80 PS (59,6 kW) starken Leyland-Motor, und die Kabine war nach vorn gerückt, um mehr Platz für eine hintere Ladefläche zu schaffen. 1985 wurde der Trantor Hauler mit Vierradantrieb auf der Royal Show angekündigt. Das Antriebsaggregat war ein 126 PS (93,9 kW) starker Perkins-Motor mit auf 18,5 Tonnen erhöhter Nutzlast.

Obwohl die Trantor-Produktion in den späten 1980ern eingestellt wurde, setzte Graham Edwards, einer der ursprünglichen Partner des Projekts, die Forschungs- und Entwicklungsarbeit fort, um eine neue Version für den Güterverkehr in Ländern wie Indien zu entwickeln, und 2004 wurde ein Übereinkommen für den Bau von Trantors in Indien unterzeichnet.

Technische Daten

Hersteller: HST Developments
Standort: Stockport, Manchester, England
Modell: Trantor Series I
Typ: Transporttraktor
Antrieb: Perkins-Dieselmotor
Leistung: 78 PS (58 kW)
Getriebe: Zehnganggetriebe
Gewicht: nicht bekannt
Produktionsbeginn: 1978

Unten: *Der Trantor wurde für Gütertransporte mit Geschwindigkeiten bis zu 96 km/h auf der Straße konzipiert und hatte Druckluftbremsen wie am LKW.*

MASSEY-FERGUSON

1978 Des Moines, Iowa, USA

MASSEY-FERGUSON 4880

Mit drei Modellen, die eine an der Zapfwelle gemessene Leistung von 180 bis 273 PS (134,2 bis 202 kW) besaßen, brachte die 4000er-Serie Massey-Ferguson in den PS-starken Marktsektor.

Oben: *Massey-Fergusons PS-starke Modelle der 4000-Serie waren die ersten Traktoren mit elektronischer Regelung an den Heckanbauten.*

Alle drei Modelle wurden von Cummins-V-8-Motoren angetrieben. Der Motor des Spitzenmodells 4480 besaß einen Turbolader, um die Leistung zu erhöhen. Die Zylinderbohrung maß 13,9 cm und der Hub 12 cm. Das Semipowershift-Getriebe hatte 18 Vorwärtsgänge und erlaubte eine Höchstgeschwindigkeit von 30,8 km/h.

Die 4000er-Serie hatte alle Merkmale des typischen US-amerikanischen Zugtraktors: hohe Motorleistung, Knicklenkung und Vierradantrieb auf Zwillingsreifen vorn und hinten. Um sie vielseitiger zu machen, waren sie mit einem Dreipunkt-Anschluss und einer Zapfwelle ausgestattet. Als erste Traktoren hatten sie eine elektronische Steuerung für die Heckanschlüsse. Elektronik wurde in den späten 1970ern vor allem zum Anzeigen der Betriebsdaten wie Kühlertemperatur und Drehzahl ein gängiges Element an Traktoren und Mähmaschinen.

Durchbruch der Elektronik

Die Elektronik an den Traktoren der 4000er-Serie bedeutete einen technologischen Durchbruch, da sie Daten von Sensoren auswertete, die die Zugkraft an den Anschlussverbindungen und die Position des gezogenen Geräts maßen. Diese Information setzte sie zur automatischen Positionskontrolle ein. Die Elektronik ermöglichte eine schnellere und genauere Kontrolle als sie selbst dem erfahrensten Traktorführer möglich ist.

Technische Daten

Hersteller: Massey-Ferguson
Standort: Des Moines, Iowa, USA
Modell: 4880
Typ: Allzweck
Antrieb: V8-Turbo-Dieselmotor
Leistung: 273 PS (202 kW)
Getriebe: 18-Gang-Semipowershift-Getriebe
Gewicht: 14115 kg
Produktionsbeginn: 1978

TRACK MARSHALL

1980 **Gainsborough, Lincolnshire, England**

TRACK MARSHALL TM135

Charles Nickerson, ein Farmer aus Lincolnshire, kaufte nicht nur Aveling Marshall, den letzten verbliebenen Hersteller von Landwirtschaftsraupen, und führte den früheren Namen Track Marshall wieder ein, er brachte auch eine Reihe neuer Modelle heraus.

Rechts: *Neu gestaltet und mit bedienerfreundlicher Einhebellenkung war der TM135 ein beliebter Neuzugang im Sortiment von Track Marshall.*

Technische Daten

Hersteller: Track Marshall	
Standort: Gainsborough, Lincolnshire, England	
Modell: TM135	
Typ: Raupenfahrzeug	
Antrieb: Sechszylinder-Dieselmotor	
Leistung: 136 PS (102 kW)	
Getriebe: Fünfganggetriebe	
Gewicht: 10 341 kg	
Produktionsbeginn: 1980	

Der erste Neuzugang zum 1980er-Sortiment war der TM135, der Englands meistverkaufter Raupenschlepper wurde. Raupenfahrzeuge waren nie für ihr gutes Aussehen berühmt, aber die Entwickler gaben dem TM135 ein auffallend modernes Äußeres, das seinen technischen Standards entsprach. So gewann der Traktor eine Silbermedaille bei der Royal Show 1981.

Konstruktionsmerkmale

Der Raupenschlepper bezog seine Kraft von einem Perkins-Sechszylindermotor mit 136 PS (102 kW), was über zehn Tonnen Zugkraft im ersten Gang ergab. Serienmäßig hatte er eine Kabine mit großem, flachem Bodenbereich, Klima- und Stereoanlage. Zur Ausstattung gehörte auch ein Dreipunkt-Anschluss mit über acht Tonnen Tragkraft für Anbaugerät und eine Zapfwelle zum Antrieb von großen getriebenen Eggen und Grubbern für die Vorbereitung des Saatbetts.

Der TM135 verfügte über die von Track Marshall patentierte Einhebellenkung. Das war ein kleiner Hebel, über den die Servolenkung mit dem Druck der Fingerspitzen betätigt wurde. So ermüdeten die Hände des Fahrers weniger, und die Steuerung war wesentlich genauer, als es eine traditionelle Zweihebellenkung für Raupen gewesen wäre.

FORD

1980 **Basildon, Essex, England**

FORD 8401

Dies ist eins der ungewöhnlicheren Modelle in Fords Traktorensortiment der 1980er-Jahre, denn es wurde speziell für den australischen Markt entwickelt. Der 8401 sollte dort mit dem Chamberlain konkurrieren, der in Australien hergestellt wurde.

Technische Daten

Hersteller: Ford Tractor Operations	
Standort: Basildon, Essex, England	
Modell: 8401	
Typ: Zugkrafttraktor	
Antrieb: Sechszylindermotor	
Leistung: 109 PS (80,7 kW)	
Getriebe: 16-Gang-Getriebe	
Gewicht: nicht bekannt	
Produktionsbeginn: 1980	

Oben: *Der 109 PS (80,7 kW) starke 8401 wurde in England entworfen und gebaut, um Fords Traktorensortiment für Australien zu erweitern.*

Die Konstruktion des 8401 basierte auf dem Feedback der Ford-Verkaufsteams in Australien. Sie baten um einen preisgünstigen Zugkrafttraktor mit großem Motor, Zweiradantrieb und ohne technischen Schnickschnack wie Zapfwellen. Mit dieser Vorgabe konstruierte das Entwicklungsteam im englischen Basildon einen einfachen Traktor mit auffallender Gestaltung und Farbgebung.

Zusammenbau vor Ort

Obwohl der Traktor ein Basildon-Erzeugnis war, wurde die Vormontage an eine kleine ansässige Maschinenbaufirma vergeben. Sie stellte einen versandfähigen Block zusammen, der das Triebwerk, das Fahrwerk, die Lenkung und die Armaturen umfasste. Die Endmontage wurde in Australien mit den dortigen Reifen, Rädern, Blechteilen und der optionalen Kabine vorgenommen. Der 8401 beruhte auf einem Ford-7700-Fahrgestell, einem gedrosselten TW-10-Motor mit 109 PS (80,7 kW) Leistung und einem 16-Gang-Getriebe.

Die Produktion des anglo-australischen 8401 lief über fünf Jahre von 1980 bis 1985. In dieser Zeitspanne leistete der Traktor seinen kleinen, aber doch bedeutsamen Beitrag zu Fords australischem Traktorvertrieb.

DAVID BROWN/CASE

1980 **Meltham, Yorkshire, England**

DAVID BROWN/ CASE 1290

David Brown Tractors produzierte eines von Englands erfolgreichsten Traktorensortimenten, aber finanzielle Probleme in den frühen 1970ern führten zu einem Übernahmeangebot von Tenneco aus den USA, der schon Case besaß und später auch noch International Harvester erwarb.

Rechts: *Wie auch andere in England gebaute „90 series"-Traktoren, wurde der 1290 in Großbritannien und manchen Exportmärkten unter dem Namen David Brown vertrieben.*

Oben: *Alle in den USA und in England hergestellten „90 series"-Traktoren, die in den USA verkauft wurden, trugen den Namen Case.*

Technische Daten

Hersteller: David Brown Tractors
Standort: Meltham, Yorkshire, England
Modell: 1290
Typ: Allzweck
Antrieb: Vierzylinder-Dieselmotor
Leistung: 54 PS (40 kW)
Getriebe: Zwölfganggetriebe
Gewicht: 2983 kg
Produktionsbeginn: 1980

Die neuen Eigentümer entschieden, den Namen David Brown noch einige Jahre beizubehalten, da jener viele treue Kunden und Vertriebshändler hatte. Als die neuen Traktoren der „90 series" 1980 herauskamen, trugen sie auf den meisten Märkten einschließlich des englischen immer noch Namen und Emblem von David Brown. Der Name Case wurde für Exporte in die USA verwendet.

Das Aus

Die „90 series" war Ergebnis eines koordinierten Entwicklungsprogramms: Das Case-Werk in Racine baute die PS-starken Modelle, die 1978 eingeführt wurden, das David-Brown-Werk die Klein- bis Mittelklasse-Traktoren. Der 1290 wurde in England hergestellt und hatte einen Vierzylindermotor, der beim Test 54 PS (40 kW) an der Zapfwelle erbrachte.

Die Produktion der in England hergestellten „90 series"-Traktoren wurde eingestellt, als sie durch die „94 series" abgelöst wurden. Und die schlechte Nachricht für David-Brown-Fans war, dass das auch das Aus für David-Brown-Traktoren war, da die 94-Modelle alle das Case-Emblem trugen.

INTERNATIONAL HARVESTER

1981 Doncaster, Yorkshire, England

I. H. HYDRO 85

Hydrogetriebe erweckten in den 1970er-Jahren beträchtliches Interesse, und viele Hersteller bauten eine kleine Anzahl von Traktoren mit dieser Getriebeart. International Harvester engagierte sich in diesem Bereich jedoch stärker als die anderen großen Hersteller.

Technische Daten

Hersteller: International Harvester
Standort: Doncaster, Yorkshire, England
Modell: Hydro 85
Typ: Allzweck
Antrieb: Vierzylindermotor
Leistung: 77 PS (57 kW)
Getriebe: Hydrogetriebe
Gewicht: 2741 kg
Produktionsbeginn: 1981

Oben: *International Harvester war gewiss der größte Hersteller von Traktoren mit Hydrogetrieben, bis die Produktion 1985 eingestellt wurde.*

Der erste I. H.-Hydrotraktor war der in den USA hergestellte 656, der ab 1967 erhältlich war. Ihm folgten andere in den USA und im Doncaster-Werk in England produzierte Modelle. Die in Doncaster gebauten „84 series“-Traktoren wurden 1977 als völlig neues Sortiment mit Leistungen von 35 bis 136 PS (26 bis 101,4 kW) eingeführt. Darunter war auch das neue 77 PS (57 kW) starke Modell Hydro 84 mit Hydrogetriebe.

Das aktualisierte Modell

Der Hydro 84 wurde 1981 als Teil der neuen „Fieldforce 85 series“ zum Hydro 85 überarbeitet. Der Vierzylindermotor des Hydro 84 war von der Aktualisierung nicht betroffen, und die Leistung blieb auch bei der neuen Version 77 PS (57 kW). Neu hingegen war die übergroße Kabine. Die Fensterfläche war deutlich größer und ging vorn auf beiden Seiten bis zum Boden, was gute Sicht für genaues Lenken ermöglichte.

1985 wurden die letzten Hydro-85-Traktoren gebaut. Damit endete bei I. H. die Produktion von Hydrogetriebe-Traktoren. Die Verkaufszahlen des Hydro 85 fielen stetig, und als die Firma Tenneco 1985 die Landmaschinenabteilung der International-Harvester-Gruppe kaufte, beschloss sie, keine Traktoren mit Hydrogetriebe mehr zu entwickeln.

TRACK MARSHALL

1982 **Gainsborough, Lincolnshire, England**

TRACK MARSHALL BRITANNIA

Track Marshall konnte den Erfolg seines TM135-Raupenschleppers nicht wiederholen, als er zwei Jahre später das Britannia-Modell herausbrachte. Mit dem 71-PS-Motor (52,5 kW) war es leistungsschwächer als andere TM-Modelle, und viele Käufer meinten, der teurere TM135 sei eher sein Geld wert.

Rechts: *Bei einem Versuch, die Mobilität seines Stahlkettentraktors zu verbessern, entwickelte Track Marshall ein zusätzliches Räderfahrwerk für sein Britannia-Modell.*

Technische Daten

Hersteller: Track Marshall
Standort: Gainsborough, Lincolnshire, England
Modell: Britannia
Typ: Raupenfahrzeug
Antrieb: Vierzylinder-Dieselmotor
Leistung: 71 PS (52,5 kW)
Getriebe: Fünfganggetriebe
Gewicht: nicht bekannt
Produktionsbeginn: 1982

Der Britannia konnte sich nur zweier Dinge rühmen: Er wurde nach dem Britannia-Werk benannt, wo über 100 Jahre lang Marshall-Dampfmaschinen, Traktoren und anderes Gerät gebaut wurde, und er war das Modell, für das Track Marshall ein Räderfahrwerk konstruierte, mit dem Raupenfahrzeuge am Straßenverkehr teilnehmen konnten.

Der Rädersatz für die Straße

Die Ketten bei Raupenfahrzeugen der frühen 1980er waren aus Stahl und durften auf öffentlichen Straßen nicht fahren, was ein größeres Problem für viele Landwirte war. Track Marshall war klar, dass dies ein Grund für sinkende Verkaufszahlen von Kettenschleppern in vielen Ländern und auch in England war.

Seine Konstrukteure entwickelten einen Radsatz, der es dem Britannia ermöglichen sollte, Kurzstrecken auf der Straße zu fahren. Zwei Räder waren an einem Rahmen befestigt, der den Traktor vorne anhob, indem er die Räder mittels Hydraulik von vorne unter den Motorraum klappte. Die Hinterräder wurden auf spezielle Achsschenkel an den hinteren Kettenantriebsrädern montiert. Dazu musste das Heck aufgebockt werden. Vorführungen des Straßenverkehrszusatzes fanden aber ein negatives Echo, und die Idee wurde stillschweigend fallen gelassen.

INTERNATIONAL HARVESTER

1981 Doncaster, Yorkshire, England

INTERNATIONAL HARVESTER 956XL

International Harvester kündigte mit lautstarkem Rühren der Werbetrommel seine neue, hydraulische Sens-o-draulic-Steuerung an und behauptete, sie sei genauer und schneller als bisherige Systeme.

Technische Daten

Hersteller: International Harvester	
Standort: Doncaster, Yorkshire, England	
Modell: 956XL	
Typ: Allzweck	
Antrieb: Sechszylindermotor	
Leistung: 95 PS (70 kW)	
Getriebe: 16-Gang-Getriebe	
Gewicht: nicht bekannt	
Produktionsbeginn: 1981	

Oben: *International Harvester hoffte, mit den Vorteilen seiner Sens-o-draulic-Regelung für Dreipunkt-Anbauten Kunden zu gewinnen.*

In den frühen 1980ern war die von Harry Ferguson eingeleitete Revolution fast zu Ende geführt: An neuen Traktoren war der hydraulische Dreipunkt-Anschluss inzwischen Standard. Für Feldarbeiten wurden häufig Geräte verwendet, die an die Hydraulik am Heck angeschlossen wurden. Daher war Leistungsfähigkeit und Präzision der Anschlusskupplung verkaufsentscheidend.

Die hydraulische Regelung

I.H. führte 1983 seine Sens-o-draulic ein, als Erstes an drei Modellen der „56 series": dem 856XL, 956XL und dem 1056XL. Der Fortschritt des neuen Anschlusses war laut I.H., dass die Kraftübertragung vollständig hydraulisch war und keine mechanischen Bauteile eingesetzt wurden. Das erlaubte eine schnellere und genauere Reaktion auf Unterschiede der Bodenbeschaffenheit als bisher und machte es möglich, die Arbeitstiefe – beispielsweise von Pflügen – präziser zu kontrollieren.

I.H. hatte Pech: Seine vollhydraulische Regelung wurde bald von Massey-Fergusons elektronischem System überholt, das bereits an den PS-starken Traktoren der „MF 4000 series" arbeitete und noch schneller, noch genauer und höher automatisiert war.

Der 956XL war ein Traktor der beliebten „56 series" aus den I.H.-Werken in England und Deutschland. Die „56 series" bestand aus überarbeiteten Versionen der früheren 55-Modelle. Der 956XL hatte einen 90 PS (67,1 kW) starken Motor und 16 Gänge.

JOHN DEERE 8850

1982 Waterloo, Iowa, USA

JOHN DEERE 8850

Unten: *Deere & Co. war einer der führenden Hersteller von Riesentraktoren. Im Gegensatz zu seinen Rivalen verwendete er eigene Motoren.*

Die meisten Firmen in den USA und Kanada kauften die Motoren für ihre PS-starken Modelle von anderen Herstellern wie Cummins und Caterpillar. Deere jedoch produzierte seinen Motor selbst.

Technische Daten

Hersteller: Deere & Co.
Standort: Waterloo, Iowa, USA
Modell: 8850
Typ: Allzweck
Antrieb: V-8-Dieselmotor mit Turbolader und Ladeluftkühlung
Leistung: 304 PS (225 kW)
Getriebe: 16-Gang-Getriebe
Gewicht: 17116 kg
Produktionsbeginn: 1982

Für das Model 8850, das an der Spitze des Sortiments der Firma stand, baute Deere einen V-8-Diesel, dessen Leistung ein Turbolader und die Ladeluftkühlung auf 304 PS (225 kW) erhöhten.

Ladeluftkühlung

Ladeluftkühlung ist heute an Traktoren weit verbreitet, war aber in den 1980ern eher noch die Ausnahme. Eine Ladeluftkühlung steigert die Leistung, indem sie die Luft kühlt, bevor sie in die Brennkammer geleitet wird. Kältere Luft hat eine höhere Dichte, das heißt, mehr Luft und somit auch mehr Sauerstoff kann in die Brennkammer gepresst werden. Mehr Sauerstoff führt dazu, dass der Treibstoff vollständiger verbrennt und dass mehr Leistung freigesetzt werden kann.

Die Serienausstattung für die PS-starke „8850 series" war ein Semipowershift-Getriebe mit 16 Gängen, Zwillingsbereifung und Knicklenkung.

Andere Modelle der „8050 series" von John Deere waren der 8650 mit 239 PS (178,2 kW) und einem Deere-Sechszylindermotor mit Turbolader und Ladeluftkühlung, während der Sechszylindermotor beim 8450 nur 187 PS (139,4 kW) an der Zapfwelle erbrachte.

INSTITUTE OF ENGINEERING RESEARCH

1983 Silsoe, Bedfordshire, England

SILSOE EXPERIMENTAL FARM TRANSPORTATION VEHICLE

Eines der großen Aufgabengebiete auf vielen Farmen ist die Beförderung entweder von landwirtschaftlichen Erzeugnissen oder Düngemitteln. Das damalige Institute of Engineering Research in Silsoe, heute bekannt als Silsoe Research Institute, entwickelte 1983 ein Fahrzeug für diese Aufgabe und unterzog es einer Evaluierung.

Der Transport-Traktor besaß ursprünglich einen 80 PS (60 kW) starken Perkins-Dieselmotor. Später wurde die Leistung auf 126 PS (93,9 kW) erhöht. Für die Forschung hatte das Fahrzeug ein Zehnganggetriebe und ein Hydrogetriebe mit stufenloser Geschwindigkeitskontrolle. Beide Getriebe konnten mit Zwei- oder Vierradantrieb verwendet werden. Die Höchstgeschwindigkeit mit dem mechanischen Getriebe betrug 65 km/h.

Zwei Lenksysteme

Eine weitere, aus Versuchsgründen entstandene Konstruktion waren zwei unterschiedliche Lenkungen: Für normale Beförderungsaufgaben und zum Wenden im Feld gedacht war die Knicklenkung mit einem Gelenk direkt hinter der Kabine. Ergänzt wurde sie durch eine Servolenkung der Hinterachse, die es erlaubte, unter beengten Platzverhältnissen wendiger rangieren zu können.

Ganz oben: *Die Ingenieure von Silsoe konstruierten die frontmontierte Kabine mit einer großen Fensterfläche für gute Rundumsicht.*

Oben: *Verschiedene Ladeeinheiten, einschließlich des Stalldungstreuers auf der Abbildung, konnten mithilfe der Hydraulik aufgesetzt oder abgesetzt werden.*

Die Kabine befand sich über der Vorderachse und ließ hinten viel freien Raum für eine Ladefläche. Das Fahrzeug war auf eine Last von 5 Tonnen ausgelegt, was ein Gesamtgewicht von 10 Tonnen ergab, und es war mit einem Set spezieller Ausrüstung ausgestattet, die mit der Fahrzeughydraulik und einem Joystick-ähnlichen Steuerungshebel in der Kabine auf das Fahrzeug gehoben werden konnte.

Zum hydraulischen System gehörte auch ein Kippmechanismus, der es erlaubte, Container leicht zu entleeren.

Die Zapfwelle

Die Ladefläche konnte Kippmulden für Erntearbeiten genauso aufnehmen wie zapfwellenbetriebenes Gerät, z.B. modifizierte Stalldung- oder Kunstdüngerstreuer, die an eine mittige Zapfwelle angeschlossen wurden. Außerdem war ein Anschlusssystem und eine Zapfwelle für Frontanbauten vorhanden. Dies wurde mit einem Feldhäcksler vorgeführt, der Gras in einen speziellen Container hinter der Kabine blies. Ein vorn angebauter Feldlader erlaubte es, das Fahrzeug zu einer selbstständigen Lade- und Transporteinheit zu machen.

Die Evaluation

Die Evaluation ergab, dass das Fahrzeug Vorteile bot, aber auch problematische Eigenschaften besaß – eine davon waren die Kosten: Die Herstellung wäre teuer gewesen, und die Käufer hätten die spezielle Ausrüstung gebraucht.

Außerdem war zur kommerziellen Nutzung ein PS-stärkeres Fahrzeug notwendig, da fünf Tonnen Zuladung für die Leistungsfähigkeit der damaligen Erntemaschinen zu wenig waren. Wegen des geringen Interesses von Landwirten und der Traktorenindustrie wurde das Projekt eingestellt.

Technische Daten

Hersteller: Institute of Engineering Research

Standort: Silsoe, Bedfordshire, England

Modell: Landwirtschaftliches Transportfahrzeug

Typ: Experimental

Antrieb: Perkins-Dieselmotor

Leistung: 80 PS (60 kW)

Getriebe: Zehnganggetriebe und Hydrogetriebe

Gewicht: 5000 kg

Produktionsbeginn: 1983

Unten: *Dieses Foto zeigt das Farm Transportation Vehicle mit seinem speziell konstruierten Frontlader und für die hintere Ladefläche konstruierte Ausrüstung.*

FORD
1985 **Basildon, Essex, England**

FORD FORCE II 6610

Als 1981 die ersten Modelle der neuen „10 series" angekündigt wurden, waren sie eine wichtige Entwicklung in Fords Traktorensortiment. Zu der Zeit, als sie auf den Markt kamen, standen Ford-Traktoren in der internationalen Verkaufsstatistik an zweiter Stelle.

Technische Daten

Hersteller: Ford Tractor Operations	
Standort: Basildon, Essex, England	
Modell: Force II 6610	
Typ: Allzweck	
Antrieb: Vierzylindermotor	
Leistung: 86 PS (63,6 kW)	
Getriebe: Achtganggetriebe	
Gewicht: nicht bekannt	
Produktionsbeginn: 1985	

Oben: *Die verbesserte Kabine mit niedrigerem Dach war die offensichtlichste Veränderung der neuen Force-II-Modelle.*

Einer der Fortschritte der „10 series"-Traktoren war eine um durchschnittlich 10 Prozent gesteigerte Motorleistung verglichen mit den Vorgängermodellen. Die Hydraulik war verbessert worden, und ein Achtgang-Lastschaltgetriebe war als Extra erhältlich.

Die aktualisierten Versionen

Die Traktoren der „10 series" wurden 1985 gründlich überarbeitet, als das Force-II-Sortiment eingeführt wurde. Die neue „Super Q"-Kabine mit neu gestaltetem Dach war eine offensichtliche Verbesserung und an den Mittelklasse- und PS-stärkeren Modellen erhältlich; es gab auch einige Änderungen an mechanischen Teilen: Die Motoren waren leiser geworden, und die Leistung der Heckanschlüsse der Force-II-Versionen des großen TW-Modells, das die Belgier herstellten, war stark erhöht: Die Tragkraft betrug jetzt fast sieben Tonnen, für Traktoren dieser PS-Klasse aus den 1980er-Jahren ein beachtlicher Wert.

Der mit einem 86 PS (63,6 kW) starken Motor angetriebene Ford-Force-II-6610 war eines von zwei Modellen mit neuen Kraftstoffbehältern und eines von drei Modellen, die auch als Breitspurversion für den Reihenanbau erhältlich waren. Das Force-II-Sortiment wurde 1989 durch die neuen Generation-III-Traktoren ersetzt.

MARSHALL

1986 **Scunthorpe, Lincolnshire, England**

MARSHALL 132

Eine Firma, deren Eigentümer häufig wechseln und die von Gesellschaft zu Gesellschaft zieht, kann das Vertrauen vieler Käufer und Händler verlieren. Das war das Schicksal von Nuffield Tractors.

Rechts: *Nach einem weiteren Eigentümerwechsel kam das neue Modell 132 mit einer Anzahl von jugoslawischen Bauteilen zu Marshalls Traktorensortiment dazu.*

Technische Daten

Hersteller: Bentall-Simplex Industries

Standort: Scunthorpe, Lincolnshire, England

Modell: Marshall 132

Typ: Allzweck

Antrieb: Vierzylinder-Dieselmotor

Leistung: 35 PS (26 kW)

Getriebe: 16-Gang-Getriebe

Gewicht: nicht bekannt

Produktionsbeginn: 1986

Nicht nur der Name änderte sich von Nuffield in Leyland und dann in Marshall, es gab da auch Fusionen, Übernahmen und Finanznöte. Sechsmal wechselte der Eigentümer, und die Produktion wanderte von Birmingham nach Schottland und an zwei verschiedene Orte in Lincolnshire.

Neue Modelle

1986 gehörte Nuffield zu Bentall-Simplex Industries, und die Traktorenproduktion wurde in ein Werk nach Scunthorpe, Lincolnshire, verlegt. Das erste neue Modell war der Marshall 132 mit der attraktiven Farbgebung „Harvest Gold" („Erntegold"), die Leylands Blau und Nuffields ursprüngliches Orangerot ersetzte. Obwohl die Montage des neuen Modells in Scunthorpe stattfand, kamen einige wichtige Bauteile aus Jugoslawien.

Als Kleintraktor richtete sich der 132 an Landwirte und als großer Kompakttraktor an Gärtner in Freizeitanlagen, etwa zum Rasenmähen und für andere Pflegearbeiten. Eine vollständige Reihe von Kompaktmodellen wurde entwickelt, aber auch das Sortiment für Landwirte wurde mit zusätzlichen Modellen und Verbesserungen an der Kabinenausstattung gepflegt. Sie erzielten einigen Erfolg in dem heiß umkämpften Markt, aber der Name Marshall hatte schon einiges von seinem früheren Glanz verloren. 1989 wurde der Traktorenhersteller erneut verkauft.

MASSEY-FERGUSON

1986 Beauvais, Frankreich

MASSEY-FERGUSON 3070 AUTOTRONIC

Massey-Fergusons PS-starke Traktoren der „4000 series" hatten bereits gezeigt, welche Vorteile es hat, Heckanbauten elektronisch zu steuern. 1986 wurde das verbesserte Steuerungssystem bei den neuen Serien MF 300 und 3000 eingeführt.

Die Standardversion der elektronischen Regelung wurde in den Autotronic-Modellen eingesetzt, die gehobene Version in den Datatronic-Traktoren. Beide Versionen arbeiteten stark automatisiert und konnten Heckanbauten oft präziser kontrollieren, als ein erfahrener Fahrer. Dies erleichterte die Arbeit wesentlich. Auch an Gefahrenschutz und Verhütung von Schäden war gedacht.

Beide Systeme verarbeiteten Daten von Sensoren an mehreren Stellen des Traktors, die elektronisch an den Computer unter dem Kabinenboden übertragen wurden.

Das Autotronic-System kontrollierte die Differenzialsperre, und ein Sicherheitsautomat trennte die Zapfwelle, wenn der Sensor erkannte, dass das Gerät blockierte oder zu stark belastet wurde.

Oben: *Die neuen Autotronic- und Datatronic-Regelungs- und Informationssysteme machten die Arbeit mit dem Traktor schneller und genauer.*

Die Hydraulik

Wenn das Warnlicht für den hydraulischen Öldruck länger als zwei Sekunden leuchtete, schaltete der Computer automatisch das Gerät ab, das durch einen Hydraulikfehler beschädigt werden konnte.

Bei den Modellen mit Allradantrieb unterbrach der Computer bei Geschwindigkeiten über 14 km/h selbstständig den Kraftfluss auf die Vorderräder, um den unnötigen Verschleiß der vorderen Reifen auf der Straße zu vermeiden. Der Vorderradantrieb wurde wieder zugeschaltet, wenn der Fahrer bremste, um die Bremswirkung zu verbessern, oder sobald der Fahrer die Differenzialsperre hinten für bessere Bodenhaftung aktivierte.

Zu den zusätzlichen Funktionen der Datatronic-Traktoren gehörte eine High-Tech-Regelung zur Verringerung von Schlupf. Um alle Funktionen überwachen zu können, hatten die Traktoren in der Kabine ein umfangreiches Informationsdisplay. Auf dem Bildschirm wurde unter anderem die Motordrehzahl, die Fahrgeschwindigkeit, der Kraftstoffverbrauch, der Leistungsgrad, die Kraftstoffreserve in Stunden und auch die Zeit in Stunden bis zum nächsten fälligen Kundendienst angezeigt. Darüber hinaus konnte sich der Fahrer die erledigte Arbeit entweder als zurückgelegte Entfernung, als bearbeitete Fläche oder sogar in Stück – z. B. die Anzahl der gepressten Heuballen – auf dem Bildschirm anzeigen lassen.

Eine attraktive Innovation

Die meisten Traktoren mittlerer bis hoher Leistungsklasse haben heute elektronische Steuerung und Bildschirmanzeigen, aber in den 1980er-Jahren waren die Massey-Ferguson-Systeme ein bedeutender Schritt vorwärts, und sie weckten großes Interesse, als sie auf dem Traktorenmarkt erschienen.

Zu den mit der neuen Elektronik ausgestatteten „3000 series"-Traktoren gehörte der MF-3070 mit einem 93 PS (69 kW) starken Motor und einem Wendegetriebe mit 32 Gängen vorwärts wie rückwärts.

Technische Daten

Hersteller: Massey-Fergusson
Standort: Beauvais, Frankreich
Modell: MF 3070
Typ: Allzweck
Antrieb: Vierzylinder-Dieselmotor
Leistung: 93 PS (69 kW)
Getriebe: 32-Gang-Wendegetriebe
Gewicht: 4100 kg (Allradversion)
Produktionsbeginn: 1986

Unten: *Das Elektronikpaket Autotronic der „MF 3000 series" führte eine Vielzahl von Funktionen automatisch aus, um dem Fahrer die Arbeit zu erleichtern.*

CATERPILLAR

1987 **Peoria, Illinois, USA**

CATERPILLAR CHALLENGER 65

Raupen-Traktoren sind unschlagbar darin, Motorkraft in Zugstangenkraft umzuwandeln, wenn der Untergrund nass ist. Ebenso verteilen sie das Traktorgewicht auf eine deutlich größere Oberfläche und verringern so die Bodenverdichtung. Die traditionellen Stahlketten haben jedoch einige ernst zu nehmende Nachteile.

Stahlketten sind laut, erlauben keine schnelle Fahrt und dürfen in den meisten Ländern nicht auf öffentlichen Straßen benutzt werden, weil sie Schäden verursachen. Raupenfahrzeuge verkauften sich gut, solange die Alternative nur ein Traktor mit Zweiradantrieb war. Da seit den 1950er-Jahren viele Hersteller Vierradantrieb anboten, sanken die Verkaufszahlen für Raupenfahrzeuge stark. In den 1980er-Jahren schien es immer wahrscheinlicher, dass Raupenschlepper bald auf Nischenmärkte beschränkt bleiben würden, wie etwa Höfe mit sehr steilem Gelände. Aber 1987 änderte sich die Situation, als der Caterpillar Challenger 65 mit seinen neuen stahlverstärkten Gummiraupen herauskam.

Neue Raupen

Die neuen Raupen – Caterpillar nannte sie das Mobil-trac-System – waren die bedeutendste

Ganz oben: *Gummiraupen wurden zum ersten Mal an dem Caterpillar Challenger 65 eingesetzt und stoppten den Rückgang der Raupenschlepperverkäufe.*

Oben: *Claas übernahm das Marketing der Caterpillar-Challenger-Traktoren in Großbritannien und anderen Ländern Europas.*

technische Entwicklung der Raupenschleppertechnik seit 50 Jahren. Der Challenger 65 und die Folgemodelle mit ihren Gummiraupen erhielten die Vorteile von traditionellen Raupenfahrzeugen, durften aber auf öffentlichen Straßen benutzt werden, fuhren so schnell wie ein Radtraktor, und der Fahrer profitierte von der geringeren Lärmbelastung verglichen mit konventionellen Stahlketten.

Erfahrungsberichte zeigten, dass die Raupen bei Festigkeit, Haltbarkeit und Kosten mit Gummibereifung an Traktoren mit ähnlichen PS-Werten mithalten konnten, und die Verkaufszahlen für den Challenger stiegen. Der Erfolg des Challenger 65 und der Caterpillar-Nachfolgemodelle ermutigte mehr Traktorenhersteller, eigene Gummiraupenmodelle anzubieten, was den sinkenden Verkaufstrend bei Raupenfahrzeugen stoppte.

Der Motor

Der Challenger 65 wurde von einem Caterpillar-Motor mit Turbolader und Ladeluftkühlung angetrieben. Er hatte 270 PS (200 kW) Leistung und ein Powershift-Getriebe mit zehn Vorwärtsgängen. Für erhöhten Fahrkomfort hatte die Kabine eine Umluftreinigungsanlage mit Staubfilter und war voll klimatisiert. Es gab auch einen Zigarettenanzünder und einen Aschenbecher. Gelenkt wurde mit einem Lenkrad, das mithilfe einer Differenzialsteuerung die eine Raupe schneller und zugleich die andere langsamer laufen ließ.

Nachdem Caterpillar so großen Erfolg mit seinen Challenger-Traktoren gehabt hatte, überraschte er die Branche 2002 mit dem Entschluss, sich aus dem Agrarsektor zurückzuziehen und seinen Challenger-Geschäftsanteil an Agco zu verkaufen.

Technische Daten

Hersteller: Caterpillar
Standort: Peoria, Illinois, USA
Modell: Challenger 65
Typ: Zugkrafttraktor
Antrieb: Sechszylindermotor
Leistung: 270 PS (200 kW)
Getriebe: Zehngang-Powershift-Getriebe
Gewicht: 14 060 kg
Produktionsbeginn: 1987

Unten: *Die Gummiraupen des Challenger boten die effektive Zugkraft traditioneller Stahlketten, ohne deren Beschränkungen im Straßenverkehr.*

SAME

1988 Treviglio, Italien

SAME DUAL TRAC 90

Traktoren mit einer umkehrbaren Fahrersitzposition – manchmal Zweiwege- oder Wendetraktoren genannt – füllten eine wichtige Marktnische in den 1980ern aus. Die Firma Same aus Italien war einer der führenden Hersteller.

Oben: *Ein mit dem Dual Trac 90 vertrauter Fahrer brauchte für den Wechsel der Sitzposition von vorne nach hinten ca. 30 Sekunden.*

Technische Daten

Hersteller:	Same Trattori
Standort:	Treviglio, Italien
Modell:	Dual Trac 90
Typ:	Allzweck
Antrieb:	Vierzylindermotor
Leistung:	90 PS (67 kW)
Getriebe:	16-Gang-Wendegetriebe
Gewicht:	3350 kg
Produktionsbeginn:	1988

Oben links: *Der Same Dual Trac 90 war in den 1980er-Jahren einer von vielen Traktoren mit zwei möglichen Sitzpositionen.*

Der deutliche Vorteil der Sitzposition in Fahrtrichtung, egal ob der Traktor nun vorwärts oder rückwärts fährt, ist die sehr viel größere Sicherheit und Bequemlichkeit für den Fahrer. Viele Heckanbauten sowie Grabenzieher und Gabelstapler sind wesentlich einfacher und sicherer zu bedienen, wenn der Fahrer nach vorn aus dem Heckfenster der Kabine schaut. Das ist effizienter und weniger anstrengend, als sich aus der normalen Position ständig umdrehen zu müssen.

Die Sitzposition schnell wechseln

Bei den meisten Wendetraktoren lässt sich der Sitz um 180 Grad drehen. Dabei drehen sich fast alle handbedienten Lenk- und Bedieneinrichtungen mit. Ein zweiter Pedalsatz vervollständigt die Bedienelemente. Beim Same Dual Trac 90 wurde das Lenkrad gelöst und am Heck wieder eingehängt. Die Sitzposition von vorne nach hinten zu wechseln dauerte nach Angaben des stolzen Hersteller nicht einmal eine Minute.

Same baute den Dual-Trac-Wendetraktor auf seinem 90 PS (67 kW) starken Serienmodell Explorer II auf, das, wie damals alle Traktoren des Herstellers, mit einem luft- und ölgekühlten Same-Motor ausrüstet war. Der Dual Trac teilte mit dem Explorer und den meisten Same-Traktoren auch die Vierradbremsanlage.

FIAT

🛠 **1990 Modena, Italien**

FIAT WINNER F140

Das Winner-Traktorensortiment von Fiat wurde ein Jahr vor der Mehrheitsbeteiligung an Fords Traktoren- und Landwirtschaftsgerätegeschäft angekündigt. Die Winner wurden noch mehrere Jahre nach der Übernahme gebaut.

Oben: *Der F140 war das Spitzenmodell mit einem 140 PS (104 kW) starken Sechszylindermotor und einem Getriebe mit 32 Gängen.*

Technische Daten

Hersteller: Fiatagri
Standort: Modena, Italien
Modell: Winner F140
Typ: Allzweck
Antrieb: Sechszylindermotor
Leistung: 140 PS (104 kW)
Getriebe: 32-Gang-Getriebe
Gewicht: nicht bekannt
Produktionsbeginn: 1990

Fiats Agrarmaschinenbau, der seit den frühen 1980er-Jahren als Fiatagri bekannt war, hatte einen Anteil von 15 Prozent am europäischen Traktorenmarkt, als die Winner-Serie angekündigt wurde. Die neuen Modelle waren entwickelt worden, um den Marktanteil weiter zu vergrößern. Zunächst gab es vier Modelle vom F100 bis zum F140, die zwei Jahre später um das F115-Modell erweitert wurden. Die Modellnummer war jeweils ein Hinweis auf die ungefähre Motorleistung.

Konstruktionsmerkmale

Alle Winner besaßen einen modernisierten Sechszylinder-Fiat-Iveco-Motor aus der 8000-Serie. Die technische Ausstattung enthielt auch eine dreistufige Zapfwelle, deren Drehzahl durch Tastendruck gewählt wurde. Heckanbauten und die optionalen Frontalanbauten waren elektronisch geregelt.

Es gab eine große Auswahl von Getrieben, die mit der serienmäßigen 32-Gang-Version mit 16 Rückwärtsgängen begann. Ein Wendegetriebe bot 16 Gänge vorwärts und auch rückwärts. Das besonders wirtschaftliche Ecospeed-Getriebe verfügte über 20 Gänge vorwärts und 16 Gänge rückwärts. Käufer, die langsam laufendes Gerät wie Heckenschneider oder Pflanzmaschinen einsetzten, konnten ein zusätzliches Kriechgang-Getriebe bestellen, das die Anzahl der serienmäßigen Gänge auf 64 vorwärts und 32 rückwärts verdoppelte.

FORD

1991 **Basildon, Essex, England**

FORD 8640

Die meisten „neuen" Traktoren, die jedes Jahr herauskommen, sind eigentlich nicht völlig neu, sondern modernisierte frühere Modelle. Das kann effektiv sein: Ford zählte wegen seiner überarbeiteten Modelle über weite Teile der 1970er- und 1980er-Jahre weiterhin zu den drei Spitzenmarken der Welt.

Daher wurden die „series 40"-Modelle aus dem Basildon-Werk als die ersten völlig neuen Traktoren seit 27 Jahren bezeichnet, obwohl nicht einmal sie ganz neu waren. Das Sortiment aus sechs Modellen wurde 1991 auf der Smithfield Show vorgestellt und umfasste den Bereich von 75 bis 120 PS (55,9 bis 89,4 kW). Später kam ein weiteres Modell mit einer Leistung von 125 PS (93,2 kW) hinzu.

Die neuen Motoren

Alle „series 40"-Traktoren hatten neue, im Genesis-Projekt entwickelte Motoren, die in manchen Märkten wie Großbritannien als die PowerStar-Motoren bekannt wurden. Es gab sie als Vier- und Sechszylinder, und alle hatten denselben Hubraum von 1,25 Liter je Zylinder. Daher waren viele Teile baugleich. Die drei „series 40"-Traktoren mit weniger als 100 PS

Oben: *Fords 1991 herausgekommene Traktoren der „40 series" waren angeblich seit 27 Jahren das erste neue Traktorensortiment aus dem Werk in Basildon, England.*

(74 kW) hatten einen Vierzylindermotor mit 5 Liter Hubraum. Das kleinste Modell mit Sechszylindermotor war der Ford 7840 mit einer Leistung von 100 PS (74 kW).

Die gesamte Konstruktionsarbeit für die neue Kabine der „series 40"-Traktoren wurde in den USA ausgeführt. Sie hieß „Superlux"-Kabine und bot mehr Platz im Innenraum als die frühere, der Geräuschpegel innen war auf 77 dB reduziert.

Getriebeoptionen

Das wohl Beeindruckendste am neuen Traktorensortiment war die sehr große Auswahl an optionalen Getrieben, von denen zwei bei der Vorstellung der 40-Modelle debütierten.

Die Elektronik spielte bei der Bedienung und Steuerung von Traktorengetrieben eine immer größere Rolle. Ein Beispiel dafür war das neue ElectroShift. Es wurde als Semipowershift mit Handschaltung zwischen zwei Sets von vier Powershift-Gängen beschrieben. Ein Drucktastenpaar am Hauptschalthebel erlaubte es, zwischen den Gängen jeder Powershift-Gruppe zu wechseln. Das ergab acht Gänge, die alle über einen Wendegetriebehebel vorwärts oder rückwärts anwählbar waren. Wenn man den Wahlschalter für hohe/niedrige Übersetzung umlegte, ergab das 16 Gänge, aus denen sich mit den optionalen Kriechgängen für Langsamlaufarbeiten die Anzahl von 24 Gängen in jede Richtung ergab.

Gleichzeitig mit der Markteinführung der neuen „series 40"-Traktoren im Jahr 1991 erklärte Ford, dass er sein Traktor- und Landmaschinengeschäft an Fiat verkauft hätte. Deshalb tragen die ersten hergestellten „series 40"-Traktoren Fords Namen und das typische ovale Emblem. Im Lauf des Jahres 1994 wurde der Namenszug von Ford durch den Markennamen New Holland und ein neues Emblem mit dem stilisierten Blatt ersetzt.

Technische Daten

Hersteller: Ford Tractor Operations
Standort: Basildon, Essex, England
Modell: 8640
Typ: Allzweck
Antrieb: Sechszylindermotor
Leistung: 100 PS (74 kW)
Getriebe: ElectroShift-Getriebe mit bis zu 24 Gängen
Gewicht: nicht bekannt
Produktionsbeginn: 1991

Links: *Die meisten Traktoren besaßen seit den späten 1970ern Elektronik. Bei den „series 40" spielte sie für die Steuerung des Semipowershift-Getriebes eine bedeutende Rolle.*

RENAULT

1991 Le Mans, Frankreich

RENAULT 110.54 HYDROSTABLE

Ein Vorteil der Zugehörigkeit zu einer großen Firma mit breiter Produktpalette ist die Möglichkeit, technisches Wissen teilen zu können. Das spielte bei Renaults Entwicklung der ersten, gut gefederten Traktorkabine eine bedeutende Rolle.

Ganz oben: *Ingenieure von Renault Agriculture entwickelten das „Hydrostable Cab" mit der Erfahrung der LKW-Abteilung.*

Oben: *Das „Hydrostable Cab" bot deutlich verbesserten Fahrkomfort.*

Renault führte die Kabine 1988 auf seinen Hochleistungs-Traktoren TZ und Z ein. Die Federung bestand aus einer Schraubenfeder an jeder Ecke, die Stöße und Vibrationen abfederte, und aus zusätzlichen Torsionsfedern, die längs und quer angebracht waren, um zusätzliche Stabilität bei Schlingerbewegungen zu gewährleisten. Die Renault-Ingenieure hatten lange Zeit an der Entwicklung von Kabinenfederungen gearbeitet und wurden von den Kollegen unterstützt, die Federungen für Renault-Lastwagenkabinen entwarfen.

Die Traktorversion mit der Bezeichnung „Hydrostable Cab" wurde als großer Fortschritt beim Fahrkomfort gewürdigt und mit Gold bei der Landtechnikmesse SIMA in Paris und Silber bei der Royal Show in Großbritannien prämiert.

Die neue Kabine

Die Vorzüge der Kabine wurden ebenfalls von der deutschen Forschungsorganisation DLG gewürdigt, die das Vibrationsniveau bei zwei Renault-155-54-Traktoren mit 145 PS Motorleistung (108,1 kW) maß. Ein Traktor besaß eine ungefederte Standardkabine, der andere war mit dem „Hydrostable-Cab" ausgestattet.

Beide Traktoren wurden in diversen Läufen im Feld und auf einer Strecke getestet. Es wurden die Vibrationen gemessen, denen der Fahrer ausgesetzt war. Die Federung reduzierte bei einigen Tests die Vibrationen um 30-35 Prozent. Der größere Komfort hat auch handfeste Vorteile: Nachweislich erhöhen geringere Vibrationen die Bereitschaft von Traktorführern, notfalls länger zu arbeiten. Manche Feldarbeiten lassen sich mit einer gefederten Kabine in höherem Gang und damit schneller verrichten.

Vollfederung

Renault war mit großem Abstand der erste Traktorenhersteller, der vollgefederte Kabinen anbieten konnte. Damit war der französische Hersteller den meisten seiner Rivalen um zehn Jahre voraus.

Die meisten Hochleistungsversionen des Renault-Sortiments konnten entweder mit der TZ- oder der Z-Kabine ausgestattet werden, genauso die Mittelklasse-Traktoren. Der Traktor 110.54 hat serienmäßig einen 100 PS (74 kW) starken Sechszylinder-MWM-Motor und ein Wendegetriebe mit 16 Gängen vorwärts wie rückwärts.

Technische Daten

Hersteller: Renault Agriculture
Standort: Le Mans, Frankreich
Modell: 110.54 Z
Typ: Allzweck
Antrieb: Sechszylindermotor
Leistung: 100 PS (74 kW)
Getriebe: 16-Gang-Wendegetriebe
Gewicht: nicht bekannt
Produktionsbeginn: 1991

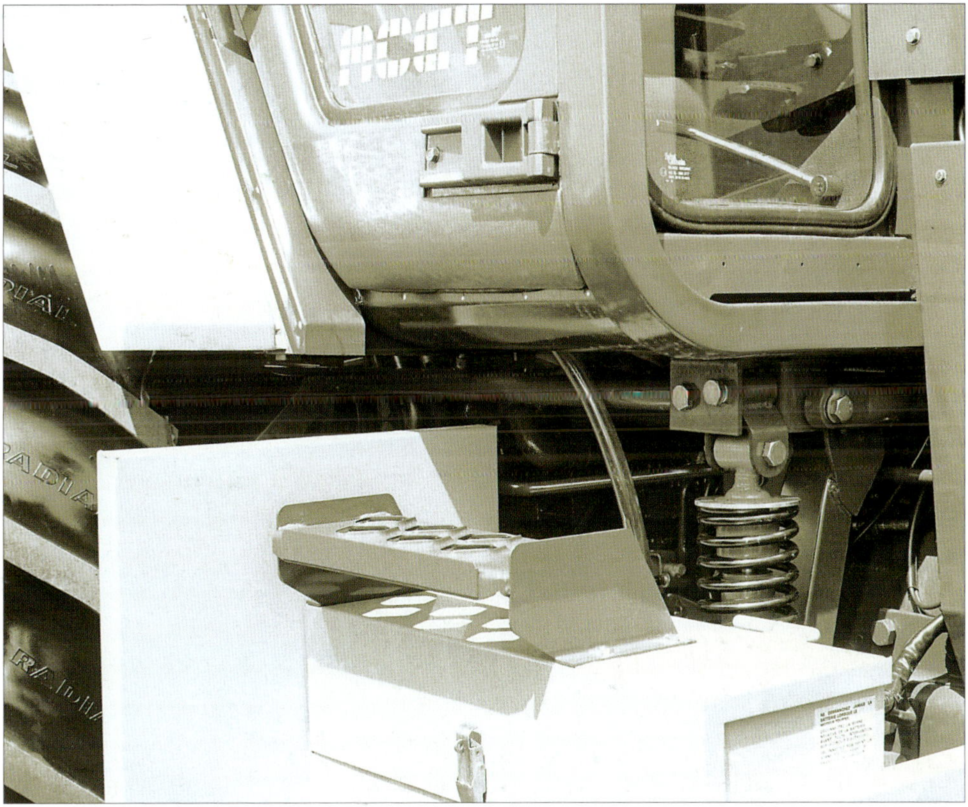

Unten: *Die Federung des „Hydrostable Cab" nutzt Schrauben- und Torsionsfedern, um Stöße und Vibrationen abzufangen.*

JCB

⚒ **1991 Cheadle, Staffordshire, England**

JCB FASTRAC 145

In den 1970ern und 1980ern verschwand in den USA und Europa eine Vielzahl vertrauter Namen durch Fusionen, Übernahmen sowie Pleiten aus der Traktorenbranche. Dieser Trend setzt sich fort. Ungewöhnlich ist es, dass eine große Firma zum ersten Mal als Traktorenhersteller aktiv wird. Das geschah 1991 als JCB das Fastrac-Traktoren-Sortiment einführte.

JCB ist in der Produktion von Baggerladern und anderen Baumaschinen weltweit führend und nach eigenen Angaben der größte Hersteller von Teleskopladern für die Landwirtschaft. Sogar für eine so große Firma wie JCB wäre es äußerst schwierig gewesen, die etablierten Hersteller der Branche mit einem konventionellen Traktor herauszufordern, stattdessen wählte sie eine überaus unkonventionelle Konstruktion.

Hochgeschwindigkeit

Die Original-JCB-Presseerklärung bezeichnete den Fastrac als „den weltersten echten Hochgeschwindigkeitstraktor".

Die ersten produzierten Modelle hatten alle eine Zugkraft von 14 Tonnen bei mehr als 64 km/h auf der Straße, fast das Doppelte der Höchstgeschwindigkeit der meisten konventionellen Traktoren. Der Vierradantrieb des Fastrac über gleich große Vorder- und Hinterräder bot

Ganz oben: *Der Einstieg von JCB, einem führenden Hersteller von Baugerät, in den überfüllten Traktormarkt kam überraschend.*

Oben: *Obwohl die Leistung des Fastrac auf der Straße alle Blicke auf sich zog, waren die Traktoren auch für schwere Zugarbeit gedacht.*

effiziente Bodenhaftung für langsame Arbeiten wie etwa Pflügen.

Die ersten zwei Fastrac-Modelle waren der 125 und der 145; dabei entsprach die Modellnummer der PS-Zahl. Alle Fastracs hatten Perkins-Motoren, der 145 mit Turbolader, um die Leistung zu erhöhen. Beide Modelle hatten 18 Gänge vorwärts wie rückwärts.

Die Fastrac-Federung

Auf so hohe Geschwindigkeiten ausgelegte Traktoren müssen sehr große Bremskräfte entwickeln können. Die Fastracs hatten eine Bremsanlage mit Druckluftscheibenbremsen an allen vier Rädern.

Eine weitere Besonderheit war die Vollfederung an den Vorder- und Hinterrädern. Sie schluckte Stöße und verbesserte durch erhöhte Stabilität die Kontrolle beim Lenken deutlich.

Eine spezielle Federkonstruktion des Fastrac, die auch bei den neuesten Modellen Verwendung findet, ist die selbsttätige Heckhorizontierung. Sie ist äußerst hilfreich zum Beispiel beim Pflügen, wenn eine konstante Arbeitstiefe beibehalten werden muss, während an den Heckanschlüssen das volle Gewicht eines komplett bestückten Pflugs liegt.

Außerdem bietet der Fastrac eine Ladefläche für 2,5 Tonnen Zuladung hinter der Kabine, die sehr gut für Spritzgerät verwendet werden kann. Die Optionsliste für alle Modelle beinhaltet auch bereits werkmontierte Anschlüsse für Frontalanbauten.

Die ersten Fastracs wurden im JCB-Hauptwerk gebaut, aber die Produktion wurde später in ein separates, von JCB Landpower – dem JCB-Zweig für Landmaschinen – geführtes Werk verlegt.

Technische Daten

Hersteller: JCB Landpower
Standort: Cheadle, Staffordshire, Großbritannien
Modell: Fastrac 145
Typ: Allzweck
Antrieb: Sechszylinder-Turbodieselmotor
Leistung: 145 PS (107 kW)
Getriebe: 18-Gang-Getriebe
Gewicht: 6274 kg
Produktionsbeginn: 1991

Unten: *Der Fastrac bietet Federung vorn und hinten, vier gebremste Räder und eine Ladefläche.*

JOHN DEERE

Kapitel 9

Die Roboter kommen

Der schnelle Fortschritt in der Elektronik und Entwicklungen wie das Globale Positionierungssystem GPS eröffnen die Möglichkeit, fahrerlose Traktoren für viele Routinejobs in Landwirtschaftsbetrieben einzusetzen. Die dafür notwendige Technologie ist seit den späten 1990ern entwickelt. Es gibt diverse Systeme, die den Traktor steuern und automatisch Motor und Getriebe optimal auslasten.

Oben: *Das Kirow-Traktorenwerk in der ehemaligen Sowjetunion bietet des Modell „Peter der Große" an, das Käufer aus westlichen Ländern anlocken soll.*

Links: *Der Gummiraupenrevolution nach Markteinführung des Caterpillar Challenger folgten andere Raupenfahrzeuge, auch bei John Deere.*

Seit den späten 1990er-Jahren nimmt die Technik dem Fahrer einzelne Aufgaben ab, damit er sich auf andere Dinge konzentrieren kann. Die nächste Stufe wird wohl der führerlose Traktor oder Landwirtschaftsroboter sein, der allerdings bisher nur Zukunftsmusik ist.

Die Elektronik leistete einen wichtigen Beitrag für die Entwicklung von Traktorengetrieben einer neuen Generation. Das erste stufenlos variable Getriebe (CVT) hieß Vario und war eine Pionierleistung der deutschen Firma Fendt. Inzwischen haben die meisten führenden Traktorenhersteller eigene Versionen entwickelt. CVTs bestehen aus einer Kombination von hydrostatischen und mechanischen Getrieben und erlauben es, die Geschwindigkeit stufenlos anzupassen.

Das letzte Jahrzehnt hat neue Entwicklungen beim Systemtraktor gebracht und die Zahl der Hersteller von Raupenfahrzeugen mit Gummiraupen wachsen lassen.

Die durchschnittliche Leistung neuer Traktoren steigt stetig, und die Traktorenbranche hat weitere Fusionen und Übernahmen erlebt. Das führte dazu, dass der Traktorenmarkt in Europa und den USA von nur noch fünf Firmengruppen beherrscht wird.

MOFFETT

🛠 **1991 Dundalk, County Louth, Irland**

MOFFETT MULTI-FUNCTION TRACTOR

Irland ist kein Land mit großer Traktorengeschichte. Es gab zwei kurze Perioden der Fordson-Produktion in einem Werk bei Cork und, in den 1990er-Jahren, den Bau des Moffett MFT-Traktors in Dundalk.

Die 1980er und 1990er waren eine schwierige Zeit für die Traktorenindustrie: Schrumpfende Verkaufszahlen führten zu finanziellen Problemen, und viele alte Hersteller waren zu Übernahmen und Fusionen gezwungen. Zugleich zog die Branche auch neue Hersteller an, meist Firmen mit Traktoren, die Zusatzfunktionen haben. In diese Kategorie von Traktoren fällt der MFT oder Multi-Function-Tractor von Moffett Engineering.

Wendetraktoren

MFT-Traktoren hatten einen drehbaren Fahrersitz und Lenk- und Bedieneinrichtungen für die Zweiwege-Nutzung. Die Ausrüstung umfasste eine Schwerlast-Baggerschaufel am Heck, wo das Gewicht über der Hinterradachse lag – dem stabilsten Teil des Traktors. Mit angebauter Schaufel und mit Fahrposition in Richtung Heck konnte der MFT als Hochleistungsbagger für Silage-Arbeiten oder zum Verladen von

Oben: *Die ursprüngliche, auf einem Massey-Ferguson basierende Version des Moffett-Multi-Function-Tractor oder MFT. Hier im Einsatz als normaler Traktor.*

Zuckerrüben eingesetzt werden. Weil die Schaufel in etwa vier Minuten entfernt werden konnte und der Fahrersitz schnell in Fahrtrichtung zurückgedreht war, konnte der MFT nach wenigen Minuten wieder als normaler Vierrad-Traktor eingesetzt werden.

Die Produktion lief 1991 im Werk der Familie Moffett an. Der MFT beruhte auf einem stark modifizierten Massey-Ferguson-Traktor mit einem 90 PS (66,6 kW) starken Perkins-Motor. Ein MF-Wendegetriebe bot zwölf Gänge vorwärts wie rückwärts, ideal für einen Zweiwegetraktor, weil die Auswahl von Gängen und Fahrtgeschwindigkeiten in beide Richtungen dieselbe ist. Ein mit der Technik vertrauter Fahrer konnte Sitz und Armaturen in weniger als einer Minute umstellen.

Der große Vorteil des Moffett-Traktors lag darin, dass er gleich zwei Aufgaben – das Verladen von Material und die Feldarbeit – abdeckte und damit die Investitionen verringerte. Der MFT verkaufte sich besonders erfolgreich an mittelgroße Molkereien vor allem in England.

Die verbesserten Modelle

1994 wurde der 90 PS (66,6 kW) starke Original-MFT durch eine verbesserte Version ersetzt, die auf einem 120 PS (89,4 kW) starken Massey-Ferguson-Traktor beruhte. Zwei Jahre später wechselte Moffett die Konstruktionsbasis von MF zu New Holland und verwendete von diesem Zeitpunkt an einen 7840-Traktor mit 100 PS (74,5 kW), einem Sechszylindermotor und einem 24-Gang-Wendegetriebe.

Trotz der Vielseitigkeit fehlte dem MFT vor allem für Arbeiten wie das Verladen von Heuballen die Hubhöhe und Vorwärtsreichweite eines Teleskopladers. Dieser Nachteil begrenzte die Verkäufe des Moffett-Traktors, und 1999 lief seine Produktion aus.

Technische Daten

Hersteller: Moffett Engineering
Standort: Dundalk, County Louth, Irland
Modell: Multi-Function-Tractor
Typ: Traktor mit Hochleistungslader
Antrieb: Perkins-Vierzylindermotor
Leistung: 90 PS (66,6 kW)
Getriebe: Zwölfgang-Wendegetriebe
Gewicht: nicht bekannt
Produktionsbeginn: 1991

Unten: *Das ist die spätere Version des MFT mit heckwärts gedrehtem Sitz.*

ZETOR

1990 **Brünn, Tschechische Republik**

ZETOR 9540

Während des Kommunismus hinkten manche Traktorensortimente osteuropäischer Hersteller ihren westlichen Rivalen in Technik, Gestaltung und sauberer Verarbeitung hinterher, aber die Preise waren niedrig. Zetor-Traktoren, heute aus der Tschechischen Republik, waren anders.

Oben: *In einem Behälter im Motorraum des 9540 erwärmt sich Wasser durch die Abwärme der Auspuffkrümmer und dient zum Händewaschen.*

Technische Daten

Hersteller: Zetor	
Standort: Brünn, Tschechische Republik	
Modell: 9540	
Typ: Allzweck	
Antrieb: Vierzylinder-Turbo-Motor	
Leistung: 90 PS (66,6 kW)	
Getriebe: 16-Gang-Getriebe	
Gewicht: nicht bekannt	
Produktionsbeginn: 1990	

Oben links: *Wie bei vielen anderen Modellen des Zetor-Sortiments bietet der 9540 einen Kompressor zum Antrieb kleiner Druckluftwerkzeuge oder zum Aufpumpen der Reifen.*

Statt einen Lizenzvertrag zu unterzeichnen und veraltete Massey-Ferguson- oder Fiat-Modelle zu bauen, wie manche andere osteuropäische Fabriken, produzierte Zetor seine eigenen Konstruktionen. Als die neuen Forterra-Serienmodelle 1990 vorgestellt wurden, bildeten sie den ersten Teil eines neuen Sortiments mit moderner Stilgebung und mit Turbomotoren, um westlichen Anforderungen an sauberere Abgaswerte entgegenzukommen.

Unübliche Funktionen

Die Leistung des Forterra 9540 mit Vierradantrieb und des 9520 mit Zweiradantrieb lag bei 90 PS (66,6 kW), die ein Vierzylindermotor leistete. Die technische Beschreibung nannte einige unübliche Funktionen, die sich auch an einigen anderen Zetor-Modellen finden. Zum Standard gehörte ein Kompressor als Versorgung für die Druckluftbremsanlage für Anhänger, mit dessen Hilfe auch Reifen aufgepumpt und kleine druckluftgespeiste Werkzeuge betrieben werden konnten.

Ein anderes unübliches Zetor-Komfort-Feature war ein Behälter für sauberes Wasser im Motorraum. Er war so angebracht, dass die Abwärme der Auspuffkrümmer das Wasser erwärmte und man sich nach einigen Stunden Arbeit mit warmem Wasser die Hände waschen konnte.

SCHLÜTER

1991 München, Deutschland

SCHLÜTER EUROTRAC

Obwohl Claas, der deutsche Erntemaschinenspezialist, bei der Entwicklung des Eurotrac eng mitarbeitete, war es der Name Schlüter, der auf dem Traktor prangte. Der Eurotrac, 1991 als Prototyp hergestellt, wurde der Landwirtschaftspresse vorgestellt und war eine große Attraktion auf der deutschen Agritechnica Agrarmaschinenmesse.

Rechts: *Der zusammen mit Claas hergestellte Schlüter Eurotrac hatte einen Zentralmotor unter dem Kabinenboden. Die Kabine konnte zur Seite gekippt werden, um Zugang zum Motor zu gewähren.*

Technische Daten

Hersteller: Anton Schlüter
Standort: München, Deutschland
Modell: Eurotrac 1600
Typ: Systemtraktor
Antrieb: Sechszylindermotor
Leistung: 160 PS (118 kW)
Getriebe: nicht bekannt
Gewicht: nicht bekannt
Produktionsbeginn: 1991

Es gab Berichte, dass Schlüter plante, eine erste Partie von 50 Eurotracs zu bauen. Diese Pläne wurden nie verwirklicht, und der Hersteller stellte einige Jahre später den Traktorenbau ein.

Schlüter besetzte, aufbauend auf große, leistungsstarke, hervorragend verarbeitete und teure Traktoren, eine Nische auf dem deutschen Markt. Sie erfreuten sich eines enthusiastischen und loyalen Gefolges von landwirtschaftlichen Großbetrieben in Deutschland, waren aber im Ausland weniger beliebt.

Der Eurotrac war ein Systemtraktor, hatte Vierradantrieb über gleich große Räder vorn und hinten, die Kabine saß in der Mitte und hatte einen drehbaren Fahrersitz und Lenk- und Bedieneinrichtungen für den Zweiwegebetrieb. Auch der Motor saß in der Mitte unter der Kabine, die auf einer Seite mit Scharnieren befestigt war und für Wartungsarbeiten am Motor hydraulisch gekippt werden konnte.

Zusatzgewicht

Ein unverkennbares Merkmal war das große rote Gewicht vorne, an der Stelle, wo normalerweise der Motorraum ist. Es handelte sich um einen Ballastblock von 1,5 Tonnen, der für die richtige Gewichtsverteilung bei Einsatz von schweren Heckanbauten hydraulisch verschoben werden konnte.

CLAYTON

🛠 **1992 Stockton on Tees, Durham, England**

CLAYTON C4105 BUGGI

Das Besondere am Clayton C4105-Buggi-Traktor war die Ladefläche hinter der Kabine, die sich ideal für den Einsatz von Düngerstreuern oder Spritzgerät eignete.

Technische Daten

Hersteller: Lucassen Young
Standort: Stockton on Tees, Durham, England
Modell: C4105 Buggi
Typ: Lastträger
Antrieb: John-Deere-Vierzylindermotor
Leistung: 110 PS (81 kW)
Getriebe: Zehnganggetriebe
Gewicht: 3500 kg
Produktionsbeginn: 1992

Oben: *Claytons Buggi, heute erhältlich unter dem Namen Multidrive, ist ein Systemtraktor mit Ladefläche über den Hinterrädern.*

Clayton-Traktoren wurden von Lucassen Young gebaut. Sie waren als Leichtfahrzeuge für Spritzgeräte und Düngerstreuer konzipiert, konnten aber auch für Feldarbeiten verwendet werden, zum Beispiel um Walzen oder leichte Grubber zu ziehen. Das erste C4105-Modell wurde 1992 eingeführt und hatte einen John-Deere-Vierzylindermotor mit 110 PS (81 kW) Leistung.

Die Zugmaschine besaß ein voll synchronisiertes Fünfganggetriebe und ein Verteilergetriebe, das zehn voll synchronisierte Vorwärtsgänge und Antrieb aller Räder bot. Die Höchstgeschwindigkeit auf der Straße lag bei 44,4 km/h. Der Clayton-Traktor war mit Vorder- und Hinterachsfederung aus Schraubenfedern und Gummistoßdämpfern ausgestattet. Das zulässige Gesamtgewicht des voll beladenen C105 betrug 9 Tonnen: 3,5 Tonnen Eigengewicht und 5,5 Tonnen Zuladung.

Spätere Versionen

Zu den späteren Versionen des Clayton-Traktors – die Bezeichnung „Buggi" wurde nach etwa vier Jahren aufgegeben – gehörten ein 85 PS (63,3 kW) starkes und ein 120 PS (89,4 kW) starkes Modell. An Weiterentwicklungen kamen Vierradlenkung, ein neues Zehngang-Synchrongetriebe und drei unterschiedliche Radstände hinzu.

Multidrive aus Yorkshire übernahm die Clayton-Traktorenherstellung, und die verbesserten Modelle werden nun unter dem Markennamen Multidrive vertrieben.

KIROV

1992 **Kirov, St. Petersburg, Russland**

KIROV TURBO K-734

Russlands älteste Traktorenfabrik ist das Kirov-Traktorenwerk, das 1924 zu produzieren begann. Seit Mitte der 1950er-Jahre konzentriert es sich auf PS-starke Modelle.

Rechts: *„Peter der Große", der Riesentraktor aus dem Kirov-Werk in der ehemaligen Sowjetunion, wurde mit 250 und 350 PS (185 und 261 kW) starken Motoren geliefert.*

Technische Daten

Hersteller: Traktorenwerk Kirov

Standort: Kirov, St. Petersburg, Russland

Modell: Turbo K-734

Typ: Allzweck

Antrieb: Turbodieselmotor

Leistung: 250 PS (185 kW)

Getriebe: 16-Gang-Powershift-Getriebe

Gewicht: 15 460 kg

Produktionsbeginn: ca. 1992

Es ist nicht klar, wann genau das Kirov-Werk mit dem Bau des Turbo-K-734-Modells mit Knicklenkung begann, vermutlich war es in den frühen 1990ern.

1996 wurde dieses Modell ausgesucht, um einen großen Werbefeldzug anzuführen, der die europäischen und US-amerikanischen Märkte für die PS-starken Traktoren des Kirov-Werks öffnen sollte.

Exportversionen

Die Exportversionen des Traktors wurden „Peter der Große" genannt, und als besonderes Emblem zierte sie ein Reiter auf einem tänzelnden Pferd. Das Design gab sich modern, die technische Beschreibung war ebenfalls sehr beeindruckend für die damalige Zeit: Der Motor leistete 250 PS (185 kW), die Zapfwelle bot 216 PS (161 kW), und der Hecklift besaß eine Hubkraft von 8 Tonnen. „Peter der Große" hatte ein Powershift-Getriebe mit 16 Vorwärts- und acht Rückwärtsgängen.

Über das Modell Turbo K-734 hinaus hoffte man in Russland, das Turbo-K-744-Modell mit einem 350 PS (260,9 kW) starken Motor verkaufen zu können. Beide Traktoren waren gleich groß und der größere Motor erbrachte 294 PS (219,2 kW) an der Zapfwelle und eine maximale Hubkraft am Dreipunkt-Anschluss von 10 Tonnen.

FENDT

1994 **Marktoberndorf, Deutschland**

FENDT XYLON 520

Fendt hatte jahrelang verschiedene Versionen seines Systemgeräteträgers verkauft. Die Xylon-500-Traktorenserie, die er 1994 vorstellte, beruhte auf einer vollkommen neuen Konstruktion und besaß die neuesten Entwicklungen bei Systemtraktoren.

Oben: *Fendt nutzte seine lange Erfahrung im Systemgeräteträgermarkt für die 500er-Serienmodelle.*

Technische Daten

Hersteller: Xaver Fendt
Standort: Marktoberndorf, Deutschland
Modell: Xylon 520
Typ: Systemtraktor
Antrieb: MAN-Sechszylindermotor
Leistung: 110 PS (81,4 kW)
Getriebe: nicht bekannt
Gewicht: nicht bekannt
Produktionsbeginn: 1994

Oben links: *Der 500er-Serientraktor hatte alle üblichen Merkmale eines Systemtraktors, wie Frontal- und Heckanbaumöglichkeiten, vier Antriebsräder gleicher Größe und Zentralkabine.*

Drei Modelle waren erhältlich, der 520, 522 und 524. Sie alle wurden angetrieben von MAN-Sechszylindermotoren mit Leistungen von 110, 125 bzw. 140 PS (81,4, 93,2 bzw. 104,3 kW). Zum technischen Standard gehörte Vierradantrieb über Räder mit großem Durchmesser und ein Powershift-Getriebe mit 44 Vorwärtsgängen einschließlich Kriechgängen für Langsamfahrarbeiten. Die Höchstgeschwindigkeit vorwärts lag bei 50 km/h. Das war in manchen Ländern mehr als die für Traktoren ohne Vierradbremsanlage gesetzlich erlaubte Höchstgeschwindigkeit auf öffentlichen Straßen. Zum Getriebe gehörte eine Turbomatic-Kupplung, ein Patent, das laut Herstellerangaben ruhigeren Betrieb mit weniger Vibrationen sicherstellte und auch bei anderen Modellen aus Fendts Sortiment eingesetzt wurde.

Systemtraktor

Konstruktionsmerkmale von Fendts Systemtraktor waren Frontal- und Heckanbauten, eine Zapfwelle und eine Ladefläche hinter der gut ausgestatteten Kabine, auf die Spritzgerättanks aufgesetzt werden konnten. Die Vorderachse besaß eine eigene Federung und ein Drehgelenk, das die Bodenhaftung bei Fahrt über unebenes Gelände verbesserte.

FENDT

1995 **Marktoberndorf, Deutschland**

FENDT VARIO 926

Drei deutsche Firmen entwickelten gleichzeitig stufenlos variable Getriebe oder CVTs. Fendt gewann mit seinem 1995 angekündigten Vario-926 knapp das Rennen um die Markteinführung von CVT gegen Claas und den Getriebespezialisten ZF.

Rechts: *Fendt war die erste Firma, die ein elektronisch gesteuertes, stufenlos variables Getriebe (CVT) auf den Markt brachte.*

Technische Daten

Hersteller: Xaver Fendt
Standort: Marktoberndorf, Deutschland
Modell: Favorit 926 Vario
Typ: Allzweck
Antrieb: MAN-Sechszylindermotor
Leistung: 260 PS (191 kW)
Getriebe: CVT
Gewicht: 7800
Produktionsbeginn: 1995

Im Marktsektor der mittleren und hohen PS-Klasse ist CVT die bedeutendste Entwicklung bei Traktorengetrieben seit dem Powershift. CVT ist eine Kombination von einem mechanischen und einem hydrostatischen, jeweils parallel arbeitenden Getriebe. Diese Technik vereint die Vorteile von beiden Getriebesystemen. Ein Teil der Motorkraft fließt durch das Hydro-, der andere durch das mechanische Getriebe, anschließend wird der Kraftfluss wieder vereint.

Vorteile des CVT

CVT besitzt die meisten Vorteile des Hydrogetriebes, wie leichte Bedienbarkeit und stufenlose Regulierung der Geschwindigkeit, verringert aber die Leistungsverluste, den größten Nachteil eines Hydrogetriebes. Man bewegt den Steuerhebel nach vorne für Vorwärtsbeschleunigung oder nach hinten für Fahrt und Beschleunigung rückwärts. Eine Fahrtregler-Funktion behält automatisch eine konstante Fahrtgeschwindigkeit bei und passt Drehzahl und Getriebestellung zum Ausgleich von Steigungen und anderen Änderungen an.

Der Erfolg des 260 PS (191 kW) starken Vario 926 ermutigte andere Traktorenhersteller, CVT an einigen ihrer Modelle einzuführen. Fendt setzte das Variogetriebe auch in Modelle ein, die unter 100 PS (74,5 kW) Leistung hatten, und zeigte damit, dass CVT nicht bloß für PS-starke Traktoren geeignet ist.

CLAAS

1997 **Harsewinkel, Westfalen, Deutschland**

CLAAS XERION 2500

Nachdem das Gemeinschaftsprojekt des Eurotrac-Traktors mit Schlüter nicht über einen Prototypen hinausführte, entwickelte Claas sein eigenes Modell. Es hieß Xerion und war der erste Schritt auf dem ehrgeizigen Weg zu einem eigenen Systemtraktor. Das Projekt erforderte enormes finanzielles und technisches Engagement.

Claas ist Europas größter und erfolgreichster Erntemaschinenhersteller, der auch den Ehrgeiz hatte, auf dem Traktorenmarkt aktiv zu werden. Eurotrac und Xerion waren Schritte auf dem Weg zu diesem Ziel.

Systemtraktoren

Der Xerion folgte der typischen Konstruktion für Systemtraktoren mit Vierradantrieb über gleich große Räder und mit Anschlusspunkten für Frontal- und Heckanbauten. Je eine Zapfwelle befand sich vorne, zentral und am Heck des Traktors. Platz, um Gerät zu transportieren, bot die Ladefläche am Heck. Der Xerion konnte nicht nur als Antriebsaggregat eingesetzt werden: Er war auch dafür konzipiert, komplexes, mehrstufiges Anbaugerät, wie Zuckerrübenbunkerköpfroder, zu steuern, das größer als der Traktor sein konnte. Damit war er vielseitiger als vorherige Systemtraktoren.

Oben: *Mit Anbauten vorne, hinten und in der Mitte war der Xerion ein Neuzugang auf der Liste der Systemtraktoren.*

Beim Xerion konnte für Vorwärts- und Rückwärtsfahrt die ganze Kabine hydraulisch gedreht werden. Zusätzlich konnte sie auf dem Traktor in zwei Positionen verschoben werden: Eine vordere Position und eine etwa in der Mitte des Traktors waren möglich.

Das Getriebe

Nicht so viel Aufmerksamkeit erheischend, aber dafür auf lange Sicht von größerer Bedeutung war das von Claas für den neuen Traktor entwickelte Getriebe. Es basierte auf einem mechanischen Achtganggetriebe sowie einem separaten Hydrogetriebe. Das Hydrogetriebe erlaubte es, die Geschwindigkeit in jedem der acht Gänge stufenlos zu wählen, ohne die Drehzahl des Motors verändern zu müssen. Derartige Getriebe tauchten in näherer Zukunft auch bei anderen Herstellern der Traktorenbranche auf.

Die Steuerung am Claas Xerion war ebenfalls nicht revolutionär. Alle vier Räder konnten gelenkt werden, und der Fahrer konnte zwischen drei verschiedenen Modi auswählen.

1993 führte Claas einen Prototyp seines Xerion vor. Nach weiterer Entwicklungsarbeit kamen die ersten Produktionsmodelle 1997 heraus. Es gab sie mit 200, 250 und 300 PS (149,1, 185 und 233,7 kW) Leistung, mit aufgeladenen und ladeluftgekühlten Sechszylindermotoren.

Zielgruppe waren die landwirtschaftlichen Großbetriebe, die die exklusive Spitze des europäischen Traktorenmarkts bilden.

Technische Daten

Hersteller: Claas

Standort: Harsewinkel, Westfalen, Deutschland

Modell. Xerion 2500

Typ: Systemtraktor

Antrieb: Sechszylindermotor

Leistung: 250 PS (185 kW)

Getriebe: CVT

Gewicht: nicht bekannt

Produktionsbeginn: 1997

Oben: *Dieser Xerion-Traktor verschwindet fast hinter dem speziellen Zuckerrübenköpfroder.*

Links: *Der Xerion war der erste Traktor mit einer hydraulisch verschiebbaren Kabine.*

JOHN DEERE

1997 Mannheim, Deutschland

JOHN DEERE 6910

Als John Deere 1997 seine neuen 6010 Serientraktoren einführte, war eines der Verkaufsargumente die neue Triple Link Suspension oder TLS, die optional an Modellen ab 100 PS (74,5 kW) erhältlich war.

Oben: *John Deeres Traktoren der Serie 6010 waren mit die ersten, die mit einer Federung an der Vorderachse ausgestattet waren.*

Oben links: *Die in Deutschland hergestellten John-Deere-Traktoren der Serie 6010 deckten den Mittelklassesektor des Marktes ab und waren die meistverkauften Modelle der Firma.*

Technische Daten

Hersteller:	Deere & Co.
Standort:	Mannheim, Deutschland
Modell:	6910
Typ:	Allzweck
Antrieb:	Sechszylindermotor
Leistung:	135 PS (100 kW)
Getriebe:	24-Gang-Semipowershift-Getriebe
Gewicht:	4750 kg
Produktionsbeginn:	1997

Auch in den späten 1990er-Jahren bot nur eine Minderheit der Traktorenhersteller Federungen an, aber da den Landwirten die komfortable und gefederte Fahrt immer wichtiger wurde, rückte die Federung der Vorderachse langsam ins Blickfeld der Käufer.

1997 waren die meisten führenden Traktorenhersteller damit beschäftigt, eine Federung für die Vorderachse oder die Kabine zu entwickeln. Es war allerdings wieder einmal John Deere, der das Interesse erneut auf die Frontfederung gelenkt hatte.

Die Federung

TLS kombiniert Öl- und Gasdruckstoßdämpfer, um die Stöße und Vibrationen der Vorderräder abzufangen. Das führt nicht nur zu einem ruhigeren Fahrgefühl, sondern stabilisiert bei schneller Fahrt das Fahrzeug, und erlaubt es, kontrollierter zu lenken. Außerdem verbessert TLS den Kontakt zwischen den Vorderrädern und dem Boden und damit die Bodenhaftung bei Vierradantrieb.

Die ersten Traktoren der Serie 6010 deckten den gut nachgefragten Marktsektor von Traktoren mit 75 bis 135 PS (55,9 bis 100 kW) ab und waren die beliebtesten Modelle aus John Deeres Sortiment. Der 6910 war mit seinem Sechszylindermotor und 135 PS (100 kW) das leistungsstärkste Modell der Serie, obwohl spätere, überarbeitete Modelle der Serie noch mehr PS boten.

BUHLER

2000 **Winnipeg, Manitoba, Kanada**

BUHLER VERSATILE 2425

Unten: *Der Buhler Versatile 2425 wird in dem Werk in Winnipeg gebaut, das früher Versatile- und New-Holland-Traktoren baute.*

Als die New-Holland-Gruppe in den späten 1990ern zum Verkauf einiger Fabriken gezwungen war, kaufte die Firma Buhler das Traktorenwerk in Kanada, um hier ihre eigenen Modelle zu produzieren.

Technische Daten

Hersteller: Buhler Industries	
Standort: Winnipeg, Manitoba, Kanada	
Modell: Buhler Versatile 2425	
Typ: Zugkrafttraktor	
Antrieb: Cummins-Sechszylindermotor	
Leistung: 425 PS (314 kW)	
Getriebe: Zwölfganggetriebe	
Gewicht: nicht bekannt	
Produktionsbeginn: 2000	

Das Werk in Winnipeg gehörte ursprünglich Versatile, einem führenden Hersteller von PS-starken Traktoren, den Ford aufkaufte um seinen Bedarf an Großtraktoren zu sichern. New Holland, Fords Traktorensparte, war gezwungen, dieses und einige europäische Werke zu verkaufen, um die kartellrechtliche Genehmigung zu bekommen, seinen Traktoren- und Landmaschinenbereich mit Case I.H. zu dem Konzern CNH zu fusionieren.

Ein vielfältiges Sortiment

Während das Werk in Winnipeg Teil von New Holland war, waren hier die PS-starken Modelle mit Knicklenkung, der Zweiwegetraktor mit drehbarem Fahrersitz und das Genesis-Traktorensortiment hergestellt worden. Der Kaufvertrag erlaubte den neuen Eigentümern, diese Modelle weiterhin herzustellen.

Der größte von Buhlers rot lackierten Versatile-Traktoren ist der PS-starke 2425 mit Vierradantrieb und meistens Zwillingsbereifung. Das Antriebsaggregat ist ein aufgeladener und ladeluftgekühlter Cummins-Sechszylindermotor mit voll ausgebauter elektronischer Steuerung und einer Nennleistung von 425 PS (314 kW) bei 14 Liter Hubraum. Das Zwölfgang-Quadshift-Getriebe bietet vier synchronisierte Gänge in je drei Geschwindigkeitsbereichen für Vorwärtsfahrt.

CASE I.H.
2000 Racine, Wisconsin, USA

CASE I.H. STEIGER STX440

Die Übernahme des Steiger-Sortiments 1986 sicherte Case I.H. eine gute Position im PS-starken Marktsegment. Mit der Übernahme erwarb Case I.H. auch Kenntnisse für die Entwicklung zukunftsweisender Modelle.

Technische Daten

Hersteller: Case I. H.
Standort: Racine, Wisconsin, USA
Modell: Steiger STX440
Typ: Zugkrafttraktor
Antrieb: Cummins-14,9-Liter-Motor
Leistung: 440 PS (326 kW)
Getriebe: 16-Gang-Powershift-Getriebe
Gewicht: nicht bekannt
Produktionsbeginn: 2000

Oben: *Mit Steiger aus Fargo, Norddakota, erwarb Case I. H. ein Sortiment PS-starker Traktoren, zu denen der STX440 zählte.*

Im Jahr 2000 kamen einige neue Modelle der STX-Serie von Case I. H. Steiger heraus. Sie besaßen Knicklenkung, Case- und Cumminsmotoren mit Leistungen von 275 bis 440 PS (205 bis 326 kW) und einige Modelle wahlweise Vierradantrieb oder die Quadtrac-Version mit vier Gummiraupen.

Ein leistungsstarker Motor

Der STX440 war mit einem 14,9-Liter-Cummins-Motor mit 43 Prozent Drehmomentreserve eine Zeit lang der PS-stärkste Traktor des Sortiments. Der Motor entwickelt seine Nennleistung bei nur 2000 U/min, was laut Hersteller Treibstoffverbrauch, Geräusch- und Vibrationspegel senkt. Die Kraft wird über ein 16-Gang-Powershift-Getriebe mit elektronischer Schaltung auf die Räder oder Raupen übertragen, und neun der Vorwärtsgänge liegen im Geschwindigkeitsbereich von 4,8 bis 12 km/h, der für die Feldarbeit wichtig ist.

Eine besondere Funktion des STX-Getriebes ist das „Autoskip", das es der Getriebesteuerung erlaubt, bei der Beschleunigung aus dem Stand Gänge zu überspringen. So kostet es wesentlich weniger Zeit die Fahrgeschwindigkeit zu erreichen, als wenn man durch jeden Gang schalten müsste.

McCORMICK
2000 Doncaster, Yorkshire, England

MCCORMICK MC115

Unten: *Als die ARGO-Gruppe das ehemalige Case I. H.-Werk erwarb, wählte sie den Namen McCormick für ihre Traktoren.*

Noch ein Fabrikverkauf, der sich aus den Fusionsverhandlungen von Case I.H. und New Holland ergab, betraf das kurz zuvor modernisierte Werk in Doncaster, England. Jetzt baut es Traktoren unter dem Namen McCormick.

Technische Daten

Hersteller: McCormick Tractors International
Standort: Doncaster, Yorkshire, England
Modell: MC115
Typ: Allzweck
Antrieb: Perkins-Vierzylindermotor
Leistung: 115 PS (85 kW)
Getriebe: 16-Gang-Getriebe
Gewicht: 5495 kg
Produktionsbeginn: 2000

Das Werk in Doncaster war ursprünglich Eigentum von International Harvester und baute ab 1949 unter dem I. H.-Markennamen McCormick-Traktoren.

Ein Übernahmeangebot im Jahre 1985 brachte International Harvester und das Werk in Doncaster in dieselben Hände wie Case. Case wurde damit zum vorherrschenden Markennamen.

Das revidierte Sortiment

Als das Werk in Doncaster 1999 zum Verkauf stand, griff die italienische ARGO-Gruppe zu. Dabei gelang es der Gruppe, für ihre in Doncaster hergestellten Traktoren das Exklusivrecht für den Markennamen McCormick zu erwerben. McCormick ist einer der respektabelsten Markennamen der US-amerikanischen Traktorengeschichte. Mit dem erworbenen Namen war ein großer Schritt getan, das neue Sortiment auf dem US-Markt zu etablieren.

Die Produktion der wiedergeborenen Marke McCormick lief 2000 mit zahlreichen übernommenen Case-Modellen an. Zu dem Angebot gehörte die MC-Serie mit Perkins-4-Liter-Motoren von 84 PS (62,6 kW) an aufwärts. Das Spitzenmodell der Serie ist der McCormick MC115 mit einem 115 PS (85 kW) starken Motor und 16- bzw. 32-Gang-Getriebe mit einem möglichen Kriechganggetriebe.

JOHN DEERE
2001 Waterloo, Iowa, USA

JOHN DEERE 9520T

Der Buchstabe „T“ am Ende der Modellnummer dieses Traktors steht für „Tracks“, also die Gummiraupenversion. Dies ist einer von John Deeres Raupen-Traktoren im mittleren bis oberen PS-Bereich.

John Deeres neues, 2001 angekündigtes Raupensortiment besteht aus sieben Modellen der 8020- bis 9020-Serien im Leistungsbereich von 256 bis 507 PS (190,8 bis 373 kW).

Der 9520T ist das Spitzenmodell mit einem aufgeladenen und ladeluftgekühlten John-Deere-Sechszylindermotor der 6125H-Serie. Der Motor wird vollständig elektronisch gesteuert, um die Treibstoffverbrennung für mehr Leistung, niedrigeren Verbrauch und bessere Emissionswerte zu optimieren.

Das Getriebe

Auch das Getriebe ist elektronisch gesteuert. Es verfügt über 18 Vorwärtsgänge, von denen zehn im Geschwindigkeitsbereich für Feldarbeit liegen. Die Kombination von Powershift- und Automatikschaltung wird durch die Auslastung und die Drehzahl des Motors gesteuert. Die elektronische Steuerung erlaubt auch eine Fahrtregelung, bei der die Steuerung automatisch die gewählte Fahrtgeschwindigkeit dauerhaft beibehält.

Die Kraft wird über die großen Kettenräder auf die Raupen übertragen. Gelenkt wird mit einem Lenkrad, das die Geschwindigkeit der Raupen unabhängig voneinander variiert.

Käufer der kleineren 8020T-Serie können unter neun verschiedenen Raupenoptionen wählen, die drei Raupenbreiten erlauben. Die 9020T-Modelle gibt es nur in zwei Raupenbreiten, nämlich 76 oder 90 cm.

Oben: *Die Raupenfahrzeuge der 9020T-Serie können für sehr genaue automatische Geradeausfahrt mit paralleler Spurführung ausgestattet werden.*

Technische Daten

Hersteller: Deere & Co.
Standort: Waterloo, Iowa, USA
Modell: 9520T
Typ: Raupenfahrzeug
Antrieb: Sechszylindermotor
Leistung: 507 PS (373 kW)
Getriebe: 18-Gang-Getriebe
Gewicht: 22 700 kg
Produktionsbeginn: 2001

CHALLENGER

2002 **Duluth, Georgia, USA**

CHALLENGER MT865

Nach Einführung des Challenger-65-Raupentraktors mit seinen revolutionären Gummiraupen zog sich Caterpillar aus dem Landmaschinenmarkt zurück und verkaufte seinen Traktorengeschäftsanteil an die AGCO.

Oben: *Als Caterpillar sich vom Landmaschinenbau zurückzog, wurden seine Challenger-Traktoren von der AGCO-Gruppe aus den USA aufgekauft.*

Technische Daten

Hersteller: AGCO	
Standort: Duluth, Georgia, USA	
Modell: MT865	
Typ: Raupenfahrzeug	
Antrieb: Caterpillar-15,8-Liter-Dieselmotor	
Leistung: 500 PS (433 kW)	
Getriebe: 16-Gang-Getriebe	
Gewicht: nicht bekannt	
Produktionsbeginn: 2002	

Anstatt die Raupenfahrzeuge mit seinen anderen Traktorenmarken wie Massey-Ferguson oder Fendt zusammenzulegen, beschloss die AGCO, Challenger als neues spezialisiertes Sortiment zu etablieren. Dies begann mit den MT700-Serienmodellen mit 8,8-Liter-Caterpillar-C-9-Motoren im Leistungsbereich von 235 bis 306 PS (175,2 bis 228,1 kW), und weitete 2002 das Sortiment um vier neue Challenger der Serie MT800 aus.

Die neuen Modelle decken den 340- bis 500-PS-Sektor (235,5 bis 433 kW) ab: Für den Bereich von 340 bis 380 PS (232,5 bis 283,3 kW) wurden Caterpillar-12-Liter-Motoren eingesetzt, für das Modell mit 450 PS (335,5 kW) kam ein 14,6-Liter-Motor zum Einsatz. AGCO rundete das Sortiment mit dem 500 PS (433 kW) starken MT865 ab, der von einem 15,8-Liter-Motor angetrieben wurde. Alle drei Motoren sind komplett elektronisch gesteuert und dabei mit der Getriebesteuerung verknüpft.

GPS-Navigation

Ein technischer Fortschritt ist die optionale Auto-Guide-Nachführautomatik, die GPS-Signale verwendet, um den Traktor so zu steuern, dass er die genaue Breite des gezogenen Anbaugeräts abarbeitet. GPS wird allgemein genutzt, um die Position von Wasser-, Luft- und Landfahrzeugen festzustellen.

Die 800er-Serie hat ein 16-Gang-Powershift-Getriebe mit acht Gängen im für die Feldarbeit wichtigen Bereich von 6,5 bis 15 km/h. Die Höchstgeschwindigkeit auf der Straße beträgt 40 km/h.

ROC

🛠 **2003 Rimini, Italien**

ROC 350

Eine Kombination aus futuristischem Styling und einem – für europäische Maßstäbe – PS-starken Motor machten den ROC-Traktor aus Italien zu einer der größten Attraktionen auf der SIMA-Landmaschinenmesse 2003 in Paris.

Technische Daten

Hersteller: ROC
Standort: Rimini, Italien
Modell: 350
Typ: Konstruiert für Zapfwellenbetrieb
Antrieb: Sechszylindermotor
Leistung: 350 PS (260 kW)
Getriebe: Hydrogetriebe
Gewicht: 6630 kg
Produktionsbeginn: 2003

Oben: *Das futuristische Styling des ROC-Traktors aus Italien war eine der großen Attraktionen auf der Messe in Paris.*

Laut Herstellerangaben wurde der ROC-Traktor vor allem entwickelt, um Hochleistungszapfwellengeräte wie etwa Grubber und Siliermaschinen anzutreiben und nicht für schwere Zugarbeiten wie beipielsweise Pflügen. Damit ist die hohe PS-Stärke und das relativ niedrige Gewicht des Traktors erklärt. Weil er lediglich 6,6 Tonnen wiegt, kann der ROC-Traktor mit extrabreiten Flotations- oder Niederdruckreifen ausgerüstet werden, die wegen ihres niedrigen Fülldrucks für den Boden schonender sind.

Der ROC hat Anbaupunkte für Frontal- und Heckgerät und Zapfwellen vorn und hinten, und wie der Claas Xerion ist die komplette Kabine hydraulisch um 180 Grad drehbar, um Sicht nach vorne oder hinten zu ermöglichen.

Anordnung der Antriebsräder

Im Gegensatz zu den meisten Systemtraktoren wirkt der Vierradantrieb beim ROC 350 auf unterschiedlich große Vorder- und Hinterräder – mit den kleineren Rädern vorne. Ein Vorteil der kleinen Vorderräder ist der geringe äußere Wenderadius von nur 5,7 m.

Außer dem 350 PS (260 kW) starken, auf der Messe in Paris ausgestellten Modell plante ROC auch eine 261-PS-Version (194,6 kW), wobei die Marke des Motors bei Drucklegung dieses Buches noch nicht feststand.

CLAAS

2003 Le Mans, Frankreich

CLAAS CELTIS 446

Mit seinem großen Motor und den High-Tech-Funktionen war der Claas Xerion nicht für hohe Verkaufszahlen gedacht. Um auf dem Massenmarkt mitzumischen, kaufte Claas die Renault-Traktorenfabrik in Frankreich auf.

Oben: *Seit dem Kauf von Renault durch Claas 2003, erscheinen neue Renault-Traktoren unter dem Namen und mit den Farben von Claas.*

Technische Daten

Hersteller: Claas
Standort: Le Mans, Frankreich
Modell: Celtis 446
Typ: Allzweck
Antrieb: Vierzylinder-Dieselmotor
Leistung: 92 PS (68 kW)
Getriebe: Wendegetriebe mit zehn Gängen vorwärts und rückwärts
Gewicht: 4410 kg
Produktionsbeginn: 2003

Die Übernahme wurde 2003 angekündigt, und seit 2004 verkauft Claas das frühere Traktoren-Sortiment von Renault in den meisten Ländern Europas unter seinem Namen. Neben dem 2004 überarbeiteten und auf 335 PS (249,8 kW) verstärkten Xerion beinhaltete das Claas-Traktoren-Sortiment für 2004 die Atles-, Ares-, Celtis- und Pales-Programme sowie die Dionis- und Fructus-Modelle für Weinbau, Obstbau und anderen Sonderanbau.

Das Celtis-Programm

Die kleinen bis mittleren Celtis-Serientraktoren waren die letzten neuen Modelle, die im Renault-Sortiment eingeführt wurden. Sie wurden von Renault entwickelt und auf dem Stand bei der SIMA-Landmaschinenmesse in Paris vorgestellt. Bei dieser Gelegenheit wurde die Übernahme durch Claas angekündigt, d. h., die meisten Celtis-Traktoren waren schon in den Händen von Claas, als sie verkauft wurden.

Celtis-Traktoren decken das Marktsegment von 70 bis 100 PS (52,1 bis 74,5 kW) ab, eine beliebte Leistungsspanne bei kleinen Nutzflächen und besonders bei Viehzuchtbetrieben. Es gibt vier Modelle, die alle mit DPS-Vierzylindermotoren (Deere-Power-Systems) angetrieben werden. Besonderheiten sind Kabinentüren, die sich 180 Grad öffnen lassen und in geöffneter Position arretierbar sind. Außerdem lässt sich das Dach für freie Sicht auf die Schaufel des Frontladers öffnen.

CASE I.H.

2003 **Basildon, Essex, England**

CASE I.H. JX1100U MAXXIMA

Case I.H. führte im Marktsegment von 70 bis 100 PS (52,1 bis 74,5 kW) ein neues Traktorensortiment ein und stattete es mit einem neuen, von drei führenden Motorenherstellern entwickelten Vierzylindermotor aus.

Technische Daten

Hersteller: Case I.H.

Standort: Basildon, Essex, England

Modell: JX1100U Maxxima

Typ: Allzweck

Antrieb: Vierzylindermotor

Leistung: 100 PS (74,5 kW)

Getriebe: 24-Gang-Powershift- und Power-Shuttle-Getriebe

Gewicht: nicht bekannt

Produktionsbeginn: 2003

Oben: *Der Antrieb für die vier JX-U-Maxxima-Modelle von Case I.H. ist ein Vierzylindermotor, der gemeinsam von Case, Cummins und Fiat Iveco entwickelt wurde.*

Hinter dem neuen Motor steht ein Gemeinschaftsprojekt von Case I.H., Cummins und Fiats Iveco-Tochter. Die drei Firmen operierten von einem speziellen Forschungszentrum in Großbritannien aus und das 4,5-Liter-Antriebsaggregat für die neuen Case-Traktoren war ein Ergebnis der so genannten „Europäischen Energieallianz“.

Die Motoren

Alle vier neuen JX-U-Maxxima-Traktoren sind prinzipiell mit demselben Motor ausgestattet: der für die 72 und 82 PS (53,6 und 61,1 kW) starken Modelle ist selbstansaugend und der für die 91 und 100 PS (67,8 und 74,5 kW) starken Modelle ist mit Turboladern unterschiedlicher Leistung ausgerüstet. Vorteile der neuen Motoren sollen niedrigerer Verschleiß für weniger Ölverbrauch sein, der Treibstoffverbrauch soll im Vergleich zu Vorgängermotoren um 5 Prozent geringer und der Geräuschpegel um 1,5 dB(A) gesenkt sein.

Alle Modelle gibt es mit Zweirad- oder mit Vierradantrieb und optional mit drei verschiedenen Getriebeversionen. Die teuerste ist ein 24-Gang-Lastschalt- und Power-Wendegetriebe. Das über einen Schalter an der Lenksäule betätigte Wendegetriebe erlaubt es dem Fahrer, ohne Betätigen der Kupplung zwischen Vorwärts- und Rückwärtsfahrt umzuschalten.

NEW HOLLAND

2004 Basildon, Essex, England

NEW HOLLAND TVT 190

Es überraschte nicht, dass auch New Holland – mit der neuen TVT-Serie – sich unter die schnell wachsende Menge von Herstellern gesellte, die stufenlos variierbare Getriebe oder CVTs anbieten.

Rechts: *Kürzlich bekannte sich New Holland mit der 2004 angekündigten TVT-Serie zu stufenlos variierbaren Getrieben (CVTs).*

Technische Daten

Hersteller: New Holland	
Standort: Basildon, Essex, England	
Modell: TVT190	
Typ: Allzweck	
Antrieb: Iveco-Sechszylinder-Turbomotor	
Leistung: 192 PS (142 kW)	
Getriebe: CVT	
Gewicht: nicht bekannt	
Produktionsbeginn: 2004	

Es gibt fünf TVT-Modelle mit Leistungen zwischen 137 und 192 PS (102,1 und 142 kW); sie werden alle von Iveco-Hochleistungsmotoren mit sechs Zylindern und 6,6 Liter Hubraum angetrieben. Die Motoren haben Turbolader, Ladeluftkühlung und eine elektronisch gesteuerte Einspritzung.

Motoroptionen

Die Liste der Optionen für den Motor enthält einen Kühlventilator mit variablem Blattwinkel, der von einem Thermostat gesteuert wird: Steigt die Motortemperatur, wird der Blattwinkel angepasst, sodass mehr Luft bewegt und der Kühleffekt verstärkt wird. Der Blattwinkel bleibt gering, solange der Motor nach einem Kaltstart die Betriebstemperatur nicht erreicht hat, um die Warmlaufphase mit ihrem geringen Wirkungsgrad kurz zu halten.

Wie andere CVTs auch, besteht New Hollands Getriebe bei den TVT-Traktoren aus einer Kombination von mechanischem und hydrostatischem Getriebe, das drei Geschwindigkeitsbereiche abdeckt – Kriechgeschwindigkeit, einen mittleren Bereich für Feldarbeit und einen für Fahrten auf der Straße. Es gibt auch ein Power-Wendegetriebe, das auf Knopfdruck den Wechsel von Vorwärts- auf Rückwärtsfahrt erlaubt, ohne zu kuppeln. Um mit zapfwellengetriebenem Gerät arbeiten zu können, kann die Computersteuerung so eingestellt werden, dass sie Motordrehzahl und Gang so steuert, dass eine konstante Geschwindigkeit automatisch beibehalten wird.

Register

Kursiv gedruckte Seitenzahlen beziehen sich auf Abbildungen.